高等院校互联网+新形态创新系列教材·计算机系列

程序设计基础(C 语言)
(微课版)

吴　亮　林纪汉　刘龙辉　主　编

刘　音　李月贞　曾　辉　彭玉华　副主编

清华大学出版社

北　京

内 容 简 介

本书按程序设计基础、进阶、高级三个层次，用丰富的案例循序渐进、系统全面地介绍了C语言程序设计开发所涉及的各类知识、思政元素和技巧。内容包括程序设计与C语言的基础知识、算法、程序设计的三大基本结构、数组、函数、指针、结构体、编译预处理、文件、位运算等。每章内容都与实例紧密结合，有助于学生理解知识、应用知识，达到学以致用的目的。

本书为微课版教材，配有教学大纲、教学PPT、题库、教学视频、源代码、教学案例、教学设计、素质考试题库、知识点思维导图、程序常见错误分析等丰富的课程资源包。本书既可作为高等院校计算机相关专业的教材，也可作为程序设计人员的培训教材，并可供广大编程爱好者参考。

图书在版编目(CIP)数据

程序设计基础.C语言：微课版/吴亮，林纪汉，刘龙辉主编. —北京：清华大学出版社，2021.9(2023.3重印)

高等院校互联网+新形态创新系列教材. 计算机系列

ISBN 978-7-302-58939-6

Ⅰ. ①程… Ⅱ. ①吴… ②林… ③刘… Ⅲ. ①C语言—程序设计—高等学校—教材 Ⅳ. ①TP312

中国版本图书馆CIP数据核字(2021)第167114号

责任编辑：桑任松
封面设计：李 坤
责任校对：李玉茹
责任印制：朱雨萌
出版发行：清华大学出版社
网 址：http://www.tup.com.cn, http://www.wqbook.com
地 址：北京清华大学学研大厦A座 邮 编：100084
社 总 机：010-83470000 邮 购：010-62786544
投稿与读者服务：010-62776969, c-service@tup.tsinghua.edu.cn
质量反馈：010-62772015, zhiliang@tup.tsinghua.edu.cn
课件下载：http://www.tup.com.cn, 010-62791865
印 装 者：三河市龙大印装有限公司
经 销：全国新华书店
开 本：185mm×260mm 印 张：21 字 数：508千字
版 次：2021年9月第1版 印 次：2023年3月第3次印刷
定 价：63.00元

产品编号：093652-01

前　言

随着计算机应用的广泛普及，对计算机专业人才的需求也日益迫切，而程序设计是所有计算机专业人才必备的基础知识和技能。C 语言是目前世界上最流行、使用最广泛的程序设计语言，兼顾高级语言与低级语言的特性，既可以编写系统程序，又可以编写应用程序，深受程序设计者的喜爱。C 语言作为高级语言的鼻祖，是很多高校开设程序设计类课程的首选语言。

C 程序具有严谨、逻辑严密、界面友好等优势。本书是编者多年教学实践、上机辅导、软件开发、交流沟通的经验总结，力求将 C 语言的各种知识点融入具体的实践应用中，将思政元素融入各种知识点中，培养读者设计程序的能力，更重要的是培养读者针对生产实际分析问题和解决问题的能力，培养读者的创新能力。本书是学习 C 语言的必备参考书，可作为高等院校计算机及相关专业的教材，也可作为从事计算机应用的科技人员的参考书或培训教材，还可作为备考 NCRE 考级、ACM-ICPC 大赛的参考书。

本书内容介绍如下。

本书用丰富典型的实例引导读者学习，深入浅出地介绍了 C 语言的相关知识和实战技巧。本书第 1～5 章主要讲解程序设计的基本思想、C 语言的基础知识、程序设计的三大基本结构等，为程序设计基础篇；第 6～8 章主要讲解数组、函数、指针的应用等，为程序设计进阶篇；第 9～12 章主要讲解用户自己建立数据类型、编译预处理、文件、位运算等，为程序设计高级篇。

第 1 章程序设计与 C 语言，介绍程序及算法的概念、C 语言的发展历程和特点、C 语言的程序结构以及 C 语言程序的开发环境。

第 2 章 C 语言程序设计基础，介绍 C 语言数据的表现形式、C 语言的数据类型、C 语言的运算符和表达式、数据类型转换。

第 3 章顺序结构程序设计，介绍 C 语言的基本语句、字符数据的输入输出、格式输入输出及顺序结构程序示例。

第 4 章选择结构程序设计，介绍关系运算符与关系表达式、逻辑运算符与逻辑表达式、条件运算符与条件表达式、if 语句的三种形式、switch 语句及选择结构程序示例。

第 5 章循环结构程序设计，介绍 while 循环、do…while 循环、for 循环三种形式的循环结构，循环结构中常用的 break 语句和 continue 语句，循环的嵌套、循环控制和流程的控制转移及循环结构程序示例。

第 6 章数组，作为同一类型多个元素的集合，介绍一维数组的定义、引用、初始化及示例，二维数组的定义、引用、初始化及示例，字符数组与字符串及示例。

第 7 章函数， 基于模块化程序设计的思想，介绍函数概述、函数定义、函数调用、数组作为函数的参数、函数的嵌套调用与递归调用、变量的作用域与存储方式。

第 8 章指针， 作为 C 语言的精华，介绍指针的概念、指针变量、指针与数组、指针与字符串、指向函数的指针、返回指针的函数及指针数组。

第 9 章用户自己建立数据类型，介绍结构体的概念、结构体数组、指向结构体类型数据的指针、共用体及用 typedef 定义数据类型、内存管理库函数及链表。

第 10 章编译预处理，介绍带参数与不带参数的宏定义、文件包含及条件编译。

第 11 章文件，介绍文件的分类、缓冲区及文件类型的指针，讨论文件的常用操作，包括文件的打开与关闭、文件的读写、文件的定位、文件检测等。

第 12 章位运算，介绍按位取反、与、或、异或、左移、右移 6 种常见的位运算符和位段。

本书特色介绍如下。

(1) 本书内容紧扣基础、面向应用，以 C 语言的基本语法、语句为基础，深入浅出地讲述了 C 语言程序设计的基本概念、设计思想与方法。本书文字严谨、流畅、简明易懂，循序渐进地引导学生学习程序设计的思想和方法。本书例题典型丰富，注重程序设计技能的训练，通过分析问题、设计算法、编写和调试程序等步骤，介绍了顺序结构、选择结构、循环结构的算法分析和程序设计方法，力求让读者掌握分析问题的方法，培养读者算法设计的能力、编程和调试的能力以及模块化程序设计思想。本书习题丰富典型，每章都提供了三种题型的课后练习，方便读者及时验证自己的学习效果，包括理论知识掌握情况和动手实践能力。

(2) 本书将 C 语言知识和实用的程序案例有机结合，一方面，跟踪 C 语言的发展，适应市场需求，精心选择内容，突出重点、强调实用，使知识讲解全面、系统；另一方面，程序案例按照“知识点→引出案例→设计算法→程序分析→编写和调试程序→程序说明→程序思考”的形式组织内容，始终围绕知识点设计案例，将案例融入知识讲解中，并融入思政元素，使知识、案例、思政元素相辅相成，既有利于读者学习知识，又有利于指导读者实践，提升读者的综合素质。

(3) 本书参考计算机专业最新的全国统考考研大纲、NCRE 二级 C 大纲、ACM-ICPC 大赛的题库，增加了位运算和链表等内容，有助于读者复习备考使用，有益于后续课程的衔接。

(4) 结合编者团队的省社科基金课程思政项目开发，以立德育人为教学导向，按照新工科背景下专业工程教育认证标准的毕业要求(OBE)，在每章的知识点中融入思政元素，培养读者遵守职业规范、团队协作和沟通、项目管理、终身学习的能力，养成一丝不苟的严谨作风和求实创新的科学精神。

(5) 编者团队多次在校内外、省赛中获教学比赛奖，是云教材、校精品课程、省精品课程、校思政示范课程团队，正在积极申报建设省一流课程，对 C 语言有系统化研究，有丰富的 C 语言课程建设教学资源。本教材提供知识点微课视频进行演示和讲解，以及教学大纲、PPT 课件、源代码、习题及习题详解、实验指导书、三习题库(预习题库、复习题库、练习题库)、素质考试题库、知识点思维导图、程序常见错误分析及错误信息语句示例等教学材料参考，编者团队还提供教材交流 QQ 群与同仁讨论共享教学资源。

致谢：

本书由编者在多年 C 语言教学、研究和实践积累的基础上，吸收国内外 C 语言程序设计课程的理论和实践教学理念和方法，依据 C 语言程序设计课程教学大纲的要求编写而成。第 1、2、3、5、7、12 章由吴亮编写，第 4 章由李月贞编写，第 6、9 章由林纪汉编写，第 8、10 章由刘龙辉编写，第 11 章及附录由刘音编写，全书代码由曾辉调试检查，彭玉华教授对全书进行了审查，吴亮负责统稿。

本书在编写过程中得到了中国地质大学、武昌理工学院、武汉学院、湖北国土资源职业学院的领导与同仁们的大力支持，也得到了湖北省普通高等学校人文社会科学重点研究基地——大学生发展与创新教育研究中心开放基金(DXS202012)的资助，在此表示衷心感谢。特别感谢有多年丰富考级竞赛培训和教学经验的朱莉、龚鸣敏、管胜波、钱程、黄薇、阳小兰、邓谦、胡西林、魏鉴、程开固、胡雯等老师的大力支持。在编写的过程中，我们力求做到严谨细致、精益求精，但由于时间仓促和编者水平有限，书中疏漏和不妥之处在所难免，敬请各位读者和同行专家批评、指正。

编　者

目　录

第一篇　程序设计基础篇

第二篇 程序设计进阶篇

第三篇 程序设计高级篇

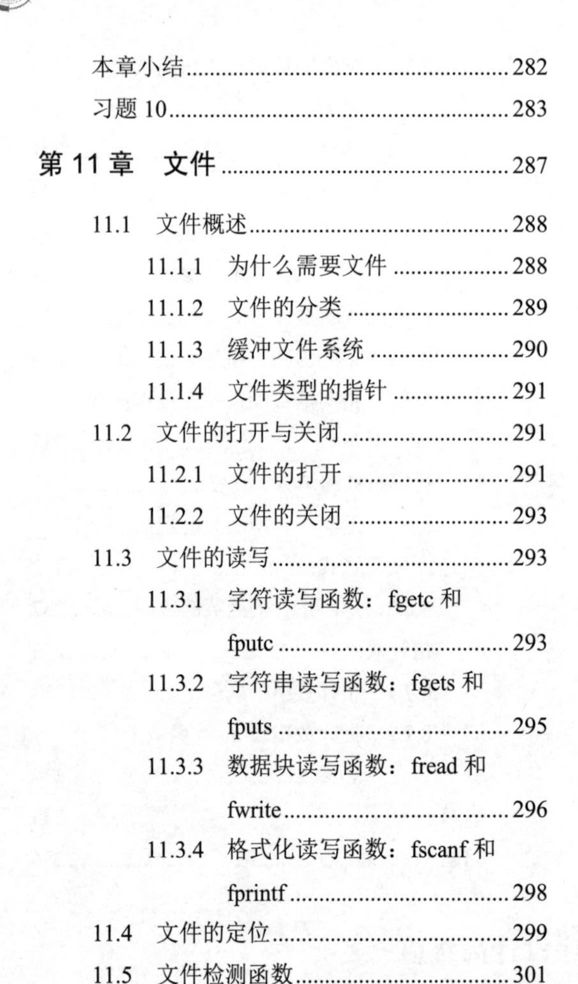

第一篇

程序设计基础篇

第1章 程序设计与C语言

C语言是目前世界上最流行、使用最广泛的高级程序设计语言之一。与其同时代的很多高级语言已经消亡，C语言凭借其兼顾高级语言与低级语言的特性，作为高级语言的鼻祖留存至今。C程序具有计算机语言严谨、逻辑严密、界面友好等优势，这恰好也是我们做人的准则，做一个正直、思维严密、与人为善的人。本章介绍了程序设计与算法、C语言的发展历史与特点、C程序结构和开发环境。

本章教学内容：

◎ 结构化程序设计的基本概念

◎ 算法的基本概念与特征

◎ C语言的历史背景及特点

◎ C语言的程序结构

◎ C语言程序的开发环境

本章教学目标：

◎ 理解程序、程序设计和算法的相关知识

◎ 了解程序设计语言的发展历程及C语言的特点

◎ 能正确运用C语言的关键字及标识符

◎ 掌握C语言源程序的结构，了解框架、编程风格与惯例

◎ 能运用C语言集成开发环境创建、编辑、链接和运行简单的C程序

1.1 程序设计及算法

1.1.1 程序及程序设计

1. 程序

在日常生活中，程序是为进行某项活动或过程所规定的步骤，可以是一系列动作、行动或操作，如新生报到程序、银行取款程序、面包制作程序。在计算机世界中，软件将一组程序组织起来，每个程序由一组指令组成。程序是一组计算机能识别和执行的指令，告诉计算机如何完成一项具体的任务。例如，完成银行取款程序需要以下 5 个步骤。

第 1 步：带上存折去银行。

第 2 步：填写取款单并到相应窗口排队。

第 3 步：将存折和取款单递给银行职员。

第 4 步：银行职员办理取款事宜。

第 5 步：拿到钱并离开银行。

只要让计算机执行这个程序，计算机就会自动地、有条不紊地进行工作。程序就是为了让计算机执行某些操作或解决某个问题而编写的一系列有序指令的集合。计算机的一切操作都由程序控制，离开程序，计算机将一事无成。

对于编写程序的软件开发人员来说，程序是以某种程序设计语言为工具编制出来的指令序列，它表达了人类解决现实世界问题的思想。计算机程序是用计算机程序设计语言所要求的规范书写出来的一系列步骤，它表达了软件开发人员要求计算机执行的指令。

数据是程序操作的对象，操作数据的目的是对数据进行加工处理，以得到程序期望的结果。通常一个程序主要包括以下两方面的信息。

(1) 对数据的描述。在程序中要指定用到哪些数据，并指定这些数据的类型和数据的组织形式，这就是数据结构。

(2) 对操作的描述。即要求计算机执行操作的步骤，也就是算法。

【融入思政元素】

通过程序设计的思想，引导学生要做一个理智、有条理的人。把事情分出轻重缓急，先做重要和紧急的事情，再做一般和不紧急的事情。按程序流程图的设计，懂得制订计划，并按计划和顺序来做事；懂得合并同类项、排列组合统筹管理，从而做到有条不紊，节约时间，提高效率。

2. 程序设计

程序设计是软件构造活动中的重要组成部分，是人们借助计算机语言，告诉计算机要做什么(即处理哪些数据)、如何处理(即按什么步骤来处理)的过程。例如，C 语言程序设计是以 C 语言为工具，编写各类 C 语言程序的过程。程序设计的过程通常应当包括分析问题、设计算法、编写程序、运行程序、分析结果及调试、编写程序文档等不同阶段。

(1) 分析问题：即分析、研究任务给定的条件，以及最后应达到的目标，找出解决问题的规律，选择解题的方法，完成实际问题。

(2) 设计算法：即设计出解题的方法和具体步骤。

(3) 编写程序：即将算法翻译成所需的计算机程序设计语言，再对用该语言编写的源程序进行编辑、编译和链接。

(4) 运行程序：即运行可执行程序，得到运行结果。

(5) 分析结果及调试：即分析运行结果是否合理，如不合理需要对程序进行调试。

(6) 编写程序文档：程序是提供给别人使用的，如同正式的产品应当提供产品说明书一样，提供给用户使用的程序，必须向用户提供程序说明书。内容应包括：程序名称、程序功能、运行环境、程序的装入和启动、需要输入的数据，以及使用注意事项等。

专业的程序设计人员通常称为程序员，程序员采用不同的程序设计方法来设计和开发程序。程序设计方法通常有结构化程序设计与非结构化程序设计之分，本书所涉及的 C 语言采用的是结构化程序设计方法。结构化程序设计思想采用模块分解、功能抽象、自顶向下、分而治之等方法，从而有效地将一个较复杂的程序系统设计任务分解成许多易于控制和处理的子程序，以便于开发和维护。

C 语言是以子程序(函数)的形式提供给用户的，这些子程序既可以方便地调用，也可以由多种循环、条件语句控制程序流向，从而使程序完全结构化。从程序流程的角度看，程序可以分为三种基本结构，即顺序结构、选择(分支)结构、循环结构。三种结构的流程图如图 1-1 所示。三种基本结构可以组成各种复杂的 C 语言程序，这三种基本结构将在本书的第 3 章、第 4 章、第 5 章进行详细讲解。

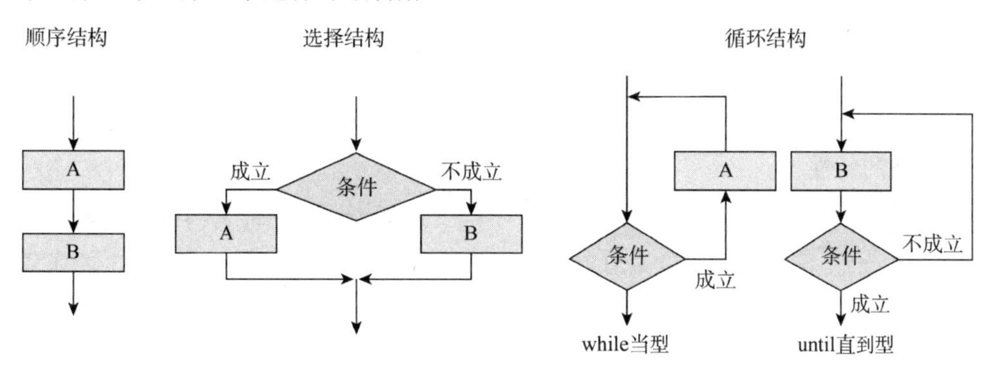

图 1-1　三种结构的流程图

1.1.2　算法

计算机系统中的任何软件，都是由大大小小的各种软件组成部分构成，各自按照特定的算法来实现。用什么方法来设计算法，所设计的算法需要什么样的资源，需要多少运行时间、多少存储空间，如何判定一个算法的好坏，在实现一个软件时，都是必须予以解决的。算法的好坏直接决定所实现软件性能的优劣，因此，算法设计与分析是程序设计中的一个核心问题。

1. 算法的基本概念

著名计算机科学家沃斯(Niklaus Wirth)提出一个公式：算法+数据结构=程序，算法是程序的灵魂，数据结构是程序的加工对象。实际上，一个程序除了算法和数据结构这两个主

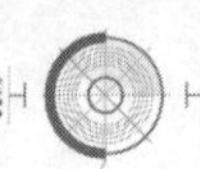

要因素外，还应当采用结构化程序设计方法进行程序设计，并用某一种计算机语言表示。因此，算法、数据结构、程序设计方法和语言工具是一个程序设计人员必须掌握的知识。

算法是解决问题的方法和具体步骤，如解决求长方形的面积问题的算法如下。

步骤 1：接收用户输入的长方形的长度和宽度两个值。

步骤 2：判断长度和宽度的值是否大于零。

步骤 3：如果大于零，将长度和宽度两个值相乘得到面积，否则显示输入错误。

步骤 4：显示面积。

下面用原始解题步骤和计算机算法表示，给出解决 sum=1+2+3+…+(n−1)+n 的算法。

(1) 原始解题步骤算法表示如下。

步骤 1：先求 1+2，得到 1+2 的结果为 3。

步骤 2：将步骤 1 的结果加 3，得到 1+2+3 的结果为 6。

步骤 3：将步骤 2 的结果加 4，得到 1+2+3+4 的结果为 10。

步骤 4：将步骤 3 的结果加 5，得到 1+2+3+4+5 的结果为 15。

……

步骤 n−1：将步骤 n−2 的结果加 n，得到 1+2+3+…+(n−1)+n 的结果为 sum。

(2) 用计算机算法表示如下。

步骤 1：使 sum=0 和 i=1。

步骤 2：使 sum=sum+i，结果仍放在 sum 中。

步骤 3：使 i=i+1，即 i 的值加 1。

步骤 4：如果 i 的值不大于 n，再返回执行步骤 2、步骤 3，否则结束。

最后得到 1+2+3+…+(n−1)+n 的结果为 sum。

2. 算法的特性

一个算法应该具有有穷性、确切性、零个或多个输入、一个或多个输出、有效性共 5 个重要特征。一个问题的解决方案可以有多种表达方式，但只有满足以上这 5 个条件的解决方案才能称为算法。

(1) 有穷性：无论算法有多么复杂，都必须在执行有限步骤之后结束并终止运行，即算法的步骤必须是有限的。任何情况下，算法都不能陷入无限循环中，也就是说一个算法的实现应该在有限时间内完成。如求 sum=1+2+3+…+(n−1)+n 的算法是执行语句 sum=sum+i，sum 累加运算到 i=n 后终止。

(2) 确切性：算法的每个步骤必须有确切的定义，算法中对每个步骤的解释是唯一的，每个步骤都有确定的执行顺序，即上一步在哪里，下一步是什么，都必须明确，无二义性。

(3) 零个或多个输入：输入是指在执行算法时需要从外界取得的必要信息。一个算法有零个或多个输入，这些输入的信息有的在执行过程中输入，而有的已被嵌入算法中。一个算法可以没有输入，如求 sum=1+2+3+…+(n−1)+n 的算法就没有输入；也可以有多个输入，如求长方形的面积问题的算法有长方形的长度和宽度两个输入。

(4) 一个或多个输出：输出是算法的执行结果，一个算法有一个或多个输出，以反映对输入数据加工后的结果。一个算法必须有一个输出，没有输出结果的算法是没有任何意义的。如求长方形的面积问题的算法有长方形的面积一个输出；如求 sum=1+2+3+…+(n−1)+n 的算法有累加和 sum 一个输出。

(5) 有效性：又称可行性。算法的有效性指的是算法中待实现的运算，都是基本的运算，原则上可以由人们用纸和笔，在有限时间里精确地完成。算法首先必须是正确的，都是能够精确地执行的。如对于任意一组输入，包括合理的输入与不合理的输入，总能得到预期的输出。如果一个算法只是对合理的输入才能得到预期的输出，在异常情况下却无法预料输出的结果，它就不是正确的。

3. 算法的描述

算法的常用表示方法有使用自然语言描述算法、使用流程图描述算法、使用伪代码描述算法 3 种。

(1) 使用自然语言描述算法：所谓“自然语言”指的是日常生活中使用的语言，如汉语、英语或数学语言。使用自然语言描述求 sum=1+2+3+4+5+…+(n−1)+n 的算法如下。

第 1 步：给定一个大于 0 的正整数 n 的值。

第 2 步：定义一个整型变量 i，设其初始值为 1。

第 3 步：再定义一个整型变量 sum，其初始值设置为 0。

第 4 步：如果 i 小于等于 n，则转第 5 步，否则执行第 8 步。

第 5 步：将 sum 的值加上 i 的值后，重新赋值给 sum。

第 6 步：将 i 的值加 1，重新赋值给 i。

第 7 步：执行第 4 步。

第 8 步：输出 sum 的值。

第 9 步：算法结束。

从上面描述的求解步骤不难发现，用自然语言描述的算法通俗易懂，而且容易掌握，但算法的表达与计算机的具体高级语言形式差距较大。使用自然语言描述算法的方法还存在一定的缺陷，当算法中含有多分支或循环操作时很难表述清楚。使用自然语言描述算法还很容易造成歧义(又称二义性)，可能使他人对同一句话产生不同的理解。

(2) 使用流程图描述算法：流程图也叫框图，它是用各种几何图形、流程线及文字说明来描述求解过程的框图。流程图的符号采用美国国家标准化协会(ANSI)规定的一些常用符号，如表 1-1 所示。流程图使用一组预定义的符号来说明如何执行特定任务，sum= 1+2+3+…+(n−1)+n 的算法流程如图 1-2 所示。流程图是算法的一种图形化表示方式，其直观、清晰，更有利于人们设计与理解算法。

表 1-1 常用流程图的符号

符 号	名 称	作 用
(圆角矩形)	起止框	表示算法开始和结束的符号
(平行四边形)	输入输出框	表示算法过程中，从外部获取信息(输入)，然后将处理过的信息输出
(菱形)	判断框	表示算法过程中的分支结构。菱形框的 4 个顶点中，通常用上面的顶点表示入口，根据需要用其余顶点表示出口
(矩形)	处理框	表示算法过程中，需要处理的内容，只有一个入口和一个出口
(箭头)	流程线	在算法过程中指向流程的方向

续表

符　号	名　称	作　用
○	连接点	在算法过程中用于将画在不同地方的流程线连接起来
------[	注释框	对流程图中某些框的操作进行必要的补充说明，可以帮助读者很好地理解流程图的作用，不是流程图中的必要部分

(3) 使用伪代码描述算法：伪代码是一种介于自然语言与计算机语言之间的算法描述方法。它结构性较强，比较容易书写和理解，修改起来也相对方便，其特点是不拘泥于语言的语法结构，而着重以灵活的形式表现被描述对象。它利用自然语言的功能和若干基本控制结构来描述算法。伪代码没有统一的标准，可以自己定义，也可以采用与程序设计语言类似的形式。如使用伪代码描述求 sum=1+2+3+4+5+…+(n−1)+n 的算法如下。

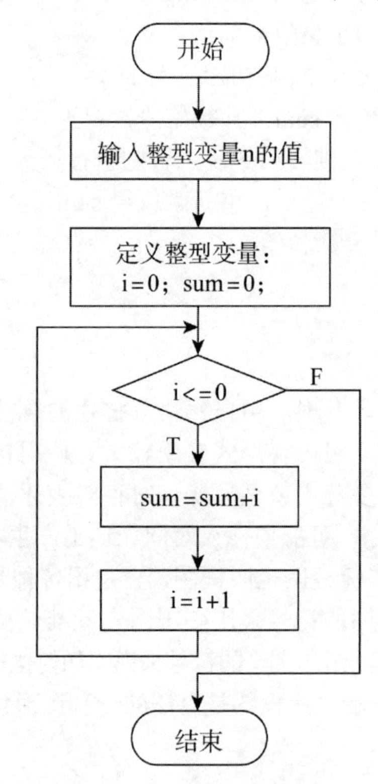

图 1-2　求和的算法流程图

```
算法开始：
第 1 步：输入 n 的值；
第 2 步：设置 i 的初值为 1；
第 3 步：设置 sum 的初值为 0；
第 4 步：当 i <=n 时，执行下面的操作
第 4.1 步：使 sum =sum + i；
第 4.2 步：使 i = i + 1；
(循环体到此结束)
第 5 步：输出 sum 的值；
算法结束。
```

伪代码是一种用来书写程序或描述算法时使用的非正式、透明的表述方法。它并非是

一种编程语言，这种方法针对的是一台虚拟的计算机。伪代码通常采用自然语言、数学公式和符号来描述算法的操作步骤，同时采用计算机高级语言(如 C、Pascal、Visual Basic、C++、Java 等)的控制结构来描述算法步骤的执行顺序。伪代码书写格式比较自由，容易表达出设计者的思想，写出的算法很容易修改，但是用伪代码写的算法不如流程图直观。

【融入思政元素】

通过程序设计方法的讲解，引导学生改进学习和做事方法，坚定信心，做好本职工作，以实际行动共筑中国梦。

1.2 程序设计语言

1.2.1 程序设计语言的发展历程

人与人之间交流的主要语言工具是各国的语言，如汉语、英语、俄语、法语等。那么，在信息化高速发展的今天，人类与计算机交流信息也需要语言，需要一种人和计算机都能识别的语言，这就是用于编写计算机程序的程序设计语言。程序设计语言，要解决的问题有两个，一个是方便软件开发人员“表达”，另一个是让计算机“听懂”。围绕着这两个问题，程序设计语言大约经历了机器语言、汇编语言、高级语言三个发展阶段。

1. 第一代程序设计语言：机器语言

计算机发明之初，人们只能用计算机的语言去命令计算机做事情。作为机器的计算机，只懂电路通(用 1 表示)与不通(用 0 表示)两种状态，人们只能写出一串串由“0”和“1”组成的指令序列交由计算机去执行，这种计算机能够识别的语言，就是机器语言。由“0”和“1”组成的二进制数，是程序设计语言的基础，如用“10000000” 表示加法指令，用“10010000”表示减法指令。

机器语言是完全面向机器的语言，可以由计算机直接识别和运行，拥有极高的执行效率，这是机器语言的最大优点。机器语言只有“0”“1”两种信息，难学、难写、难记，给软件开发人员阅读、编写和调试程序等操作带来了极大不便，难以推广使用；并且面向机器的机器语言相当依赖机器，硬件设备不同的计算机，它的机器语言也有差别，编写的程序缺少通用性。编写机器语言要求软件开发人员相当熟悉计算机的硬件结构，所以初期只有极少数计算机专业人员会编写机器语言。

2. 第二代程序设计语言：汇编语言

考虑到机器语言难以理解记忆，后来人们用一些简洁、有意义的英文字母、符号串来替代一个特定指令的二进制串，比如，用“ADD”代替“10000000”表示加法，“ADD A, B”表示 A、B 两个操作数相加。这样一来，人们很容易读懂并理解程序在干什么，纠错及维护都变得方便了，这种程序设计语言就称为汇编语言，即第二代程序设计语言。

然而计算机并不认识这些符号，需要一个专门的程序，负责将这些符号翻译成二进制数的机器语言，这种翻译程序被称为汇编程序。由于要请“翻译”，所以汇编语言相对机器语言，执行效率有所降低。汇编语言的实质和机器语言是相同的，都是直接对硬件操作，只不过指令采用了英文缩写的标识符，更容易识别和记忆。汇编语言同样十分依赖于机器硬件，对不同的计算机硬件设备，需要不同的汇编语言指令，不利于在不同计算机系统之间移植。所以，现在的汇编语言一般在专业程序设计人员中使用，主要用于控制系统、病毒的分析与防治、设备驱动程序的编写。

3. 第三代程序设计语言：高级语言

机器语言和汇编语言都更“贴近”机器，更“依赖”机器，是面向机器的程序设计语言，统称为低级语言。为克服低级语言的缺点，将程序设计的重点放在解决问题的方法(即算法)上，于是产生了面向过程和面向对象的第三代程序设计语言，即高级语言。高级语言更接近人们习惯使用的自然语言和数学语言，如用“a+b”表示 a、b 两个变量相加，用“sin(a)”表示对变量 a 进行正弦计算。

高级语言是绝大多数编程者的选择。与低级语言不同，用高级语言编写的程序可在不同的计算机系统中运行，这个特性大大减轻了软件开发人员的负担，使他们不用了解计算机底层的知识，而将精力放在应用系统逻辑上。所以，用高级语言编写的程序与硬件设备无关，适合开发解决各种实际应用问题的应用软件。

用高级语言编写的程序不能直接在操作系统上运行，执行时需要根据计算机系统的不同，将程序代码翻译成计算机可直接运行的机器语言。这个工作一般都由高级语言系统自动进行翻译处理。一般将用高级语言编写的程序代码称为“源程序”，将翻译后的机器语言代码称为“目标程序”。计算机将源程序翻译成目标程序，有两种翻译方式，一种是“解释”方式，另一种是“编译”方式。对应于这两种翻译方式，高级语言又可以分为解释性语言和编译性语言。

综上所述，程序设计语言越低级，就表明越靠近机器，执行效率越高；程序设计语言越高级，就表明越靠近人的表达与理解，机器依赖程度越低。程序设计语言的发展，是从低级到高级，直到可用人类的自然语言来描述。程序设计语言的发展也是从具体到抽象的发展过程，从面向过程发展到面向对象。在以后的教学中，C 语言作为面向过程的高级语言代表，C++、Java 作为面向对象的高级语言代表。

1.2.2 C 语言的发展历程

数十年来，全球涌现了 2500 多种高级语言，每种语言都有其特定的用途。随着程序设计语言的发展，优胜劣汰，现在应用比较广泛的仅 100 多种。C 语言是目前世界上最流行、使用最广泛的高级程序设计语言之一。与其同时代的很多高级语言已经消亡，C 语言凭借其兼顾高级语言与低级语言的特性，作为高级语言的鼻祖留存至今。

C 语言的原型是 ALGOL 60 语言。1963 年，剑桥大学将 ALGOL 60 语言发展成为 CPL(Combined Programming Language)语言。1967 年，剑桥大学的 Matin Richards 对 CPL 语言进行了简化，于是产生了 BCPL 语言。1970 年，美国贝尔实验室的 Ken Thompson 将 BCPL 进行了修改，并为它起了一个有趣的名字“B 语言”。意思是将 CPL 语言煮干(Boiled)，提炼出它的精华。并且他用 B 语言写了第一个 UNIX 操作系统。1973 年，B 语言也给人“煮”了一下，美国贝尔实验室的 Dennis M. Ritchie 在 B 语言的基础上最终设计出了一种新的语言，他取了 BCPL 的第二个字母作为这种语言的名字，这就是 C 语言。

为推广 UNIX 操作系统，1977 年，Dennis M. Ritchie 发表了不依赖于具体机器系统的 C

语言编译文本《可移植的C语言编译程序》。1978年，Brian W. Kernighian和Dennis M. Ritchie出版了名著*The C Programming Language*，从而使C语言成为目前世界上最广泛流行的高级程序设计语言。1988年，随着微型计算机的日益普及，出现了许多C语言版本。由于没有统一的标准，这些C语言之间出现了一些不一致的地方。为改变这种情况，美国国家标准研究所(ANSI)为C语言制定了一套ANSI标准，成为现行的C语言标准 。

现行的C语言国际标准有两个，分别是ANSI/ISO 9988—1990和ISO/IEC 9989—1999，分别在1990年和1999年通过，也就是常说的C90和C99。目前不同软件公司提供的各种C语言编译系统多数并未完全实现C99建议的功能，本书的叙述以C99标准为依据，书中的程序基本上都可在目前所用的编译系统(如Visual C++ 6.0、Turbo C++ 3.0、GCC)上编译和运行。

1.2.3 C语言的特点

C语言是一种比较特殊的高级语言，它的主要特色是兼顾了高级语言和汇编语言的特点，简洁、丰富、可移植，程序执行效率高。C语言是一种用途广泛、功能强大、使用灵活的过程性编程语言，既可用于编写应用软件，又能用于编写系统软件。因此C语言问世以后得到迅速推广，并应用至今。C语言的主要特点如下。

(1) 语言简洁、紧凑，使用方便、灵活。C语言只有32个关键字、9种控制语句，程序书写形式自由，源程序代码短。

(2) 运算符丰富。C语言有34种运算符和15个等级的运算优先级顺序，使表达式类型多样化，可以实现在其他语言中难以实现的运算。

(3) 数据类型丰富。C语言包括整型、浮点型、字符型、数组类型、指针类型、结构体类型、共用体类型；C99又扩充了复数浮点类型、超长整型、布尔类型等；尤其是指针类型数据，使用十分灵活，能用来实现各种复杂的数据结构的运算。

(4) 具有结构化的控制语句。C语言是结构化语言，有顺序、选择(分支)、循环三大结构，含9种控制语句。C语言是完全模块化语言，用函数作为程序的模块单位，便于实现程序的模块化。

(5) 语法限制不太严格，程序设计自由度大。C语言允许程序编写者有较大的自由度，因此放宽了语法检查，如对数组下标越界不做检查；对变量的类型使用比较灵活，如整型与字符型数据可以通用。

(6) C语言允许直接访问物理地址，从而可以直接对硬件进行操作。C语言可以像汇编语言一样对位、字节和地址3个计算机最基本的工作单元进行操作，能实现汇编语言的大部分功能，可用来编写系统软件。

(7) 用C语言编写的程序可移植性好。C语言的编译系统简洁，很容易移植到新系统；在新系统上运行时，可直接编译“标准链接库”中的大部分功能，不需要修改源代码；几乎所有计算机系统都可以使用C语言。

(8) 生成的目标代码质量高，程序执行效率高。用不同的程序设计语言编写相同功能的程序，C语言生成的目标代码比其他语言生成的目标代码质量高，执行效率高，一般只比汇编程序生成的目标代码效率低10%～20%。

【融入思政元素】

从程序设计语言的发展历程引出软件发展对国力的重要性，从华为5G事件，促进学生对标准重要性的认识；从中美贸易战中的“中国芯”，教育同学们认真学习程序设计，奋发图强，为祖国的腾飞、为中国梦而认真学习。

1.3 C 语言的程序结构

1.3.1 C 语言程序的基本词汇符号

任何一门高级语言，都有自己的基本词汇符号和语法规则，就像我们的汉语有汉字和语法一样。程序代码都是由这些基本词汇符号，根据该高级语言的语法规则编写的。以 C 语言为例，C 语言有自己的字符集、关键字、标识符等各种基本词汇符号，各种语法规则将在以后的章节中学习。

1. 字符集

字符是组成语言的最基本元素。C 语言的字符集由字母、数字、空格、标点和特殊字符组成。在字符常量、字符串常量和注释中还可以使用汉字或其他可表示的图形符号。

(1) 字母，含小写字母 a～z 共 26 个，大写字母 A～Z 共 26 个。

(2) 数字，含 0～9 共 10 个。

(3) 空白符，空格符、制表符、换行符等统称为空白符。

(4) 标点和特殊字符。

2. 关键字

C 语言的关键字共有 32 个，根据关键字的作用，可分为数据类型关键字、控制语句关键字、存储类型关键字和其他关键字四类。

(1) 数据类型关键字(12 个)：char、double、enum、float、int、long、short、signed、struct、union、unsigned、void。

(2) 控制语句关键字(12 个)：循环语句有 for、do、while、break、continue 5 个关键字；条件语句有 if、else、goto 3 个关键字；开关语句有 switch、case、default 3 个关键字；返回语句有 return 一个关键字。

(3) 存储类型关键字(4 个)：auto、extern、register、static。

(4) 其他关键字(4 个)：const、sizeof、typedef、volatile。

3. 标识符

在程序中使用的变量名、函数名、标号等统称为标识符。除库函数的函数名由系统定义外，其余都由用户自己定义。C 语言规定，标识符只能是由字母(A～Z，a～z)、数字(0～9)、下划线组成的字符串，并且其第一个字符必须是字母或下划线。

1.3.2 C 语言程序的基本结构与框架

1. C 语言程序的基本结构

(1) C 语言是结构化、模块化程序设计语言，一个 C 程序由一个或多个程序模块组成，每一个程序模块作为一个源程序文件。一个程序由一个或多个源程序文件组成，教材所涉及的程序往往只包括一个源程序文件。一个源程序文件中可以包括预处理指令(#include <stdio.h>等)和一个或多个函数。C 语言程序的构成如图 1-3 所示。

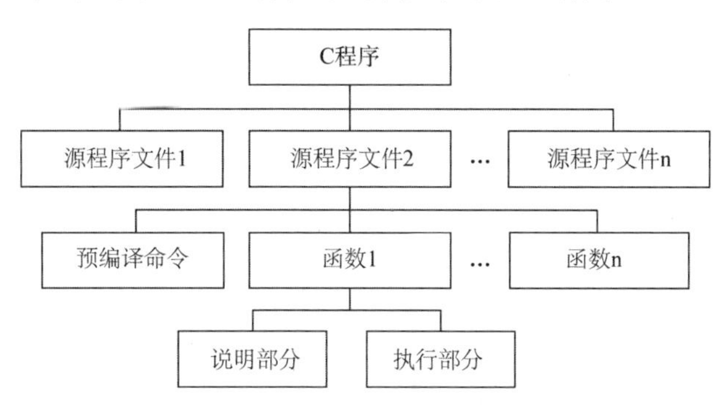

图 1-3　C 语言程序的构成

(2) C 语言程序由函数组成，函数是程序的基本单位。多个函数之间通过“调用”相互联系在一起。函数是程序设计的重要手段，分为系统提供的主函数(main)、库函数和用户定义函数。本章的简单程序只涉及主函数和库函数，用户定义函数将在第 7 章中详细介绍。

任何函数(包括主函数 main)都由函数说明和函数体两部分组成。其一般结构如下。

函数说明部分：

```
函数类型  函数名(函数形参 1,函数形参 2,……)
```

函数体部分：

```
{   数据类型说明语句;
    执行语句;
    返回语句;
}
```

① 函数说明部分：包括函数类型、函数名、函数形参，其中，函数形参包括函数形参名和形式参数类型。一个函数名后面必须跟一对圆括号(())，函数参数可以忽略，如 main()。

② 函数体即函数说明部分下面的大括号({ })内的部分，如果一个函数内有多对大括号，则最外面的一对{ }为函数体的范围。函数体一般由说明语句和执行语句两部分构成，且说明语句必须在所有执行语句之前。说明语句部分由变量定义、自定义类型定义、自定义函数说明、外部变量说明等组成；执行语句部分一般由多条可执行语句构成。

③ 每个 C 程序都必须有且只能有一个名为 main 的主函数，C 语言程序总是从 main 函数开始执行，与 main 函数在程序中的位置无关。

(3) 程序中对计算机的操作是由函数中的 C 语句完成的，在每个数据声明和语句的最后必须有一个分号，如语句 int a,b,c;、a=9;、b=3;、c=a+b;等。

(4) C 语言本身不提供输入输出语句，输入输出操作通过调用 C 语言标准库 stdio.h 中提供的 scanf()和 printf()等输入输出函数来完成。

(5) 程序应当有注释，通过注释不仅可让自己尽快找到程序中需要修改、完善的地方，也方便其他人继续开发、阅读或使用自己所写的程序。为程序添加注释不仅是程序员的良好编程习惯，更是一种职业素养。为一行添加注释，可用“//注释”形式；为多行添加注释，可用“/* 注释 */”形式；注释的内容可以使用任何一种文字。

2. C 语言程序的框架

框架所涉及的最简单的 C 程序必须有且只能有一个名为 main 的主函数，C 程序的执行总是从 main 函数开始，在 main 中结束。主函数 main 是装有各种 C 语句的“房子”。C 语言程序的框架如图 1-4 所示，简单地打印“China !”的程序如图 1-5 所示。

```
#include <stdio.h>
int main()
{   各种 C 语句……;
return 0;
```

图 1-4　C 语言程序的框架

```
#include <stdio.h>
int main()
{   printf("China !");
return 0;
```

图 1-5　简单的 C 语言程序

程序说明：

(1) 程序中的“#include <stdio.h>”是预处理命令，其作用是在调用库函数时将相关文件 stdio.h 添加到程序中。有了此行，就可以成功地调用 C 语言标准库 stdio.h 中提供的输入、输出函数，如“printf("China !");”中的格式输出函数 printf。

(2) 程序中的 main 是主函数名，每个 C 程序都必须包含而且只能包含一个主函数。用一对大括号括起来的部分是函数体，在图 1-5 所示的程序中，函数体只有一条语句“printf("China !");”。此语句是输出语句，其作用是按原样输出双引号内的字符串" China !"，故该程序的运行结果为：China !。

(3) 函数体中可以有多条语句，所有语句都必须以分号(;)结束，函数的最后一条语句也不例外，如图 1-4 的程序框架所示。

(4) C99 建议把 main 函数返回值指定为 int 型，并通过 return 语句返回 0。为使程序规范和可移植，希望读者编写的程序一律将 main 函数返回值指定为 int 型，并在 main 函数最后加一条“return 0;”语句。

1.3.3　简单 C 程序示例

为帮助读者进一步理解 C 语言程序结构的特点，以下两个程序例题由易到难，说明 C 语言程序的基本框架和书写格式要求。

【例题 1-1】编写程序，输出一行信息。

```
#include <stdio.h>
int  main ()    /*输出字符串 This is my first C program!后换行*/
{ printf ("This is my first C program! \n");
  return 0;
}
```

程序运行结果如图 1-6 所示。

```
This is my first C program!
```

图 1-6　例题 1-1 的运行结果

程序说明：

(1) main 表示“主函数”，函数体用大括号({　})括起来。

(2) 本例题中除去框架结构，主函数仅包含一条语句，该语句由 printf ()输出函数构成，括号内双引号中的字符串按原样输出。

(3) 输出函数 printf()，括号内双引号中的“\n”是换行符，即在输出“This is my first C program! ”后换行；语句后面有一个分号，表示该语句结束，这个分号必不可少。

(4) 用/* … */给 C 程序中的任何部分添加注释，可增加程序的可读性。如“/*输出字符串 This is my first C program!后换行*/”是 C 语句 printf ("This is my first C program! \n");的注释。

【例题 1-2】 编写程序，求两个变量中的较大值。

```
#include <stdio.h>
int main()
{ int x,y,z;                  //定义 3 个整型(int)变量 x、y、z
  x=9; y=10;                  //将 9 赋值给变量 x，将 10 赋值给变量 y
  if (x>y)  z = x;            //如果 x>y 成立，z=x
  else  z = y;                //否则，即如果 x>y 不成立，z=y
  printf("最大值=%d\n", z);  //输出变量 z 的值，即"最大值=10"
  return 0;
}
```

程序运行结果如图 1-7 所示。

```
最大值=10
```

图 1-7　例题 1-2 的运行结果

程序说明：

(1) main 表示“主函数”，函数体用大括号({　})括起来。本例题中除去框架结构，主函数包含多条语句。

(2) 语句 int x,y,z; 定义 3 个整型(int)变量，分别用标识符命名规则命名变量 x、变量 y 和变量 z；语句 x=9; y=10; 将 9 赋值给变量 x，将 10 赋值给变量 y。

(3) 语句 if (x > y) z = x;　else z = y;，表示如果变量 x 的值大于变量 y 的值，即 x>y 成立，变量 z 的值就等于变量 x 的值；否则，即 x>y 不成立，变量 z 的值就等于变量 y 的值。故变量 z 为变量 x 和变量 y 中的最大值。如果程序求最小值，需将 if (x >y) 修改为 if (x < y)。

(4) 语句 printf("最大值=%d",z); 即表示输出函数 printf 圆括号内双引号中的字符串“最大值=”按原样输出，变量 z 以十进制形式(%d)输出，故屏幕显示运行结果“最大值=10”。

【融入思政元素】

通过 C 语言的语法规则，如标识符的命名规则等，告诉学生做事先做人，凡事都要讲规矩，无规矩不成方圆。在学校，要遵守学校的各项规章制度；在家里，要孝顺父母，尽量帮父母多做家务；毕业后，要遵守国家法律法规，做一个遵纪守法的好公民。

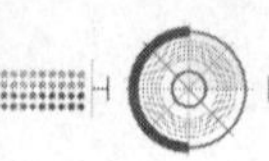

1.4 C 语言程序的开发环境

1.4.1 C 语言程序的开发过程

C 语言程序的开发是一个循环往复的过程，往往需要不断地分析问题、编制程序代码、对代码进行编译；若编译中发现错误，转回修改源程序后再编制代码、再进行编译和链接；不断地调试运行，直到最终程序执行得到正确结果为止。整个过程如图 1-8 所示。

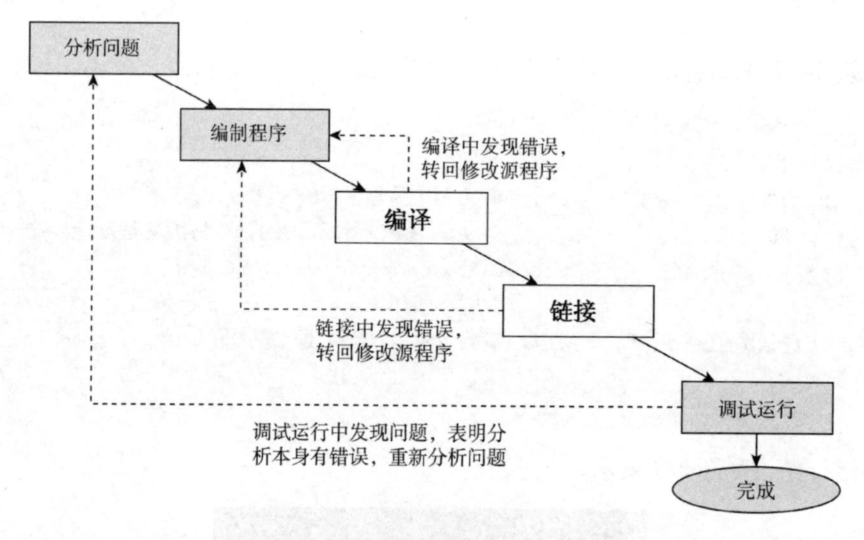

图 1-8 C 语言程序的开发步骤

在 1.3.3 节所编制的程序(如例题 1-1 和例题 1-2)是计算机不能直接识别的源程序代码，在编写好这些源程序后，应执行如图 1-9 所示的步骤完成编译和链接，最后形成并运行计算机可执行程序。

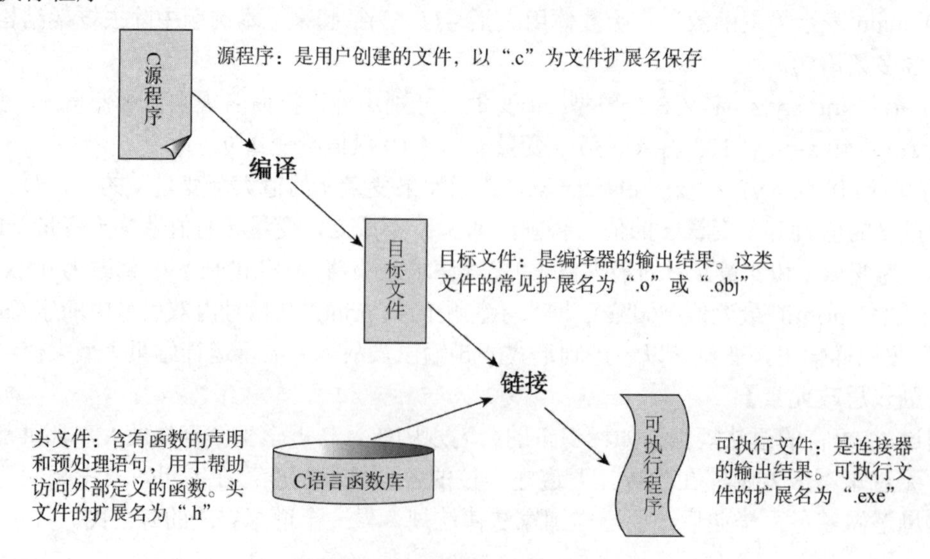

图 1-9 C 语言程序的运行步骤

C 语言程序的运行分以下 4 步进行。

第 1 步：上机输入和编辑源程序(.c 文件)。

源程序是用户创建的文件，内容为程序设计语言，不能由计算机直接执行。C 语言源程序以“.c”为文件扩展名保存，如例题 1-1、例题 1-2 就是用 C 语言编写的 C 源程序代码。

第 2 步：对源程序进行编译(.obj 文件)。

对源程序进行编译，先用 C 编译系统提供的“预处理器”，对程序中的预处理指令进行处理，如对于#include <stdio.h>指令来说，就是将 stdio.h 头文件的内容读进来；然后是词法语法分析，将源代码翻译成中间代码(一般是汇编代码)，接着优化代码；最后将中间代码翻译成目标文件。目标文件是编译器的输出结果，这类文件的常见扩展名为“.o”或者“.obj”，内容为机器语言，不能由计算机直接执行。

第 3 步：进行链接处理(.exe 文件)。

经过编译所得到的目标文件还不能由计算机直接执行。前面学习过，一个程序由一个或多个源程序文件组成，而编译是以源程序文件为对象，一次只能得到与一个源程序文件相应的目标文件，它只是整个程序的一部分。必须把所有编译后得到的目标文件模块链接装配起来，再与函数库链接成一个整体，生成一个可供计算机执行的目标程序，称为可执行程序。

第 4 步：运行可执行程序，得到运行结果。

【融入思政元素】

C 语言程序必须通过其编译器和开发工具来实践才有意义，告诉我们学编程的学生，一定要秉承着唯物主义的辩证思想，对于猜想与假设，需要用实践的手段来验证。实践是检验真理的唯一标准，只有切实实践，才能得知猜想正确与否，不能凭主观臆想来衡量事物与原理，这是马克思主义观点，也是辩证唯物主义认识论的基本观点。

1.4.2 Visual C++集成开发环境介绍

如何才能开始一门编程语言的学习呢？首先就是要熟悉这门语言的编程环境，然后编写出第一个程序并运行成功。如例题 1-1、例题 1-2 是用 C 语言编写的 C 源程序代码。只认识 0 和 1 的计算机不能直接读懂 C 语言源程序，必须通过“翻译”将高级语言翻译成机器语言，这个翻译就是编译器。C 语言是一门历史很长的编程语言，其编译器和开发工具也多种多样，有 Turbo C 2.0、Win-TC、Dev-C++、Visual C++、Visual Studio.NET 等。

本书所采用的编译器是深受编程爱好者喜爱的主流编译器 Visual C++ 6.0。Visual C++ 6.0(简称 Visual C++、MSVC、VC++或 VC)是 Microsoft 公司推出的开发 Win64 环境程序的、面向对象的可视化集成编程系统。它不但具有程序框架自动生成、灵活方便的类管理、代码编写和界面设计集成交互操作、可开发多种程序等优点，而且通过简单的设置就可使其生成的程序框架支持数据库接口、OLE2、WinSock 网络、3D 控制界面。它以拥有“语法高亮”、自动完成功能(IntelliSense)以及高级除错功能而著称，包括标准版、专业版和企业版。

Visual C++ 6.0 不仅是一个 C++编译器，还是一个基于 Windows 操作系统的可视化集成开发环境。VC++ 6.0 包括编辑器、调试器、程序向导(AppWizard)、类向导(Class Wizard)等许多组件，这些组件通过 Developer Studio 集成为和谐的开发环境。本章将对 VC++集成开发环境及其使用进行简单介绍。

VC++ 6.0 集成开发环境的主窗口由标题栏、菜单栏、工具栏、工作区、客户区、输出区及状态栏等组成，如图 1-10 所示。

◎ 标题栏：用于显示应用程序名及当前打开的文件名。

◎ 菜单栏：集成开发环境的操作菜单。

◎ 工具栏：与菜单相似的一些操作按钮，如新建、保存等。

◎ 工作区：用于显示当前打开工程的有关信息，包括工程的类、资源及文件组成等内容。

◎ 客户区：用于文本编辑器、资源编辑器等文件和资源的编辑。

◎ 输出区：用于输出编译信息、调试信息和一些查询结果信息。

◎ 状态栏：用于显示菜单栏、工具栏等的简单说明，以及文本编辑器中当前光标所在行列号等信息。

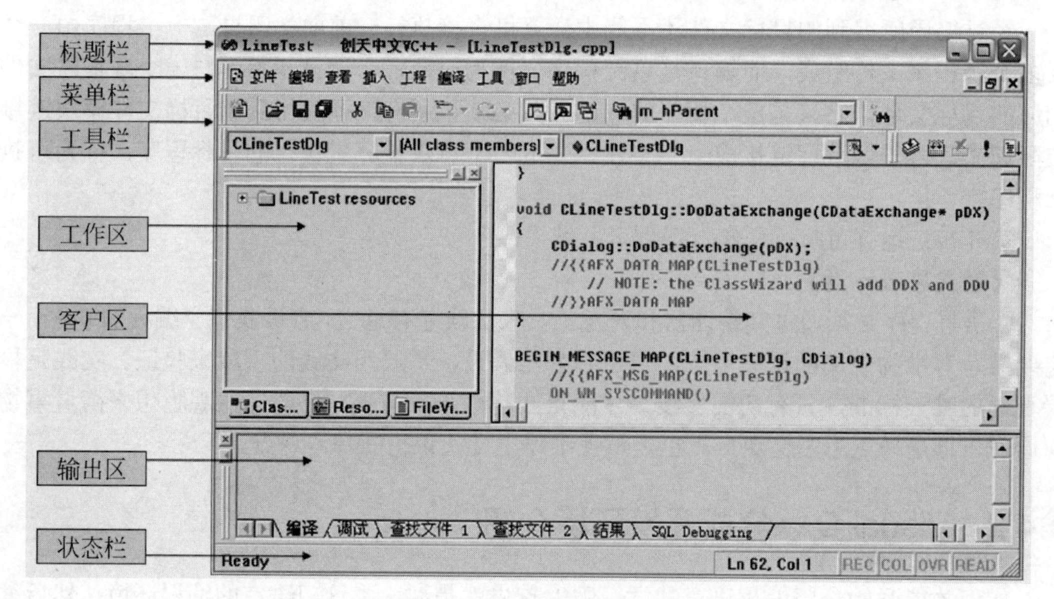

图 1-10 VC++ 6.0 集成开发环境

1.4.3 运行 Visual C++程序的步骤与方法

本节介绍如何使用 Visual C++开发第一个程序——屏幕输出字符串“Hello World!”。VC++ 6.0 可以开发多种工程，每种工程对应着一种应用，可以包含若干种文件。本例将讲解如何创建 VC++ 6.0 的第一个工程。

1. VC++ 6.0 可创建的工程简介

(1) 创建工程时会有 16 种选择，如图 1-11 所示。每种工程对应着一种应用，如表 1-2 所示。

(2) 创建的文件有 13 个种类，如图 1-12 所示。每一种都对应着不同类型的文件，如表 1-3 所示。

图 1-11 新建工程

图 1-12 新建文件

表 1-2 VC++ 6.0 可创建的工程及其说明

序号	工程类型	说 明
1	ATL COM AppWizard	ATL 应用程序
2	Cluster Resource Type Wizard	群集资源类型向导，用来创建通用的资源项目
3	Custom AppWizard	创建自定义的向导工程
4	Database Project	数据库项目
5	DevStudio Add-in Wizard	自动化宏工程
6	Extended Stored Proc Wizard	扩展存储过程向导
7	ISAPI Extension Wizard	Internet 服务器或过滤器工程
8	Makefile	Makefile 工程
9	MFC ActiveX ControlWizard	ActiveX 控件工程
10	MFC AppWizard(dll)	MFC 动态链接库工程
11	MFC AppWizard(exe)	MFC 可执行程序的工程
12	Utility Project	创建效用项目
13	Win32 Application	Win32 应用程序
14	Win32 Console Application	Win32 控制台程序
15	Win32 Dynamic-Link Library	Win32 动态链接库
16	Win32 Static Library	Win32 静态链接库

表 1-3 VC++ 6.0 创建的文件类型

序号	文 件 类 型	说 明	序号	文 件 类 型	说 明
1	Active Server Page	网页制作文件	8	图标文件(ICON File)	图标文件
2	Binary File	二进制文件	9	Macro File	宏文件
3	位图文件(Bitmap File)	位图文件	10	资源脚本(Resource Script)	资源脚本文件
4	C++ Source File	C++源文件	11	资源模板(Resource Template)	资源模板文件
5	C/C++ Header File	C/C++头文件	12	SQL Script File	SQL 脚本文件
6	光标文件(Cursor File)	光标文件	13	文本文件(Text File)	文本文件
7	HTML Page	HTML 文件			

2. 创建基于 Win32 Console Application 的工程

【例题 1-3】用 Visual C++集成开发环境，输出一行信息。

例题 1-3
用 VC++实现.mp4

操作步骤如下。

(1) 选择“文件”|“新建”命令，打开“新建”对话框。选择“工程”选项卡，选中 Win32 Console Application 复选框。在右侧“工程名称”文本框中输入工程名，可以任意指定。为与其他工程区分，本实例指定了和工程类型相同的名称 Win32 Console Application，如图 1-13 所示。

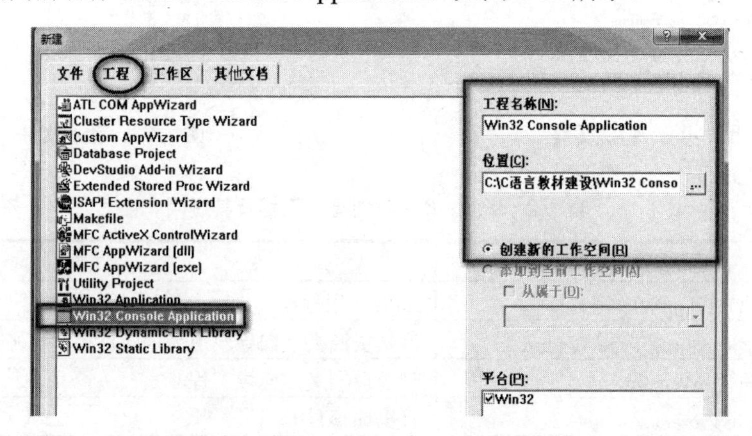

图 1-13 在“新建”对话框中创建 Win32 Console Application 工程

(2) 单击“确定”按钮后，将弹出一个向导对话框，选中“一个空工程”单选按钮，如图 1-14 所示。

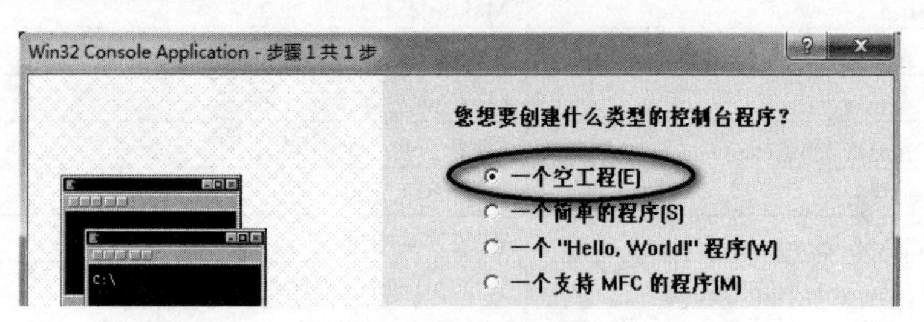

图 1-14 向导对话框

(3) 单击“完成”按钮后，弹出一个确认对话框，单击“确定”按钮。然后单击工具栏上的“新建”按钮，在客户区输入代码，如图 1-15 所示。

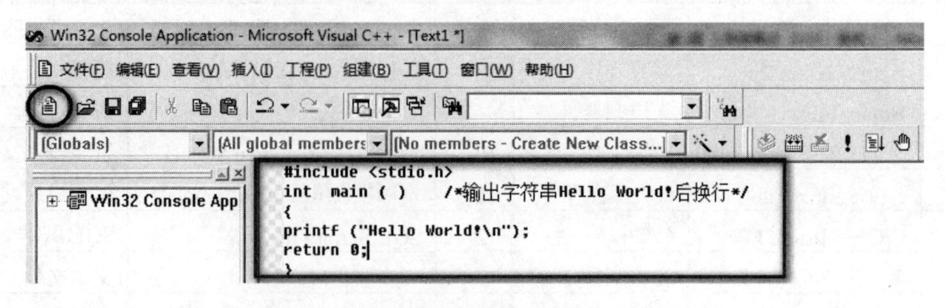

图 1-15 代码窗口

(4) 选择“文件”|“另存为”命令，打开“保存为”对话框。将当前文件保存到工程路径下，并保存为 1-1.cpp 文件，名称可以自定，如图 1-16 所示。

(5) 选择刚保存的 cpp 文件，可以单击 “编译”“链接”“运行”命令按钮，如图 1-17 所示，单击“运行”按钮后的执行结果如图 1-18 所示。

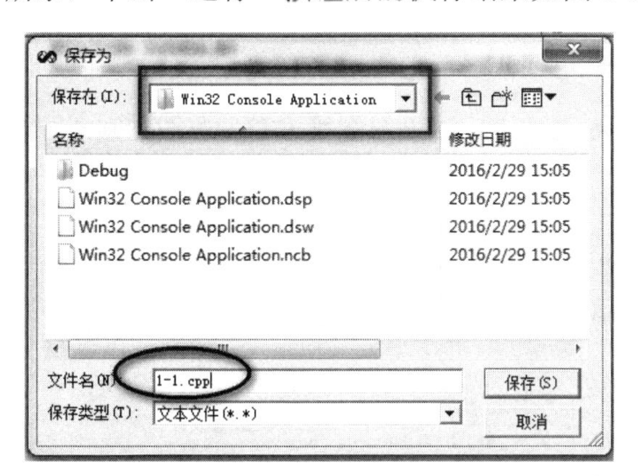

图 1-16　在“保存为”对话框中保存 cpp 文件

图 1-17　“编译”“链接”“运行”命令按钮

我们可以创建 cpp 文件，将它添加到工程中。创建 cpp 文件并添加到工程 Win32 Console Application 中，如图 1-19 所示。

还可以选择“工程”|“增加到工程”|“文件”命令，向工程中添加已创建好的文件，如图 1-20 所示。

图 1-18　执行结果

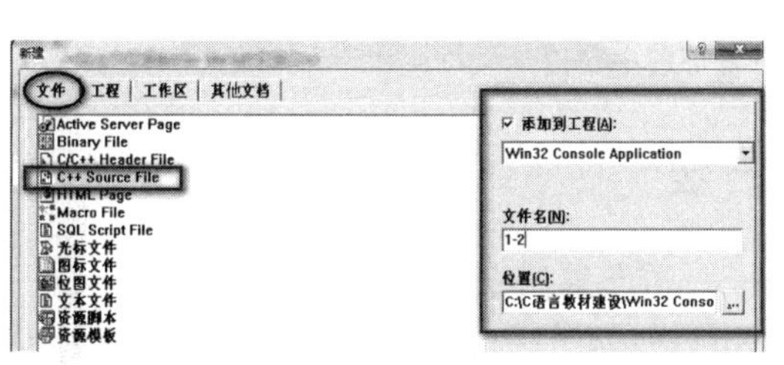

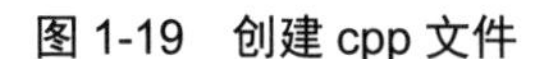

图 1-19　创建 cpp 文件　　　图 1-20　添加已创建好的文件

1.4.4　Dev-C++集成开发环境介绍

Dev-C++(或写为 Dev-Cpp)是 Windows 环境下的一个轻量级免费 C/C++ 集成开发环境(IDE)。它集合了功能强大的源码编辑器、MingW64/TDM-GCC 编译器、GDB 调试器和 AStyle 格式整理器等众多自由软件。非常适合于在教学中供 C/C++ 语言初学者使用，也适合于非商业级普通开发者使用。主要特性如下。

◎ 安装简单，安装完毕即可使用，无须额外配置。

◎ 使用方便，可插入常用代码片段，快速开始编程。

◎ 可对代码自动格式化，确保代码书写规范。

◎ 具有完整的编译、运行和调试功能。

◎ 编译出错信息自动翻译为中文显示。

◎ 支持单文件开发和多文件项目开发。

Dev-C++ 发行时遵循 GNU 通用公共协议(版本 2)。如果您继续安装此软件，则意味着您同意该协议。

中文主页：https://Devcpp.gitee.io/

DEV-C++集成开发环境的主窗口由标题栏、菜单栏、工具栏、工作区、客户区、输出区及状态栏等组成，与 VC++ 6.0 集成开发环境的主窗口相似，如图 1-21 所示。

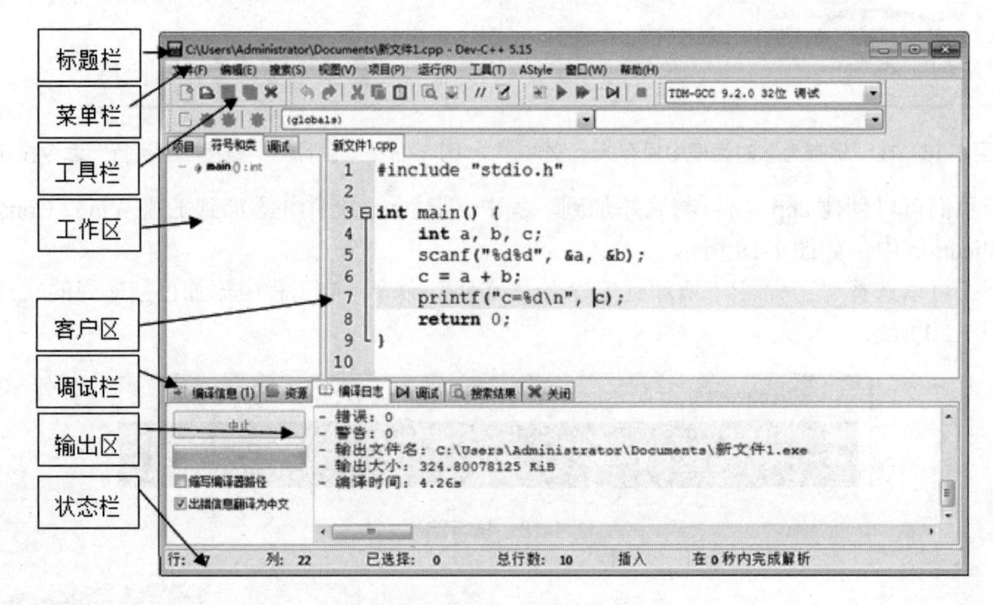

图 1-21 DEV-C++开发环境主窗口

1.4.5 运行 Dev-C++程序的步骤与方法

本节介绍如何使用 Dev-C++开发第一个程序——屏幕输出 c=a+b 的运算结果。Dev-C++可以开发多种工程，每种工程对应着一种应用，可以包含若干文件。本例将讲解如何创建 Dev-C++的工程。

1. Dev-C++创建的工程

(1) 创建工程的过程如图 1-22 和图 1-23 所示。

(2) 如图 1-24 和图 1-25 所示用系统默认的文件名创建一个文件，并添加至本工程中。再按图 1-26 所示，将文件另存为自定义的文件名。

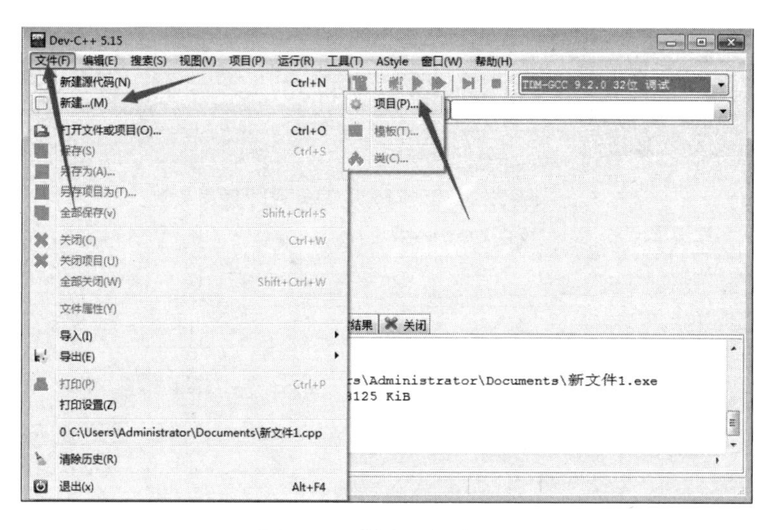

图 1-22　新建工程步骤 1

图 1-23　新建工程步骤 2

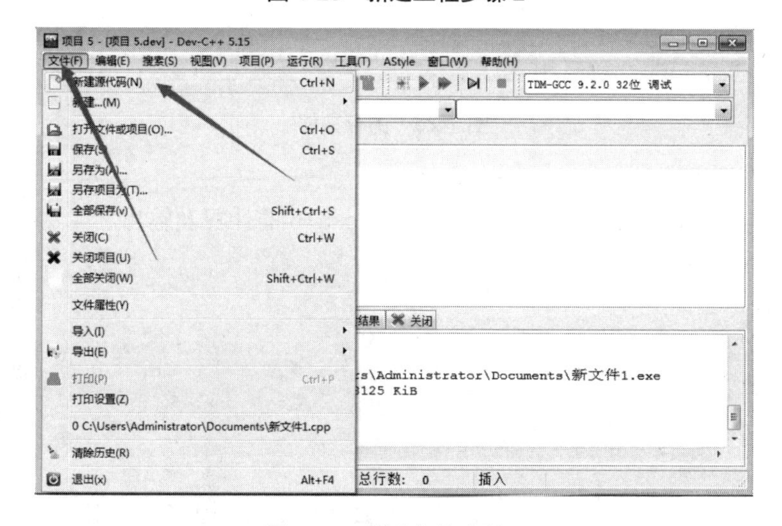

图 1-24　新建文件步骤 1

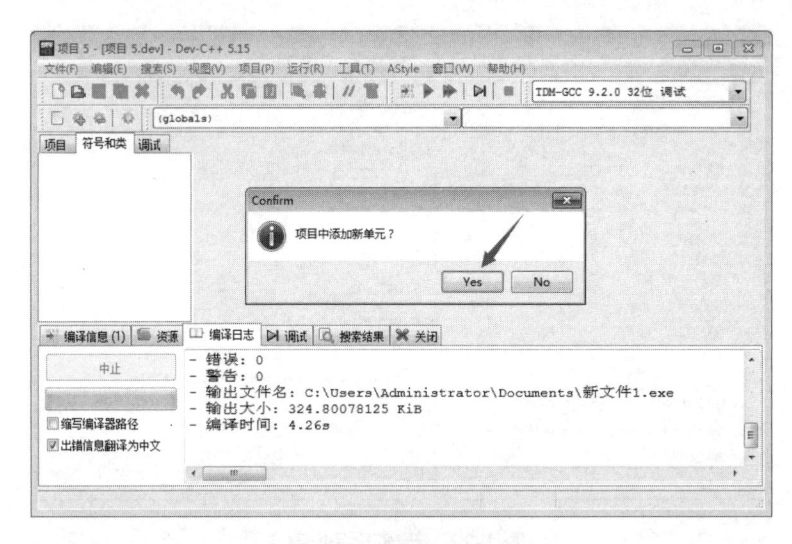

图 1-25　新建文件步骤 2

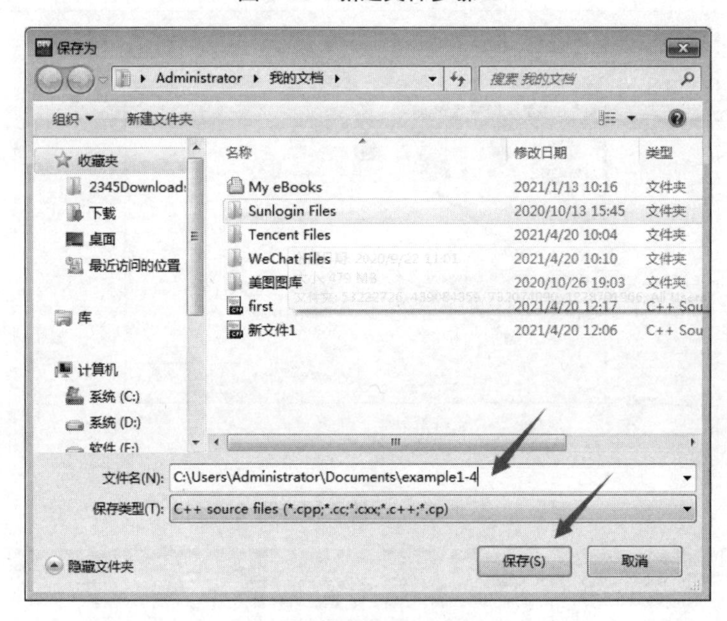

图 1-26　另存文件

(3) 在工作区中输入程序。

【例题 1-4】用 Dev-C++集成开发环境完成 c=a+b 的计算及输出。

```
#include <stdio.h>
int main()
{ int a=1,b=2,c;
  c=a+b;
  printf("c=%d",c);
  return 0;
}
```

例题 1-4
用 Dev-C++实现.mp4

(4) 编译程序，单击“运行”菜单下的“编译”按钮，如果没有错误，执行下一步的链接；否则修改再编译直至无错误为止。编译结果在输出区输出，如图 1-27 所示。

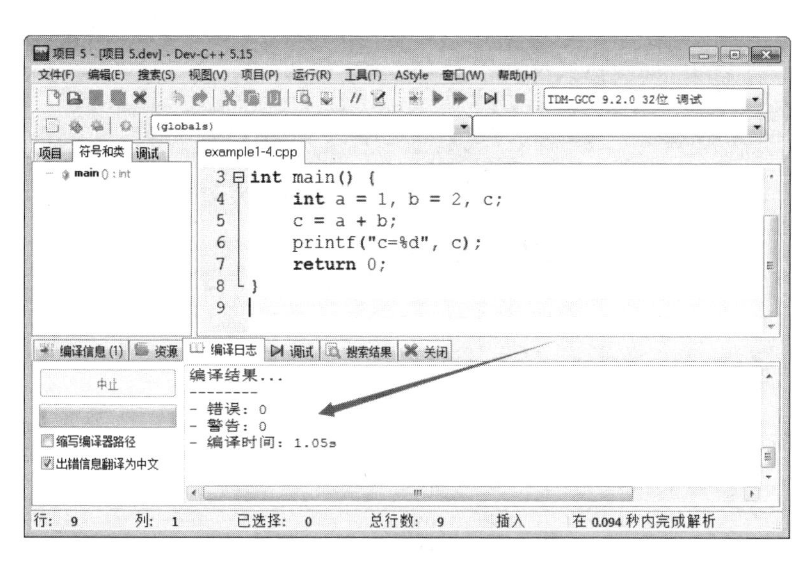

图 1-27 编译结果显示

(5) 单击“运行”菜单下的“运行”按钮，如果是预期结果，则按任意键结束此程序的工作，否则重新编辑、编译、链接和运行，运行结果如图 1-28 所示。

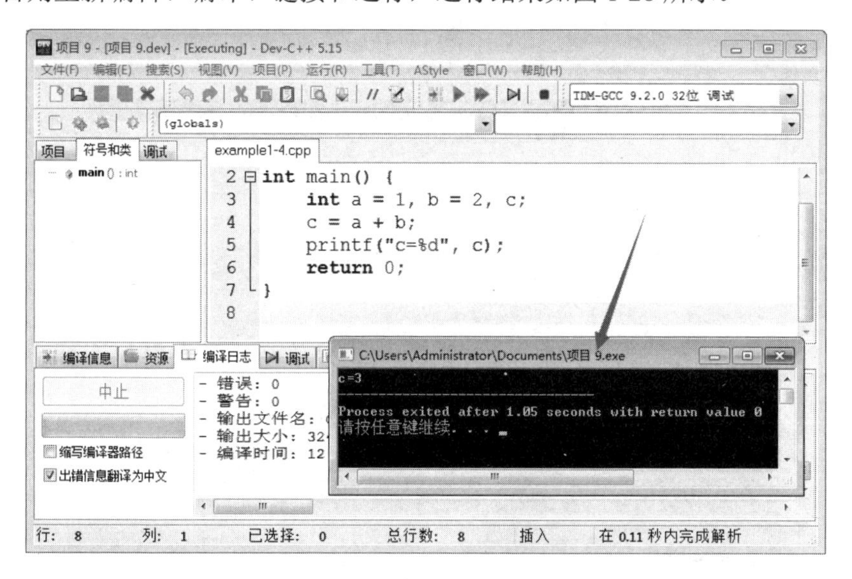

图 1-28 例 1-4 运行结果

2. Dev-C++调试程序的方法

(1) 单击“调试”→“添加查看”按钮，在打开的“新变量”对话框中输入要监测的变量，然后单击 OK 按钮，如图 1-29 所示。

(2) 单击行号可以设置或取消断点，单击行号设置断点，此行显示为红色。再次单击此行号取消此断点，如图 1-30 所示。

(3) 单击“运行”→“切换到断点处”按钮，显示断点底色为蓝色，在工作区会显示所设置的监测变量的值，以供分析程序之用，如图 1-31 所示。

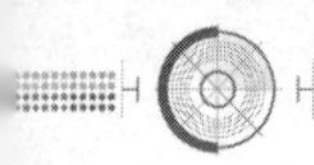

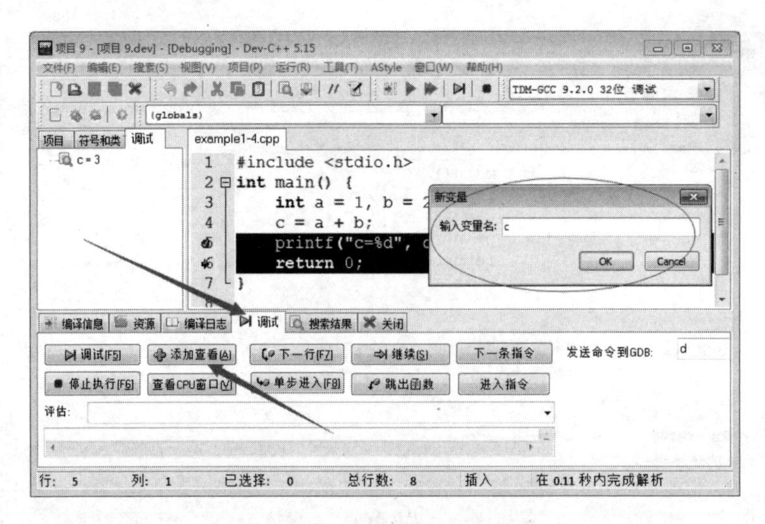

图 1-29　设置需要观察的变量

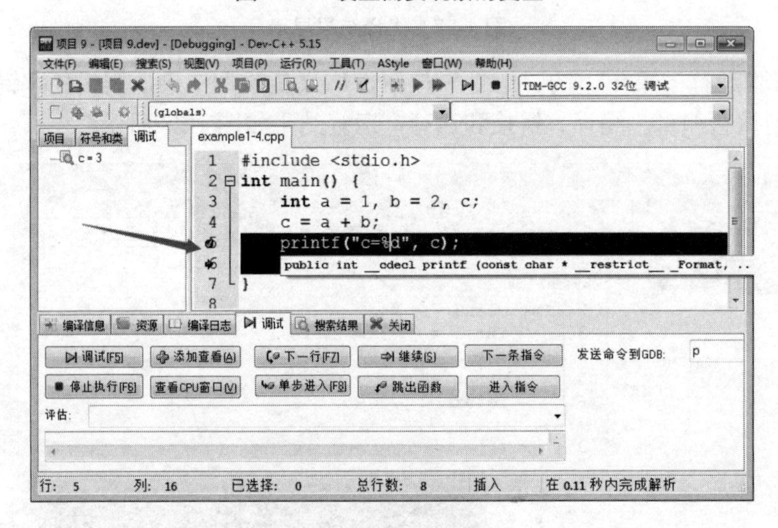

图 1-30　设置或取消断点

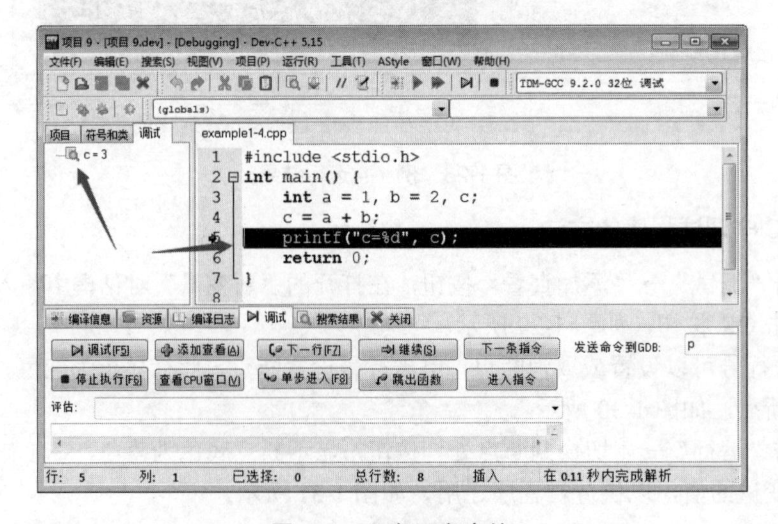

图 1-31　运行至断点处

(4) 单击“停止执行”按钮结束调试，恢复正常状态，如图 1-32 所示。

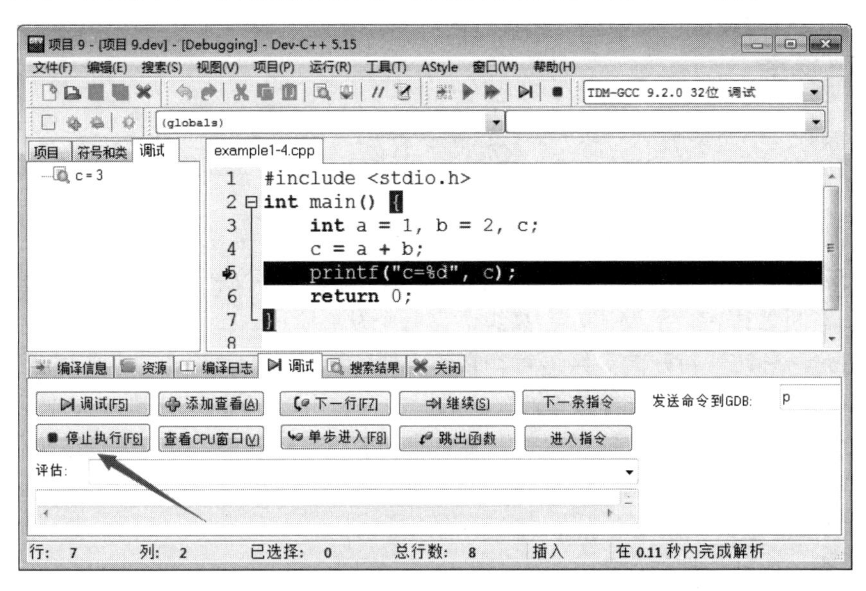

图 1-32 停止调试

1.4.6 有关开发环境的问题

主函数 main()有两种形式：C90 标准和 C99 标准。C90 建议把 main()函数返回指定为 void 型，并返回 void，可省略；C99 建议把 main()函数返回指定为 int 型，并通过 return 语句返回 0。为使程序规范和可移植，希望读者编写的程序一律将 main()函数返回指定为 int 型，并在 main()函数最后加一个“return 0;”语句。

(1) C90 标准：建议把 main()函数返回指定为 void 型，并返回 void，可省略。

```
#include <stdio.h>
void  main  ()
{   printf ("Hello,This is my first c program!\n");
}
```

(2) C99 标准：建议把 main 函数返回指定为 int 型，并通过 return 语句返回 0。

```
#include <stdio.h>
int  main  ()
{  printf ("Hello,This is my first c program!\n");
   return 0;
}
```

C 语言的开发工具有很多，有的支持 C99 标准，有的支持 C90 标准，有的两者都支持，建议读者用 C99 标准编写程序。要注意的是，在 Dev-C++ 集成开发环境中，用 C99 标准编写的程序运行成功；但用 C90 标准编写的程序，则会报错，因为 Dev-C++不可以在 main 前加 void。本书的代码全部采用 C99 标准编写，用 VC++ 6.0 和 Dev-C++都可以运行成功。建议读者用 C99 标准编写程序，但也要能读懂解答用 C90 标准编写的题目。

【融入思政元素】

通过在 C 语言编程环境中进行编程题的练习，让同学们养成一丝不苟的严谨作风和求实创新的科学精神。

本章小结

程序设计是软件构造活动中的重要组成部分，其灵魂是算法，其过程通常包括分析问题、设计算法、编写程序、运行程序和分析结果、编写程序文档等不同阶段。程序设计语言大约经历了机器语言、汇编语言、高级语言三个发展阶段。

C 语言是一种比较特殊的高级语言，它的主要特色是兼顾高级语言和汇编语言的特点，简洁、丰富、可移植，程序执行效率高。C 语言是一种用途广泛、功能强大、使用灵活的过程性编程语言，既可用于编写应用软件，又能用于编写系统软件。C 语言是结构化、模块化程序设计语言，是函数式语言。C 程序必须有且只能有一个名为 main 的主函数，C 程序的执行总是从 main 函数开始，在 main 函数中结束。

C 语言程序的结构框架如下：

```
#include <stdio.h>
    int main()
    {  各种 C 语句
       ……;
       return 0;
    }
```

C 语言程序的开发是一个循环往复的过程，往往需要不断地分析问题，编制程序代码，对代码进行编译、链接，调试运行。C 语言程序的运行分为编辑源程序(.c 文件)、对源程序进行编译(.obj 文件) 、进行链接处理(.exe 文件) 、运行可执行程序四步。

通过本章的学习，要求读者能熟练地运用 C 语言开发环境编写简单的 C 程序。

习题 1

一、选择题

1. 用 C 语言编写的代码程序(　　)。

   A. 可立即执行　　　　B. 是一个源程序

   C. 经过编译即可执行　　　　D. 经过编译解释才能执行

2. 在一个 C 语言程序中，(　　)。

   A. main 函数必须出现在所有函数之前　　B. main 函数可在任何地方出现

   C. main 函数必须出现在所有函数之后　　D. main 函数必须出现在固定位置

3. 结构化程序设计所规定的三种基本控制结构是(　　)。

   A. 输入、处理、输出　　　　B. 树状、网状、环状

   C. 顺序、选择、循环　　　　D. 主程序、子程序、函数

4. 对于一个正常运行的 C 程序，以下叙述正确的是 (　　)。

A. 程序的执行总是从 main 函数开始，在 main 函数中结束
B. 程序的执行总是从程序的第一个函数开始，在 main 函数中结束
C. 程序的执行总是从 main 函数开始，在程序的最后一个函数中结束
D. 程序的执行总是从程序的第一个函数开始，在程序的最后一个函数中结束

5. 下列选项中，合法的 C 语言关键字是(　　)。
A. VAR　　B. cher　　C. integer　　D. default

6. 以下选项中合法的用户标识符是(　　)。
A. long　　B. _2Test　　C. 3Dmax　　D. A. dat

7. C 语言源程序名的后缀是(　　)。
A. obj　　B. cp　　C. exe　　D. c

8. C 语言程序的基本单位是(　　)。
A. 程序行　　B. 语句　　C. 函数　　D. 字符

9. 用 Visual C++开发 C 程序的工程类型是(　　)。
A. Win32 Console Application　　B. Win32 Application
C. MFC AppWizard[exe]　　D. C++ Source File

10. 编写 C 语言源程序并上机运行的一般过程为(　　)。
A. 编辑、编译、链接和执行　　B. 编译、编辑、链接和执行
C. 链接、编译、编辑和执行　　D. 链接、编辑、编译和执行

二、简答题

1. 什么是程序？什么是程序设计？
2. 简述程序设计语言的发展历程及优缺点。
3. 简述 C 语言的特点。
4. 简述程序设计的任务及目的。
5. C 语言程序由哪些部分组成？
6. 简述运行 C 语言程序的步骤。
7. 什么是算法？简述算法在程序设计中的作用。
8. 用流程图描述求 n!的算法。

三、编程题

1. 参照课本例题，编写一个 C 程序，输出以下信息：

```
**************************
     very   good!
**************************
```

2. 阅读下面的程序，分析运行结果，并给出注释。

```
#include <stdio.h>
int main()
{  printf("how do you do !\n");
   return 0;
}
```

3. 运用 Visual C++ 6.0 运行程序：

```
#include <stdio.h>
int main()
{   printf ("**********************************\n");
    printf ("*我要成为一名优秀的 C 程序员!努力加油! *\n");
    printf ("**********************************\n");
    return 0;
}
```

给出运行结果，说明运行的步骤和方法。

4. 编写一个 C 程序，分两行输出自己的姓名及联系电话。
5. 编写一个 C 程序，输入 a、b、c 三个变量的值，输出三个变量的和及平均值。
6. 编写一个 C 程序，输入 a、b、c 三个变量的值，输出其中的最大值。

第2章

C语言程序设计基础

任何一门高级语言，都有自己的基本词汇符号和语法规则，就像汉语有汉字和语法一样。C 语言作为一门高级语言，C 程序代码都是由这些基本词汇符号，根据该高级语言的语法规则编写的。通过学习 C 语言语法规则，引导学生做人做事需遵守规则，教育学生遵守学校各项规章制度，遵守国家法律法规，做一个遵纪守法的好公民。本章介绍了 C 语言要处理的基本数据类型、各种运算符和表达式。

本章教学内容：

◎ 常量与变量

◎ 整型数据、实型数据、字符型数据

◎ 算术运算符及表达式、自增自减运算符及表达式、赋值运算符及表达式

◎ 自动转换与强制转换

本章教学目标：

◎ 理解基本类型及其常量的表示法

◎ 熟练掌握各种基本类型变量的说明规则和为变量赋初值

◎ 掌握各种运算符的使用方法和运算顺序

◎ 能够将各种数学表达式转换成 C 语言表达式

◎ 理解 C 语言自动类型转换、强制类型转换和赋值的概念

2.1 数据的表现形式

2.1.1 数据的表现形式概述

在计算机高级语言中，数据有两种表现形式：常量和变量。在程序执行过程中，其值不发生改变的量称为常量，其值可变的量称为变量。变量可与 2.2 节讲解的数据类型结合起来分类，可分为整型变量、实型变量、字符型变量等；与变量类似，常量实际上也可分为整型常量、实型常量、字符常量、字符串常量等。如图 2-1 所示为各种数据类型的常量与变量的细化分类及特征，在后面将详细讲解。

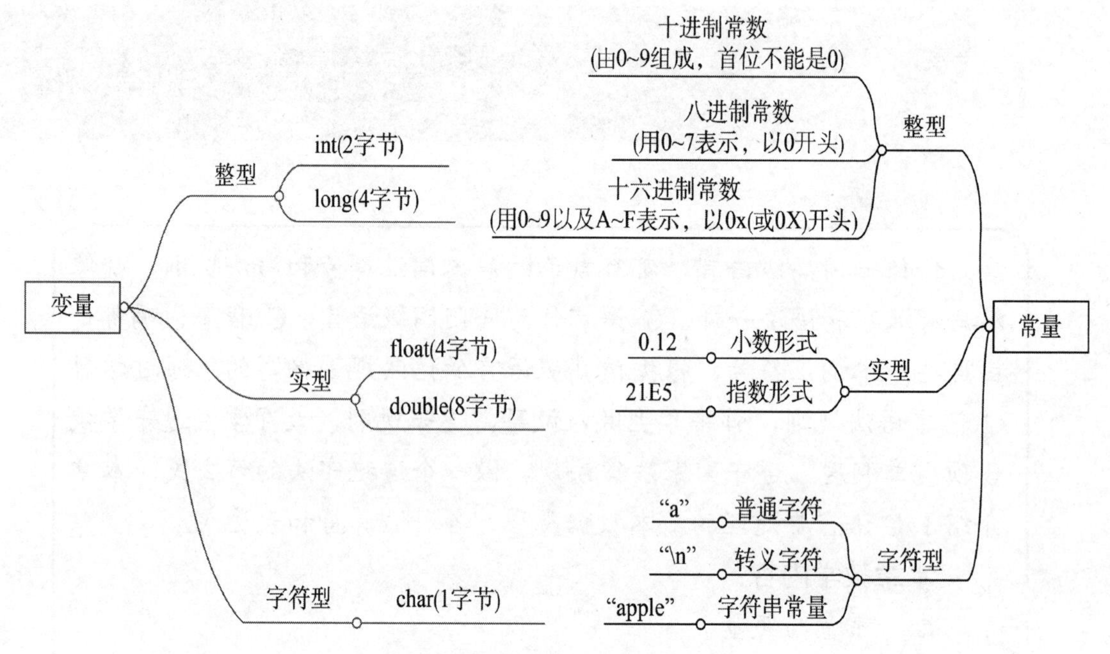

图 2-1　各种数据类型的常量与变量

2.1.2 常量

常量是在程序中保持不变的量，如整型常量 3、0123、0x11 等；如实型常量 3.5、0.123e1、−1.6 等；如字符常量'A' 、'+'、'\n'等；如字符串常量"how are you"等。

常量用于定义具有以下特点的数据。

(1) 在程序中保持不变。

(2) 在程序内部频繁使用。

(3) 需要用比较简单的方式替代某些值。

1. 整型常量

在 C 语言源程序中(或程序运行的输入输出时)，程序员常用十进制形式书写整型常量，还可以使用八进制和十六进制形式来书写。整型常量分为十进制整型常量、八进制整型常量和十六进制整型常量三种表示形式。

(1) 十进制整型常量：只能出现0～9的数字，且可带正、负号，如3、100、-89等。

(2) 八进制整型常量：以数字0开头的八进制数字串，其中数字为 0～7，如0111(十进制73)、011(十进制9)、0123(十进制83)等。

(3) 十六进制整型常量：以0x或0X开头的十六进制数字串，其中每个数字可以是0～9、a～f或A～F中的数字或英文字母，如0x11(十进制17)、0Xa5(十进制165)、0x5a(十进制90)等。

同一个十进制整数123(默认为int型)，可以用八进制整数0173来表示，还可以用十六进制整数0x7B来表示，它们仅仅是在程序中的表现形式不同而已。实际上，在计算机内部，它们是完全相同的二进制整数0000000001111011(假设int型占2字节)。

2. 实型常量

实型常量又称为实数或浮点数，在C语言源程序中，有十进制小数形式和十进制指数形式两种书写形式。

(1) 十进制小数形式：由数字和小数点组成，必须有小数点，如1.34、0.45等。

注意：十进制小数形式必须有小数点，如.57、12.、0.0等都是合法的实型常量。

(2) 十进制指数形式：类似数学中的指数形式，在数学中，可以用幂的形式来表示，如1.23可以表示为0.123×10^1、1.23×10^0、12.3×10^-1等形式。在C语言中，则以e或E后跟一个整数来表示以10为底数的幂数，如1.23可以表示为0.123E1、1.23e0、12.3e-1等形式。

注意：C语言语法规定，字母e或E之前必须有数字，且e或E后面的指数必须为整数。如e2、1e2.3、.e、e等都是非法的指数形式。另外，在字母e或E的前后以及数字之间不得插入空格。小数形式123.45和指数形式1.2345e2，在内存中其实是具有完全相同存储形式的浮点数(默认为double型的)，它们仅仅是在程序中的表现形式不同而已。

3. 字符常量

一个字符常量代表ASCII字符集中的一个字符，在程序中用单引号把一个ASCII字符集中的字符括起来作为字符常量。字符常量在C语言源程序中有普通字符和转义字符两种形式。

(1) 普通字符：用单引号(')括起来的一个字符，如'A' 、'a'、'? '、'+'。单引号只是界限符，字符常量只能是单个字符。字符可以是ASCII字符集中的任意字符，不包括单引号。字符常量在计算机的存储单元中，并不是以字符本身的形式存储，而是以其代码(一般采用ASCII代码)存储，如字符'a'的ASCII码是97，实际在存储单元中存放的是97的二进制形式。

(2) 转义字符：转义字符是C语言中一种特殊形式的字符常量，一组以反斜杠(\)开头的字符序列，将反斜杠后面的字符转换成另外的意义。如语句printf ("This is my first C program!\n")，括号内双引号中的"\n"是一个用于换行的转义字符，即在输出This is my first C program!后换行。常用的以"\"开头的转义字符形式及含义如表2-1所示。

表 2-1　常用的转义字符形式及含义

字符形式	含　义	ASCII 代码
\n	换行，将当前位置移到下一行开头	10
\t	水平制表(跳到下一个 Tab 位置)	9
\b	退格，将当前位置移到前一列	8
\r	回车，将当前位置移到本行开头	13
\f	换页，将当前位置移到下页开头	12
\\	代表一个反斜杠字符“\”	92
\'	代表一个单引号字符	39
\"	代表一个双引号字符	34
\ddd	1 到 3 位八进制数所代表的字符	
\xhh	1 到 2 位十六进制数所代表的字符	

【例题 2-1】用一行 printf 语句输出多行信息。

```
#include <stdio.h>
int main ()
{   printf("a\b*******\n\'hello\'\n******\n");
    return 0;
}
```

程序运行结果如图 2-2 所示。

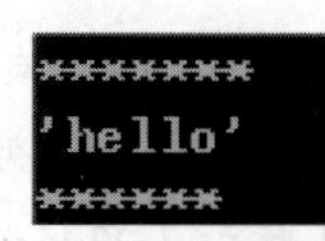

图 2-2　例题 2-1 的运行结果

程序说明：

(1) 语句 printf("a\b*******\n\'hello\'\n******\n"); 括号内双引号中的字符串，除转义字符\b、\n、\'、\n 外，其他字符原样输出。

(2) \b 用于退格，将当前位置移到前一列，即向前退格，去掉字符 a；\n 用于换行，将当前位置移到下一行开头，即\n 后面的字符从下一行开始输出；\'代表一个单引号字符，即输出字符“'”，“\'hello\'”输出“'hello'”。

4. 字符串常量

C 语言不仅允许使用字符常量，还允许使用字符串常量。字符串是由零个或多个字符组成的有限序列。在 C 语言源程序中，字符串常量是用双引号括起来的零个或者多个字符组成的序列。如""、"how are you"、"a"、"$123.45"等为字符串常量。

字符串中的字符依次存储在内存中一块连续的区域内，并把空字符'\0'自动附加到字符串的尾部作为字符串的结束标志，故字符个数为 n 的字符串在内存中应占 n+1 字节。

注意："a"与'a'是有区别的，'a'是字符常量，在内存中存放'a'字符的 ASCII 代码占 1 字节；"a"是字符串常量，在内存中存放'a'和'\0'共 2 个字符的 ASCII 代码，占 2 字节。

5. 符号常量

符号常量是很容易使人们混淆为变量的一种特殊常量。在 C 语言中，可以用一个标识符来表示一个常量，称为符号常量。其特点是编译后写在代码区，不可寻址，不可更改，属于指令的一部分。

符号常量在使用之前必须先定义，其一般形式为：

```
#define 标识符 常量
```

如语句#define PI 3.14，其中，#define 是一条预处理命令(预处理命令都以“#”开头)，称为宏定义命令，其功能是把该标识符 PI 定义为其后的常量值 3.14。一经定义，以后在程序中所有出现标识符 PI 的地方均被标识符所代表的常量 3.14 代替。请读者注意两点，语句#define PI 3.14 后无分号(;)，习惯上符号常量的标识符用大写字母表示，变量标识符用小写字母表示，以示区别。

【例题 2-2】编写程序，输出圆的面积。

```
#include <stdio.h>
#define PI 3.14
#include <stdio.h>
int main()
{   float r,s;
    printf("请输入半径：");
    scanf("%f",&r);
    s=PI*r*r;
    printf("圆的面积为：%f\n",s);
    return 0;
}
```

程序运行结果如图 2-3 所示。

例题中语句#define PI 3.14 定义了符号常量 PI，若想输出更准确的圆面积，更改语句为#define PI 3.1415926，则程序运行结果如图 2-4 所示。若大型程序中多次重复求圆的面积，需要更改求圆面积的精度，使用符号常量 PI 可使程序的含义更清楚，能做到“一改全改”。

```
请输入半径：5
圆的面积为：78.500000
```

图 2-3 例题 2-2 更改前的运行结果

图 2-4 例题 2-2 更改后的运行结果

2.1.3 变量

1. 变量的意义

任何应用程序都需要处理数据，并且需要在计算机中存储这些数据，这个存储数据的地方称为计算机的内存。早期的编程语言要求程序员以地址形式跟踪每一个内存的位置以及存放在该位置的值，程序员使用该地址来访问或改变内存的内容，这严重影响了程序的可读性，增加了程序的编写难度。随着编程语言的发展，通过引入变量的概念简化了内存的访问方式，内存的位置用变量来标识。

变量是程序运行过程中其值可以改变的量，变量有三种属性：变量名、变量类型和变量值。请读者注意区分变量名和变量值这两个不同的概念，例如，语句 a=3;在内存中如图 2-5 所示，a 是变量名，3 是存储在变量 a 中的变量值，即存放在变量 a 内存单元中的数据。因此，变量代表一个有名字的、具有特定属性的存储单元，用来存储可改变的变量值。

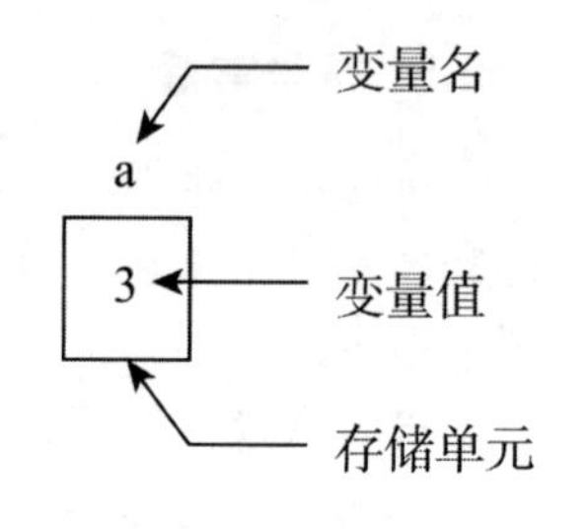

图 2-5　变量存储

要改变变量的值，程序员可通过变量名来实现，也可通过内存单元地址(指针)来实现。程序员通常使用变量引用存储在内存中的数据，并随时根据需要显示数据或修改这个数据的值。如语句 a=3;中 a 是变量，变量 a 在程序中是可以改变的量，可以通过语句 a=9;改变变量 a 的值为 9。

在程序中，常量可不经说明而直接引用，而变量则必须先定义后使用。在定义变量时，需要指定变量的名字和类型，系统可以通过不同的变量名区分不同的变量，可以根据不同的数据类型为变量分配不同大小的存储单元。

变量定义格式：

```
数据类型符号  变量名1,变量名2,……;
```

(1) 数据类型符号是 C 语言中一个有效的数据类型，如整型(int)、实型(float)、字符型(char)。

(2) 如语句 int a;定义变量 a，指定变量名是 a，变量数据类型是整型(int)。

(3) 如语句 int x,y,z; 定义了 3 个变量，分别命名为变量 x、变量 y、变量 z；3 个变量的数据类型为整型(int)。语句 x=9; y=10; 表示将常量 9 赋值给变量 x，将常量 10 赋值给变量 y。

2. 变量名

变量名实际上是用一个名字代表的存储地址，在执行程序时，系统给每一个变量名在内存中分配一个存储单元，并对应一个存储单元地址。在程序中使用的变量名、函数名、标号等统称为标识符，在 C 语言中，变量的命名需要符合标识符的定义，遵循以下规则。

(1) 变量名可以由字母、数字和_(下划线)组合而成。

(2) 变量名不能包含除_(下划线)以外的任何特殊字符，如%、#、逗号、空格等。

(3) 变量名必须以字母或_(下划线)开头。

(4) 变量名不能包含空白字符(换行符、空格和制表符称为空白字符)。

(5) C 语言中的某些词(例如 int 和 float 等)称为保留字，具有特殊意义，不能用作变量名。

(6) C 语言区分大小写，因此变量 price 与变量 PRICE 是两个不同的变量。

例如，max、average、_total、Day、Max、stu_name、BASIC、marks40、class_one 等都是合法的变量名；例如，int、M.D.John、c>d、1sttest、oh!god、start...、¥56、＃23 等都不是合法的变量名。另外，给读者一点变量命名建议，变量命名应当直观且好记忆，如 sum 表示求和用的变量，max 表示求最大值用的变量，能够“望文知意”，以增强程序可读性。

3. 常变量

常变量是很容易使人们混淆为常量的一种特殊变量。C99 中允许使用常变量，常变量是指使用类型修饰符 const 的变量，其值是不能被更新的。如语句 const float pi=3.14; 中 float pi=3.14 表示定义了一个变量 pi，其数据类型为实数(float)，指定其值为 3.14。pi 是个特殊变量，即常变量。

思考：常变量与符号常量有什么不同?

```
#define   PI   3.14              //定义符号常量PI
const    float pi=3.14;          //定义常变量pi
```

注意：常变量与符号常量是不同的，符号常量不占用内存空间，在预编译时就全部由符号常量的值替换了，而常变量占用内存空间，此变量在存在期间不能重新赋值。

2.2 C语言的数据类型

2.2.1 数据类型概述

内存的存储空间是有限的，内存的存储单元由有限的字节(1 字节占 8 个二进制位)构成，每一个存储单元中存放的数据的范围是有限的，不可能存放“无穷大”的数，也不能存放循环小数。因此，根据数据分配存储单元的安排，包括存储单元的长度(占多少字节)以及数据的存储形式，将数据分成不同的类型，即数据类型。

short、int、long、char、float、double 这 6 个关键字代表 C 语言里的 6 种基本数据类型，如语句 int a;定义 1 个变量，命名为变量 a，分配 2 字节的存储空间存放变量 a 的值。可以把存储空间比作房子的面积，开发商开发的房子有 8 平方米的一居室(1 字节)，16 平方米的二居室(2 字节)和 32 平方米的四居室(4 字节)，我们规定字符型(char)分配一居室，短整型(short int) 分配二居室，长整型(long int)分配四居室。C 语言允许使用的数据类型如图 2-6 所示。

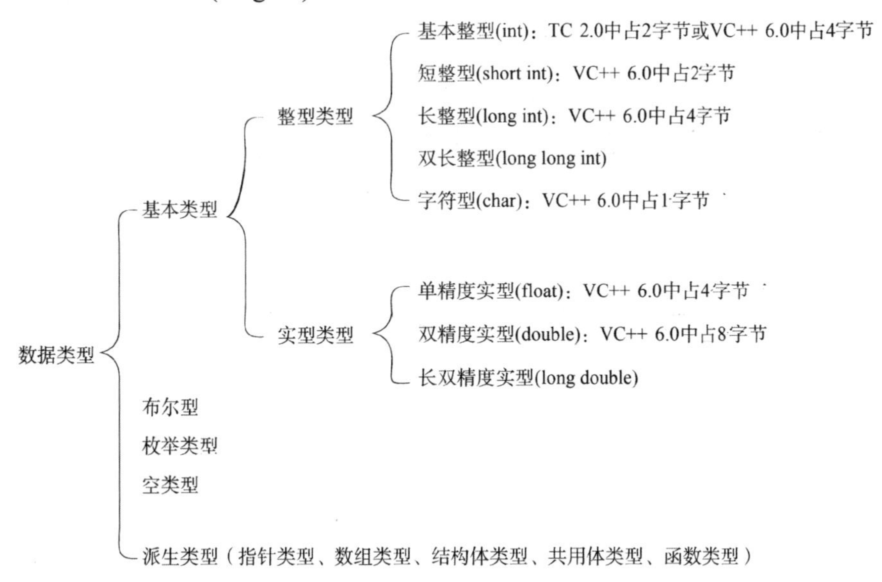

图 2-6 数据类型的分类

【融入思政元素】

通过数据类型分类管理数据的思想，引导学生掌握分类管理的方法，养成分类管理数据的习惯，懂得制订计划，懂得按需分配，懂得合并同类项、排列组合统筹管理等。

2.2.2　整型数据

1. 整型数据的类型

整型数据包括整型常量和整型变量。根据整型数据的值所在范围确定其更细的数据类型，如 0XA6Lu 表示十六进制无符号长整型的整型常量 A6，其十进制为 166。

1) 整型常量的类型

可同时使用前缀、后缀以表示各种类型的整型常量。整型常量根据不同的前缀来说明不同的进制，以 0x 或 0X 开头表示十六进制整型常量；以数字 0 开头表示八进制整型常量。整型常量根据不同的后缀来说明不同的数据类型，本书称这些后缀符号为类型说明符，整型常量类型说明符由 l 或 L 表示长整型，U 或 u 表示无符号型。C 语言中，数值常量的后缀大小写同义，如 012LU 与 012lu 相同，都表示八进制无符号长整型常量 12。

在 TC 2.0 或 BC 3.1 下，如果整型常量的值位于-32 768～32 767 之间，C 语言认为它是整型(int)常量；如果整型常量的值位于-2 147 483 648～2 147 483 647 之间，C 语言认为它是长整型(long)常量。用不同的后缀来区分整型(int)常量和长整型(long)常量，整型常量后加字母 l 或 L，则为长整型(long)常量，如 45L、45l、0XAFL 等。

数值末尾不添加任何类型说明符的整型常量(比如 123)默认是有符号(signed)整型(int)常量，但是该数值如果超出了长整型(long)常量的范围，那么无符号(unsigned)数也可用后缀表示，整型常量的无符号数的后缀为 U 或 u。例如，68u、0x68Au、98Lu 均为无符号数。

其实整型常量用这种无符号表示意义不大，在机器内部它还是用其补码表示，例如-1U 和-1 在内存中表示是一样的，数据处理也一样。

2) 整型变量的类型

整型变量表示能存放整型常量的变量。在 C 语言中，整型变量的值可以是十进制、八进制、十六进制，但内存中存储的是二进制整数。

【例题 2-3】分别以十进制、八进制、十六进制输出整型变量。

```
#include <stdio.h>
int main()
{    int a,b,c; //定义了 3 个变量，是整型变量(int)型，变量分别为 a、b、c
     a=10;       //将十进制整型常量 10 赋给整型变量 a
     b=012;      //将八进制整型常量 012 赋给整型变量 b
     c=0xa;      //将十六进制整型常量 0xa 赋给整型变量 c
     printf("a=%d,b=%d,c=%d\n",a,b,c);
     printf("a=%o,b=%o,c=%o\n",a,b,c);
     printf("a=%x,b=%x,c=%x\n",a,b,c);
     return 0;
}
```

程序运行结果如图 2-7 所示。

```
a=10,b=10,c=10
a=12,b=12,c=12
a=a,b=a,c=a
```

图 2-7　例题 2-3 的运行结果

程序说明：

(1) 语句 int a,b,c; 定义了 3 个变量，是整型变量(int)型，变量分别为 a、b、c。

(2) 语句 a=10; 将十进制整型常量 10 赋给整型变量 a；语句 b=012; 将八进制整型常量 012 赋给整型变量 b；语句 c=0xa; 将十六进制整型常量 0xa 赋给整型变量 c。

(3) 整型变量 a、b、c，以%d 格式(十进制)输出的结果都是 10，以%o 格式(八进制)输出的结果都是 12，以%x 格式(十六进制)输出的结果都是 a。说明 10、012、0xa 在计算机内存的编码是相同的，表示的是同一值的数据，只是表现形式不同而已。

2. 整型变量的符号属性

整型变量的值的范围包括负数到正数，在 C 语言中，整型变量可分为有符号(signed)整型变量和无符号(unsigned)整型变量。整型变量的值的范围有大小，在 C 语言中，常用的整型变量可分为基本整型(int)变量、短整型(short)变量、长整型(long)变量。整型变量的类型符号是 int，数据类型关键字 signed、unsigned、short、long、long long 表示类型符号的属性，在类型符号前起修饰作用。经过 5 个数据类型关键字修饰后的整型变量(int)有 8 种，如表 2-2 所示。

表 2-2 整型数据的分类

整型数据的分类		数据类型符	整型变量	整型常量
有符号	基本整型	[signed] int;	int a;	a=3;
无符号		unsigned int;	unsigned int a;	a=3U;
有符号	短整型	[signed] short [int];	short a;	a=3;
无符号		unsigned short [int];	unsigned short a;	a=3U;
有符号	长整型	[signed] long [int];	long a;	a=3L;
无符号		unsigned long [int];	unsigned long a;	a=3UL;
有符号	双长整型	[signed] long long [int];	long long a;	a=3LL;
无符号		unsigned long long [int];	unsigned long long a;	a=3ULL;

备注：中括号([ ])为可选项，中括号内的数据类型关键字可省略，如[signed]。

一般以一个机器字(word)存放一个 int 型数据，而 long 型数据的字节数应不小于 int 型，short 型应不大于 int 型。各种整型数据在计算机内存所需的存放空间及表示范围因 C 语言编译系统而异。在 16 位操作系统(例如 DOS)中，一般用 2 字节存放一个 int 型数据；在 32 位操作系统(例如 Windows 98)中，默认 int 型数据为 4 字节。表 2-3 是各类整型数据在计算机中所需的字节数及数的表示范围。

表 2-3 整型数据分类、所需的字节数及数的表示范围

类 型	字节数	取值范围
int(基本整型)	2	−32 768～32 767，即-2^{15}～$(2^{15}-1)$
	4	−2 147 483 648～2 147 483 647，即-2^{31}～$(2^{31}-1)$
unsigned int(无符号基本整型)	2	0～65 535，即 0～$(2^{16}-1)$
	4	0～4 294 967 295，即 0～$(2^{32}-1)$
short(短整型)	2	−32 768～32 767，即-2^{15}～$(2^{15}-1)$

续表

类　型	字节数	取值范围
unsigned short(无符号短整型)	2	0～65 535，即 0～(2^{16}–1)
long(长整型)	4	–2 147 483 648～2 147 483 647，即–2^{31}～(2^{31}–1)
unsigned long(无符号长整型)	4	0～4 294 967 295，即 0～(2^{32}–1)
long long(双长整型)	8	–9 223 372 036 854 775 808～ 9 223 372 036 854 775 807，即–2^{63}～(2^{63}–1)
unsigned long long(无符号双长整型)	8	0～18 446 744 073 709 551 615，即 0～(2^{64}–1)

【例题 2-4】整型变量超出取值范围的示例。

```
#include <stdio.h>
int main()
{ int a,b,c,d;
  a=32760;
  b=8;
  c=a+b;
  d=2147483647+1;
  printf("c=%d\n",c);
  printf("d=%d\n",d);
  return 0;
}
```

例题 2-4 整型变量超出取值范围的示例.mp4

程序运行结果如图 2-8 所示。

图 2-8　例题 2-4 的运行结果

程序说明：

(1) 语句 int a,b,c,d;定义了 4 个整型变量(int 型)，程序中开辟了名为 a、b、c、d 的 4 个存储单元。

(2) a 和 b 所代表的存储单元存放 32760 和 8，c 所代表的存储单元中存放 a 和 b 值的和，即存放 32 760 与 8 的和，也即 32768。

(3) 如表 2-3 所示，在不同的操作系统中，int 型数据的取值范围不同。在 16 位操作系统中，int 型数据占 2 字节；在 32 位操作系统中，int 型数据占 4 字节。

(4) 现在用的基本都是 32 位操作系统，由于受到默认 int 型数据为 4 字节，取值范围为–2 147 483 648～2 147 483 647 的限制，d 中存放的值本应为 2 147 483 648，但结果显示了错误的–2 147 483 648。因此，在使用某类型变量时，一定要注意该变量的取值范围。

【融入思政元素】

通过数据有数值范围，不能溢出的思想，告诉学生，做任何事要有度，否则过犹不及。人生是需要智慧的，这种智慧能使自己的情感、情绪、理智处在平衡状态。不良的生活方式、行为习惯、饮食嗜好都是一种无度，如早上不起床、晚上不睡觉，散漫怠惰、沉迷网络等。生活无度葬送的是自身的青春和健康，而青春是一去不复返的。

2.2.3 实型数据

1. 实型数据的类型

实型数据又称浮点型数据，包括实型常量和实型变量。可根据实型数据的值所在范围及精度确定其更细的数据类型，如 5.6f 表示单精度(float)实型常量 5.6，占 4 字节(32 位)内存空间，其数值范围为 3.4E-38～3.4E+38，只能提供七位有效数字。

1) 实型常量的类型

如前面 2.1.2 节所讲，实型常量有十进制小数形式(1.23)和十进制指数形式(0.23e1)两种表现形式。实型常量是根据不同的后缀来说明不同的数据类型的，本书称这些后缀符号为类型说明符，实型常量类型说明符有 l 或 L(长双精度浮点数)，f 或 F(单精度浮点数)。

如 1.23e5F 是单精度浮点数(float 型实型常量)，1.23L 是长双精度浮点数(long double 型实型常量)。没有后缀的十进制小数默认为 double 型常量，例如 3.1415 等同于 3.1415D；如果要用 float 型常量，应该使用 3.1415f 或 3.1415F。没有后缀的十进制指数形式，默认也是 double 型，因浮点型常量总是有符号的，故没有 u 或 U 后缀。

2) 实型变量的类型

实型变量表示能存放实型常量的变量。在 C 语言中，实型变量的值有小数形式和指数形式两种表现形式。

【例题 2-5】将实型常量按小数形式和指数形式输出。

```
#include <stdio.h>
int main()
{   float f1;
    double f2;
    f1=5.023f;
    f2=5023.0;
    printf("f1=%f,f2=%f\n",f1,f2);
    printf("f1=%e,f2=%e\n",f1,f2);
    return  0;
}
```

程序运行结果如图 2-9 所示。

```
f1=5.023000,f2=5023.000000
f1=5.023000e+000,f2=5.023000e+003
```

图 2-9 例题 2-5 的运行结果

程序说明：

(1) 语句 float f1;定义变量 f1 是单精度实型变量(float 型)。语句 double f2;定义变量 f2 是双精度实型变量(double 型)。

(2) 语句 f1=5.023f;将十进制单精度(float)实型常量 5.023f 赋给单精度实型变量 f1；语句 f2=5023.0;将十进制双精度(double)实型常量 5023.0 赋给双精度实型变量 f2。

(3) 实型常量有两种形式，实型变量 f1 使用%f，按十进制小数形式输出，小数点后有 6

位(对第 7 位四舍五入)，输出结果是 5.023000；实型变量 f1 使用%e，按指数形式输出，小数点前有一位非零数字，小数点后有 6 位(对第 7 位四舍五入)，输出结果是 5.023000e+000。

注意，f1 在计算机内存的编码是相同的，表示的是同一个值，只是表现形式不同而已。

2. 实型变量的符号属性

与整型数据的存储方式不同，实型数据按指数形式存储，系统将数据分为小数部分和指数部分，分别存放。如实型常量 3.14159 在内存中占 4 字节(32 位)，按指数形式存储(0.314159e1)。在内存中的存放形式如图 2-10 所示。

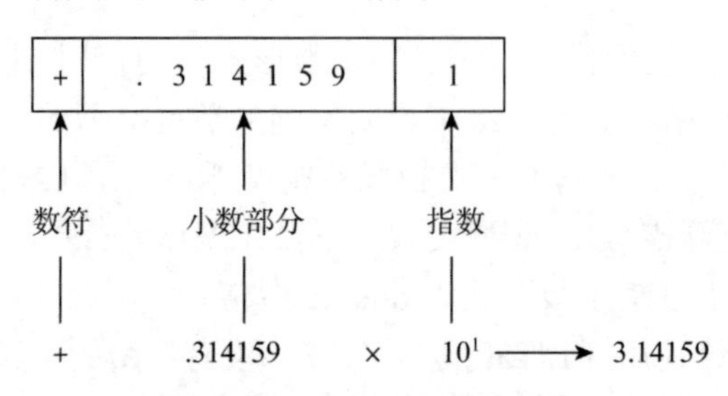

图 2-10　实型数据内存空间

(1) 32 位内存空间由数符、小数部分、指数部分组成。

(2) 小数部分占的位数越多，数的有效数字越多，精度越高。

(3) 指数部分占的位数越多，则能表示的数值范围越大。

实型变量按其保证的精度分为单精度(float)型、双精度(double)型、长双精度(long double)型。不同编译系统给长双精度型分配的字节是不同的，如 Turbo C 给 long double 型分配 16 字节，而 VC++6.0 给 long double 型分配 8 字节。表 2-4 列出了各类实型数据的字节数、有效数字(位)以及数的表示范围。

表 2-4　实型数据分类、所需的字节数及数的表示范围

类型名称	类型标识符	长度/bit	有效数字/位	数值范围
单精度类型	float	32	7～8	-3.4×10^{38}～3.4×10^{38}
双精度类型	double	64	15～16	-1.7×10^{308}～1.7×10^{308}
长双精度类型	long double	64		

【例题 2-6】实型变量的定义、赋值和输出。

```
#include <stdio.h>
int main()
{   float x=0.1234567,y=0.0;
    double z=0.0;
    y=123.0456789123456789;
    z=123.0456789123456789;
    printf("x=%f,y=%f,z=%lf\n",x,y,z);
    return 0;
}
```

程序运行结果如图 2-11 所示。

```
x=0.123457,y=123.045677,z=123.045679
```

图 2-11 例题 2-6 的运行结果

程序说明：

(1) 语句 float x=0.1234567,y=0.0;定义了两个实型变量(float 型)，程序中开辟了名为 x、y 的两个存储单元，它们在内存中各占 4 字节(32 位)。语句 double z=0.0;定义了 1 个实型变量(double 型)，程序中开辟了名为 z 的存储单元，在内存中占 8 字节(64 位)。

(2) %f 用于输出单精度型和双精度型数，%lf 用于输出双精度型数。不论用%f 还是%lf，都输出 6 位小数，其余部分四舍五入。

(3) 由于实型变量是由有限的存储单元组成的，因此能提供的有效数字总是有限的。单精度型至少能保证 6 位有效数字，但变量 y 不能保证所有 6 位小数均是准确的。由运行结果可以看出，y 保证了前 6 位有效数字，如 y=123.0456789123456789;的%f 输出结果为 y=123.045677。双精度型至少能保证 15 位有效数字，变量 z 保证了所有 6 位小数均是准确的，如 z=123.0456789123456789; 的%lf 输出结果为 z=123.045679。

(4) 实型数据取值范围较大，但由于有效数字以外的数字不能保证，往往出现误差。如例题中 y 和 z 赋值相同，但从输出结果可以看出，y 和 z 已经不再相同。

2.2.4 字符型数据

1. 字符与 ASCII 代码

在计算机领域，把文字、标点符号、图形符号、数字等统称为字符。而由字符组成的集合则称为字符集(字符常量集)，根据包含字符的多少与异同形成了各种不同的字符集。目前多数系统采用 ASCII 字符集(详见附录)，各种字符集(包括 ASCII 字符集)的基本字符集都包括以下 127 个字符。

(1) 字母：A～Z，a～z。

(2) 数字：0～9。

(3) 专门符号：29 个，如!、"、#、& 、'、(、)、*等。

(4) 空格符：空格、水平制表符、换行等。

(5) 不能显示的字符：空(null)字符(以'\0'表示)、警告(以'\a'表示)、退格(以'\b'表示)、回车(以'\r'表示)等。

所有字符在计算机中都是以二进制形式来存储的。那么一个字符究竟由多少个二进制位来表示呢？这就涉及字符编码的概念了，比如一个字符集有 8 个字符，那么用 3 个二进制位就可以完全表示该字符集的所有字符，也即每个字符用 3 个二进制位进行编码。

字符是按其 ASCII 代码(整数)形式存储的，C99 把字符型数据作为整数类型的一种。

表 2-5 列出了部分 ASCII 字符集(见附录一)，每一个字符都有它的十进制值(整型 ASCII 值)和符号(字符型)，如'0'的 ASCII 值是 48，'A' 的 ASCII 值是 65，'a'的 ASCII 值是 97。

表 2-5　部分 ASCII 字符代码集

十进制值	符号	十进制值	符号	十进制值	符号
0	空字符	44	,	91	[
32	空格	45	-	92	\
33	!	46	.	93	]
34	"	47	/	94	^
35	#	48～57	0～9	95	-
36	$	58	:	96	`
37	%	59	;	97～122	a～z
38	&	60	<	123	{
39	'	61	=	124	|
40	(	62	>	125	}
41	)	63	?	126	～
42	*	64	@	127	DEL
43	+	65～90	A～Z		

【例题 2-7】体现字符'0'和整数 0 是不同数据类型的示例。

```
#include <stdio.h>
int main()
{   int a=0;
    char b='0';
    printf("a=%d,a=%c\n",a,a);
    printf("b=%d,b=%c\n", b,b);
   return 0;
}
```

程序运行结果如图 2-12 所示。

图 2-12　例题 2-7 的运行结果

程序说明：

(1) 语句 int a=0;定义变量 a 是整型变量(int 型)，将整型常量 0 赋给变量 a。语句 char b='0';定义变量 b 是字符型变量(char 型)，将字符型常量 '0' 赋给变量 b。

(2) 字符型数据有整型、字符型双重身份。整型常量 0 以%d(十进制)输出，输出结果为 a=0；以%c(字符)输出，输出结果为 a=□(表 2-5 中整数十进制值 0 对应空字符)。字符型常量'0'以%d(十进制)输出，输出结果为 b=48(表 2-5 中字符 0 对应整数十进制值 48)；以%c(字符)输出，输出结果为 b='0'。

2. 字符型变量的符号属性

字符型变量中所存放的字符是计算机字符集中的字符。对于 PC 上运行的 C 系统，字符型数据用 8 位单字节的 ASCII 码表示。字符数据类型事实上是 8 位的整型数据类型，可以用于数值表达式中，与其他整型数据以同样的方式使用。这种情况下，字符型变量可以是有符号的，也可以是无符号的。表 2-6 列出了各类字符型数据的字节数以及数的范围。

表 2-6　字符型数据分类、所需的字节数及数的表示范围

类　型	字节数	取值范围
signed char(有符号字符型)	1	−128～127，即-2^7～(2^7-1)
unsigned char(无符号字符型)	1	0～255，即 0～(2^8-1)

说明：

(1) 无符号的字符型变量可以声明为：unsigned char ch;。

(2) 有符号的字符型变量可以声明为：[signed] char ch; 或 char ch;。

例题 2-8 字符型数据的双重身份示例.mp4

【例题 2-8】字符型数据的双重身份示例。

```
#include <stdio.h>
int main ()
{ char c1,c2;
  c1='a';                    // 将字符'a'的 ASCII 代码放到 c1 变量中
  c2=c1-32;                  // 计算得到字符'A'的 ASCII 代码，放在 c2 变量中
  printf("%c\n",c2);         // 输出 c2 的值，是字符'A'
  printf("%d\n",c2);         // 输出 c2 的值，是字符'A'的 ASCII 代码 65
  return 0;
}
```

程序运行结果如图 2-13 所示。

图 2-13　例题 2-8 的运行结果

程序说明：

(1) 语句 char c1,c2;定义变量 c1、c2 是字符型变量(char 型)；语句 c1='a';将字符型常量'a'赋给变量 c1。

(2) 语句 c2=c1−32;中，字符型变量 c1 为'a'，其 ASCII 值是 97(如表 2-5 所示的字符代码集)；计算 c2=c1−32=97−32=65，ASCII 值 65 对应的字符是 'A'(如表 2-5 所示的字符代码集)。

(3) 字符型数据有整型、字符型双重身份。变量 c2 以%c(字符)输出，输出结果为'A'，以%d(十进制整数)输出，输出结果为 65。

2.3　C 语言运算符与表达式

2.3.1　运算符与表达式概述

运算符用于执行各种运算程序，是在程序代码中对各种数据进行运算的符号。C 语言的

特点之一是运算符非常丰富，除了控制语句和输入输出以外的几乎所有基本操作都可作为运算符处理。常见的 C 语言运算符如表 2-7 所示。

表 2-7　C 语言的常见运算符

<table>
<tr><th>优先级</th><th>运 算 符</th><th colspan="2">类 型</th><th>结合顺序</th></tr>
<tr><td>1</td><td>()、[ ]、->、.</td><td colspan="2">伪运算符</td><td>→自左往右</td></tr>
<tr><td>2</td><td>++、--、+、-、!、~、*、%、(type)、sizeof</td><td colspan="2">单目运算符</td><td>←自右往左</td></tr>
<tr><td>3</td><td>*、/、%</td><td>双目运算符</td><td>算术运算</td><td>→自左往右</td></tr>
<tr><td>4</td><td>+、-</td><td>双目运算符</td><td>算术运算</td><td>→自左往右</td></tr>
<tr><td>5</td><td><<、>></td><td>双目运算符</td><td>移位运算</td><td>→自左往右</td></tr>
<tr><td>6</td><td><=、>=、<、></td><td>双目运算符</td><td>比较运算</td><td>→自左往右</td></tr>
<tr><td>7</td><td>==、!=</td><td>双目运算符</td><td>相等测试</td><td>→自左往右</td></tr>
<tr><td>8</td><td>&</td><td>双目位运算符</td><td>按位与</td><td>→自左往右</td></tr>
<tr><td>9</td><td>^</td><td>双目位运算符</td><td>按位异或</td><td>→自左往右</td></tr>
<tr><td>10</td><td>|</td><td>双目位运算符</td><td>按位或</td><td>→自左往右</td></tr>
<tr><td>11</td><td>&&</td><td>双目逻辑运算符</td><td>逻辑与</td><td>→自左往右</td></tr>
<tr><td>12</td><td>||</td><td>双目逻辑运算符</td><td>逻辑或</td><td>→自左往右</td></tr>
<tr><td>13</td><td>?:</td><td>三目运算符</td><td>条件运算符</td><td>→自左往右</td></tr>
<tr><td>14</td><td>=、+=、-=、*=、/=、%=、<<=、>>=、&=、^=、|=</td><td>双目运算符</td><td>赋值运算符</td><td>←自右往左</td></tr>
<tr><td>15</td><td>,</td><td colspan="2">逗号运算符</td><td>→自左往右</td></tr>
</table>

运算符会针对一个或多个操作数进行运算，如 5+8，其操作数是 5 和 8，而运算符则是“+”。表达式是用运算符与圆括号将操作数(常量、变量、函数等)连接起来所构成的式子，如 a=5+8、(a+5)*(b-8)/2 和 z=max(5,8)等。

根据运算符所需要的操作数不同，分为伪运算符、单目运算符、双目运算符和三目运算符。根据运算符的运算优先级不同，分 15 级，1 级最高，15 级最低。在表达式中，优先级较高的先于优先级较低的进行运算。当运算符优先级相同时，则按运算符的结合性所规定的结合方向处理。

结合性是两个同优先级的运算符相邻时的运算顺序。C 语言中各运算符的结合性分为两种，即左结合性(自左至右)和右结合性(自右至左)。算术运算符的结合性是自左至右，即先左后右。如有表达式 5-3+6，则先执行 5-3 运算，再执行+6 的运算。赋值运算符的结合性是自右至左，即先右后左。如有表达式 m=5-3，则先执行运算 5-3=2，然后执行 m=2 的运算。

2.3.2　算术运算符及表达式

1. 算术运算符

算术运算符主要用于各类数值运算，包括取正值(+)、取负值(-)、加(+)、减(-)、乘(*)、除(/)、求余(或称模运算，%)。除了取正负值运算符是单目运算符外，其他算术运算符都是双目运算符，即指两个运算对象之间的运算。基本算术运算符的种类和功能如表 2-8 所示。

表 2-8 基本算术运算符的种类和功能

操作数个数	运算符	名称	例子	运算功能
单目运算符	+	取正值	+x	取 x 的正值
	-	取负值	−x	取 x 的负值
双目运算符	+	加	x+y	求 x 与 y 的和
	-	减	x−y	求 x 与 y 的差
	*	乘	x*y	求 x 与 y 的积
	/	除	x/y	求 x 与 y 的商
	%	求余(或模)	x%y	求 x 除以 y 的余数

使用算术运算符应注意以下几点。

(1) 模运算符“%”是求两个整数进行整除后的余数，运算结果的符号与被除数相同，如−19%2=−1。求模运算的运算对象(操作数)和运算结果是整型，如 19.0%2.0 是错误的。

(2) 对于除法“/”运算，若参与运算的变量均为整数，其结果也为整数，小数部分舍去，如 15/2=7。若除数或被除数中有一个为负数，则结果值因机器而异。如−7/4，在有的机器上得到结果为−1，而有的机器上得到结果为−2。多数机器上采取“向零取整”原则，如 7/4=1，−7/4=−1，取整后向零靠拢。

2. 算术表达式

算术表达式是用算术运算符与圆括号将操作数(常量、变量、函数等)连接起来所构成的式子。在算术表达式中，若包含不同优先级的运算符，则按运算符的优先级别由高到低进行运算；若表达式中运算符的优先级别相同，则按运算符的结合方向(结合性)进行运算。

【例题 2-9】将数学代数式 $\frac{-b-\sqrt{b^2-4ac}}{2a}$ 改写成 C 语言算术表达式。

C 语言算术表达式为：(−b−sqrt(b*b−4*a*c))/(2*a)。

解题说明：

(1) C 语言不提供乘方运算符，用“*”计算乘方的值(C 表达式中的乘号“*”不能省略)，如 b*b−4*a*c 表示 b^2-4ac。

(2) C 语言不提供开方运算符，因此需要调用 C 语言库函数 sqrt，或者自编程序完成开方运算，如 sqrt(b*b−4*a*c) 表示 $\sqrt{b^2-4ac}$。

(3) C 表达式中的内容必须书写在同一行，不允许有分子分母形式，必要时要利用圆括号保证运算的顺序，如(−b−sqrt(b*b−4*a*c))/(2*a)表示 $\frac{-b-\sqrt{b^2-4ac}}{2a}$。

注意：在书写包含多种运算符的表达式时，应注意各个运算符的优先级，从而确保表达式中的运算符能以正确的顺序执行，如果对复杂表达式中运算符的计算顺序没有把握，可用圆括号强制实现，改变计算顺序。

2.3.3 自增自减运算符及表达式

自增(++)、自减(−−)运算符的作用是使变量自增 1 和自减 1，与取正值(+)、取负值(−)运算符一样，都是单目运算符。自增、自减运算符可用在操作数的前面(前缀形式)，如++i、

--i；也可用在操作数的后面(后缀形式)，如 i++、i--。这两种用法的区别如下。

(1) 前缀形式表达式++i、--i 的执行顺序：先使 i 的值加(减)1，再参与其他运算。

例如，若 i=3，j=++i;，则 i 的值先自加 1 变成 4，再赋给 j，j 的值为 4。

(2) 后缀形式表达式 i++、i--的执行顺序：先让 i 参与其他运算，再使 i 的值加(减)1。例如，若 i=3，j=i++;，则先将 i 的值 3 赋给 j，j 的值为 3，然后 i 的值再自加 1 变为 4。

(3) 自增、自减运算符的前缀形式和后缀形式都会使变量 i 自加(减)1，所不同的是在加(减)之前或之后参与其他运算。以 i=5 为例，自增、自减运算符的前缀形式和后缀形式的演算过程如表 2-9 所示。

表 2-9　包含自增、自减运算符的 4 个语句的演算过程

运算符	表达式	演算过程	结　果
自增(++)	j = ++i	i = i + 1; j = i;	j = 6; i = 6;
	j = i++	j = i; i = i + 1;	j = 5; i = 6;
自减(--)	j = --i	i = i - 1; j = i;	j = 4; i = 4;
	j = i--	j = i; i = i - 1;	j = 5; i = 4;

注意：++、--的运算对象必须是变量，不能是常量或表达式。如 a++、y--是正确的表达式，而 8++、--9、(a+b)--、--(x+y)则是错误的表达式。

【例题 2-10】自增运算符的应用示例。

```
#include <stdio.h>
int main()
{ int i,j,m,n;
  i=8;
  j=10;
  m=i++*8;
  n=++j*8;
  printf("i=%d, m=%d\n",i,m);
  printf("j=%d, n=%d\n",j,n);
  return 0;
}
```

例题 2-10 自增运算符的应用示例.mp4

程序运行结果如图 2-14 所示。

图 2-14　例题 2-10 的运行结果

程序说明：

(1) 语句 int i,j,m,n; 定义了 4 个整型变量(int 型)，变量名为 i、j、m、n。语句 i=8; j=10; 为变量 i 赋初值 8、为变量 j 赋初值 10。

(2) 语句 m=i++*8;中的 i++先参与其他运算再自加。变量 i 先参与 m=i*8 运算，m=8*8=64；再自加，i=i+1=8+1=9，i=9。输出结果为 i=9，m=64。

(3) 语句 n=++j*8;中的++j，先自加再参与其他运算。变量 j 先自加，j=j+1=10+1=11，j=11；再参与 n=j*8 运算，n=11*8=88。输出结果为 j=11，n=88。

2.3.4 赋值运算符及表达式

1. 赋值运算符与赋值表达式

赋值运算符用于赋值运算，分为简单赋值(=)、复合算术赋值(+=,-=,*=,/=,%=)和复合位运算赋值(&=,|=,^=,>>=,<<=)三类，共11种。简单赋值运算符(习惯称为赋值运算符)用“=”表示，它的功能是将“=”右侧的值或表达式赋给左侧的变量，如x=8是赋值表达式，表示将数值8赋给变量x。

赋值表达式是由赋值运算符(=)将一个变量和一个表达式连接起来的式子，其功能是计算右侧表达式的值再赋予左侧的变量。赋值运算符的优先级低，结合性自右往左，因此a=b=c=8可理解为a=(b=(c=8))。

赋值表达式格式为：

```
变量=表达式
```

赋值表达式要求左侧是一个能接收值的变量，右侧是一个具体的值或表达式。如x=5、x=a+8是合法的赋值表达式；如8=a、x+y=m是不合法的赋值表达式。

学习赋值运算符需要注意两点：

(1) 赋值运算符的运算方向是自右向左的。如x=9;读作将9赋值给变量x。

(2) 在任何情况下，“=”左边必须是变量名。

2. 复合赋值运算符与复合赋值表达式

在赋值运算符(=)之前加上其他运算符，可以构成复合赋值运算符。与算术运算有关的有+=、-=、*=、/=、%=；与位运算有关的有&=、|=、^=、>>=、<<=。

复合赋值表达式是由各种复合赋值运算符将一个变量和一个表达式连接起来的式子。

复合赋值表达式的格式为：

```
变量  复合赋值运算符  表达式
```

例如：a+=5　　　在程序中等价于 a=a+5
　　　a+=b　　　在程序中等价于 a=a+b
　　　b-=s+k　　在程序中等价于 b=b-(s+k)
　　　c*=a+b　　在程序中等价于 c=c*(a+b)

复合赋值运算符的优先级与赋值运算符的优先级相同，结合性也是自右往左。以“a+=5”为例，它相当于 a=a+5，即运算顺序是先将左侧变量与右侧表达式进行运算(a+5)，再赋给左侧变量(a)。

复合赋值表达式实际上是一种缩写形式，使得对变量的改变更为简洁。相对于表达式a=a+b，表达式 a+=b 不仅简化了程序，使程序更精练，而且提高了编译效率，能产生质量更高的目标代码。专业人员往往喜欢用复合运算符，程序更显专业；但初学者不必多用，建议用更清晰易懂的代码。为便于记忆，复合赋值表达式 a+=b 的转换过程如图2-15所示。

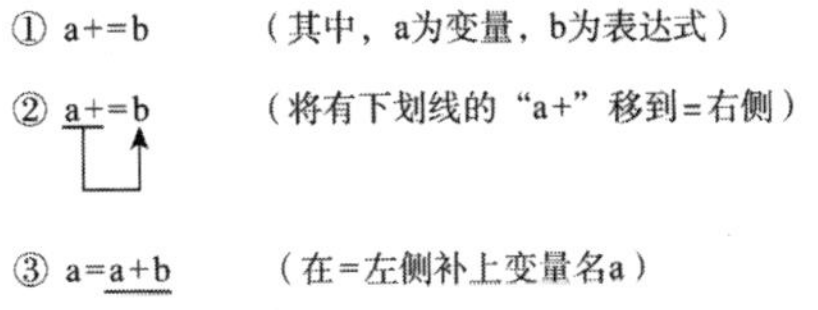

① a+=b　　（其中，a为变量，b为表达式）

② a+=b　　（将有下划线的“a+”移到=右侧）

③ a=a+b　　（在=左侧补上变量名a）

图2-15　a+=b的转换过程

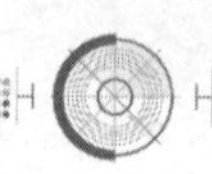

【例题 2-11】已有变量 a，其值为 9，计算表达式 a+=a-=a+a 的值。

解题说明：因为赋值运算符与复合赋值运算符“-=”和“+=”的优先级相同，且运算方向自右至左，所以经过运算，表达式 a+=a-=a+a 的值是-18。演算过程如下。

(1) 先计算“a+a”。因 a 的初值为 9，所以该表达式的值为 18，注意 a 的值没变。

(2) 再计算“a-=18”，此式相当于“a=a-18”，因 a 的值仍为初值 9，所以表达式的值为 9-18=-9，注意 a 的值已变为-9。

(3) 最后计算“a+=-9”，此式相当于“a=a+(-9)”，因 a 的值此时已是-9，所以表达式的值为-18。

【融入思政元素】

通过运算符优先级的学习，使学生明白做事要有轻重缓急，先做重要和紧急的事情。告诉学生做事要有全局计划性，如果能够合理调控时间，分清主次，就会在有限的时间内完成更多的任务。

2.4 数据类型转换

C 语言中，变量的数据类型是可以转换的。转换的方法有两种，一种是自动转换，另一种是强制转换。

2.4.1 自动转换

自动转换发生在不同数据类型数据的混合运算时，由编译系统自动完成。C 语言中，整型、实型、字符型之间可以进行各种运算符(+、-、*、/等)的混合运算，如表达式 5+'b'+3.5-1.00*'a'是合法的。如果赋值运算符两侧的数据类型相同，则直接进行运算，如若 int i;i=3;，则直接将整数 3 存入整型变量 i 的存储单元中。如果赋值运算符两侧的数据类型不同，但都是算术运算符，编译系统将自动完成不同数据类型间的转换，转换原则如图 2-16 所示。

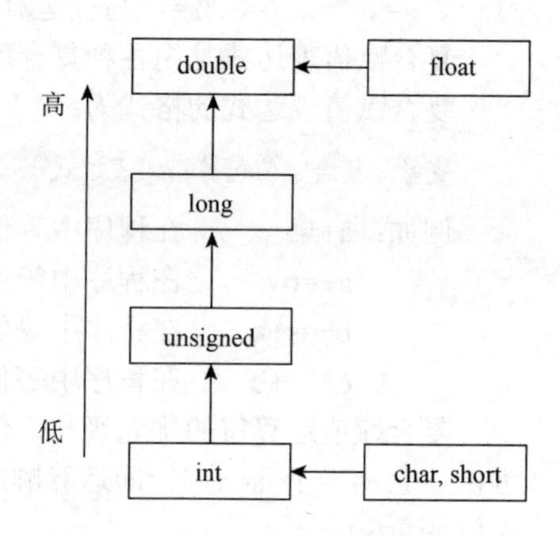

图 2-16 不同数据类型间的自动转换

(1) 如果实型(float 或 double)数据与其他类型数据进行运算，系统将 float 型数据都先转换为 double 型，然后进行运算，结果是 double 型。

(2) 如果整型(int)数据与实型(float 或 double)数据进行运算，先把 int 型和 float 型数据转换为 double 型，然后进行运算，结果是 double 型。

(3) 如果字符型(char)数据与整型(short 或 int)数据进行运算，是把字符的 ASCII 代码与整型数据进行运算，结果是 int 型。

2.4.2 强制转换

强制类型转换运算符用于数据类型间的转换，可主动将一个表达式从一种数据类型转换成所需的另一种数据类型。

强制类型转换运算符的一般格式为：

```
(类型名)(表达式)
```

例如：　　(float)s　　　　(将 s 强制转换成 float 类型)

　　　　　(int) (x−y)　　(将 x−y 的值强制转换成 int 型)

　　　　　(float)(8%3)　(将 8%3 的值强制转换成 float 型)

【例题 2-12】强制类型转换运算符的应用示例。

```
#include <stdio.h>
int main()
{  int i;
   float f=3.55;
   i=(int)f;
   printf("(int)f=%d \n f=%f ",i,f);
   return 0;
}
```

程序运行结果如图 2-17 所示。

```
(int)f=3
 f=3.550000
```

图 2-17　例题 2-12 的运行结果

程序说明：

(1) 语句 int i;定义了整型(int)变量 i；语句 float f=3.55; 定义了实型(float)变量 f，赋初值 f=3.55。

(2) 语句 i=(int)f; 中的强制类型转换运算符(int)将实型(float)变量 f 强制转换成了整型(int)变量，即去掉变量 f 的小数部分，并将其值 3 赋给整型(int)变量 i，故输出结果为“(int)f=3, f=3.550000”，其中，实型(float)变量输出默认保留 6 位小数。

【融入思政元素】

通过 C 语言程序的基本语法，引导学生做人做事需要遵守规则，教育学生遵守学校各项规章制度，遵守国家法律法规，做一个守法的好公民。

本章小结

计算机处理的基本对象是数据，变量和常量则是程序最基本的数据形式。C 语言允许使用的数据类型有整型、实型、字符型、枚举类型、空类型、派生类型。根据数据类型的不同，变量可分为整型变量、实型变量、字符型变量等；常量可分为整型常量、实型常量、字符常量、字符串常量等。标识符是用来标识变量、常量、函数等的字符序列，只能由字母、数字、下划线组成，且第一个字符必须是字母或下划线。变量的数据类型是可以转换的，转换的方法有自动转换和强制转换两种。

根据运算符所需要的操作数不同，分为伪运算符、单目运算符、双目运算符和三目运算符。根据运算符的运算优先级不同，分 15 级，1 级最高，15 级最低。在表达式中，运算符优先级较高的先于优先级较低的进行运算。运算符优先级相同时，则按运算符的结合性所规定的结合方向处理。

通过本章的学习，要求读者能熟练掌握各种基本类型的变量和常量的用法，掌握各种运算符的使用方法，能将各种数学表达式转换成 C 语言表达式。

习题 2

一、选择题

1. 以下所列的 C 语言常量中，错误的是(　　)。

A. 0xFF　　B. 1. 2e0. 5　　C. 2L　　D. '\72'

2. 以下选项中不属于 C 语言类型的是(　　)。

A. signed short int　　B. unsigned long int　　C. unsigned int　　D. long short

3. 以下不能定义为用户标识符的是(　　)。

A. Main　　B. _0　　C. _int　　D. sizeof

4. 设有说明语句 char a='\65';，则变量 a(　　)。

A. 包含 1 个字符　　B. 包含 2 个字符

C. 包含 3 个字符　　D. 说明不合法

5. 下列不正确的转义字符是(　　)。

A. '\\'　　B. '\''　　C. '074'　　D. '\0'

6. C 语言中，运算对象必须是整型数的运算符是(　　)。

A. %　　B. /　　C. % 和 /　　D. **

7. 若有以下程序段:

```
int m=0xcbc,n=0xcbc;  m-=n;  printf("%X\n",m);
```

执行后输出结果是(　　)。

A. 0X0　　B. 0x0　　C. 0　　D. 0xcBC

8. 若变量已正确定义并赋值，下面符合 C 语言语法的表达式是(　　)。

A. a:=b+1　　B. a=b=c+2　　C. int　18. 5%3　　D. a=a+7=c+b

9. 已定义 c 为字符型变量，则下列语句中正确的是(　　)。

A. c='97';　　B. c="97";　　C. c=97;　　D. c="a";

10. 已知大写字母 A 的 ASCII 码是 65，小写字母 a 的 ASCII 码是 97，则用八进制表示的字符常量'\101'是(　　)。

A. 字符 A　　B. 字符 a　　C. 字符 e　　D. 非法的常量

11. 若有定义: int a=8,b=5,c;，执行语句 c=a/b+0. 4;后，c 的值为(　　)。

A. 1. 4　　B. 1　　C. 2. 0　　D. 2

12. 有以下程序段:

```
int m=0,n=0; char c='a'; scanf("%d%c%d",&m,&c,&n); printf("%d,%c,%d\n",
m,c,n);
```

若从键盘上输入: 10A10<回车>，则输出结果是(　　)。

A. 10,A,10　　B. 10,a,10　　C. 10,a,0　　D. 10,A,0

13. 有以下程序:

```
int main()
{ char a='a',b;
  printf("%c,",++a);
  printf("%c\n",b=a++);
  return 0;}
```

程序运行后的输出结果是(　　)。

A. b,b　　B. b,c　　C. a,b　　D. a,c

14. 若有定义语句：int x=10;，则表达式 x-=x+x 的值为(　　)。

A. -20　　B. -10　　C. 0　　D. 10

15. 下列程序执行后的输出结果是(　　)。

```
int main()
{ int x='f';
  printf("%c \n",'A'+(x-'a'+1));
  return 0; }
```

A. G　　B. H　　C. I　　D. J

16. 设有 int x=11;，则表达式(x++ * 1/3)的值是(　　)。

A. 3　　B. 4　　C. 11　　D. 12

17. 以下合法的 C 语言用户标识符是(　　)。

A. int　　B. -abs　　C. 3abs　　D. If

18. 有以下程序:

```
int main()
{ int a=1,b=0;
  printf("%d,",b=a+b);
  printf("%d\n",a=2*b);
  return 0;}
```

程序运行后的输出结果是(　　)。

A. 0,0　　B. 1,0　　C. 3,2　　D. 1,2

19. 有以下程序:

```
int main()
{ int i=10,j=1;
  printf("%d,%d\n",i--,++j);
  return 0;}
```

执行后输出的结果是(　　)。

A. 9,2　　B. 10,2　　C. 9,1　　D. 10,1

20. 设有定义：float a=2,b=4,h=3;，以下 C 语言表达式与代数式 $\frac{(a+b)*h}{2}$ 计算结果不相符的是(　　)。

A. (a+b)*h/2　　B. (1/2)*(a+b)*h　　C. (a+b)*h*1/2　　D. h/2*(a+b)

二、填空题

1. C 语言中所提供的数据结构是以数据类型形式出现的，其中的基本类型包括 int 型即________、float 型即________、double 型即________、char 型即________等。

2. C 语言中的标识符只能由三种字符组成，它们是_____、______和_______。

3. C 程序中的字符常量是用________括起来的一个字符；除此之外，还允许用一种特殊形式的字符常量，以________开头，被称为转义字符，转义字符'\n'表示________，使光标移到屏幕下一行开头处。

4. 常量是指在程序执行过程中其值________的量，变量是指在程序执行过程中其值________的量。

5. 一个字符数据既可采用字符形式输出，也可采用________形式输出。

6. 若 int x=3，则执行表达式 x*=x+=x−1 后 x 的值为________。

7. 设 x、y 均为整型变量，且 x=10，y=3，则语句 printf("%d,%d\n",x−−,−−y); 的输出结果是________。

8. 若 a 为 int 类型，且其值为 3，则执行完表达式 a+=a−=a*a 后，a 的值是________。

9. 若有定义：int a=8,b=5,c;，执行语句 c=a/b+0. 4;后，c 的值为________。

10. 若 x 和 n 均是 int 型变量，且 x 和 n 的初值均为 5，则执行表达式 x+=n++后，x 的值为__________，n 的值为__________。

11. 英文小写字母 d 的 ASCII 码为 100，英文大写字母 D 的 ASCII 码为________。

12. 与十进制 511 等值的十六进制数为________。

13. 表达式(int)((double)9/2)−(9)%2 的值是________。

14. 语句 printf("a\bre\'hi\'y\\\bou\n");的输出结果是________。

三、程序阅读题

1. 以下程序运行后的输出结果是(　　)。

```
int main()
{ int a,b,c;
  a=25;
  b=025;
  c=0x25;
  printf("%d%d%d\n",a,b,c);
  return 0;
}
```

2. 以下程序运行后的输出结果是(　　)。

```
int main()
{ int a=1, b=2;
  a=a+b; b=a-b; a=a-b;
  printf("%d,%d\n", a, b );
  return 0;
}
```

3. 以下程序运行后的输出结果是(　　)。

```
int main()
{ char m;
  m='B'+32; printf("%c\n",m);
  return 0;
}
```

4. 以下程序运行后的输出结果是(　　)。

```
int main()
{ int m=3,n=4,x;
  x=-m++;
  x=x+8/++n;
  printf("%d\n",x);
  return 0;
}
```

5. 已知字母 A 的 ASCII 码为 65，以下程序运行后的输出结果是(　　)。

```
int main()
{  char a, b;
   a='A'+'5'-'3'; b=a+'6'-'2';
   printf("%d %c\n", a, b);
   return 0;
}
```

6. 以下程序运行后的输出结果是(　　)。

```
int main()
{  int a=7,b=5;
   printf("%d\n",b=b/a);
   return 0;
}
```

7. 根据注释，补充完整以下程序代码，并给出运行结果。

```
#include <stdio.h>
int main()
{  ____________________________//定义两个 int 变量
  printf("输入两个整数，用空格分隔: ");   //提示输入
   ___________________________//从键盘输入两个整数
   ___________________________//计算并输出两个整数的商数
   ___________________________//计算并输出两个整数的余数
  return 0;
}
```

第 3 章 顺序结构程序设计

C 语言程序控制有三种基本结构：顺序结构、选择结构和循环结构。本章介绍三种基本结构之一的顺序结构程序设计。所谓顺序结构就是按照程序代码的书写顺序，自上而下逐一执行。通过学习顺序结构程序设计，使学生明白做事要有计划，生活要有条理。

本章教学内容：

◎ 五种基本的 C 语句
◎ 字符输入输出函数
◎ 格式输入输出函数
◎ 顺序结构程序示例

本章教学目标：

◎ 了解 C 语句的概念及种类
◎ 掌握 C 语言常用的输入/输出方式
◎ 熟练掌握字符输入输出函数、格式输入输出函数
◎ 能熟练使用 printf()和 scanf()以正确格式输入输出各种数据
◎ 能熟练编写顺序结构的程序

3.1 C语言的基本语句

C程序是一组语句的集合，这些语句向计算机系统发出操作指令完成某项任务或解决某个问题。C语言提供了多种语句来实现顺序结构、选择结构、循环结构三种基本结构。C语句可分为程序流程控制语句、表达式语句、函数调用语句、空语句、复合语句共5种。

1. 程序流程控制语句

程序流程控制语句共有9种，如下所示。

```
if~else~    for()~    while()~     do~while()
switch   goto   continue   break  return
```

(1) 如下控制语句是在变量x,y中选出较小的值赋给变量min。

```
if(x<y) min=x;
else  min=y;
```

(2) 如下控制语句是计算1+2+3+…+100的和，赋给变量sum。

```
for(i=1,sum=0;i<=100;i++) sum=sum+i;
```

2. 表达式语句

表达式语句是由任意表达式末尾加上分号组成。

(1) 例如，y++; 表达式语句表示变量y加1。

(2) 例如，y=a+b; 表达式语句表示将变量a加变量b的值赋给变量y。

3. 函数调用语句

函数可以是库函数和用户自定义函数，函数调用语句的结构是：

```
函数名(参数列表);
```

(1) 例如，sqrt(4); 函数调用语句表示调用库函数sqrt，库函数sqrt是数学函数开方，4是参数，即表示4的开方，结果等于2。

(2) 例如，printf("this is a C program. "); 函数调用语句表示调用库函数printf，库函数printf是格式输出函数，"this is a C program." 是参数，即表示输出“this is a C program.”，结果在电脑屏幕上显示“this is a C program.”。

(3) 例如，add(3,5); 函数调用语句表示调用用户自定义函数sum，假设用户自定义函数sum是求两个数的和，3和5是参数，即表示3+5=8，结果等于8。

4. 空语句

空语句就是一个分号，表示什么也不做。空语句不执行任何操作运算，只是出于语法上的需要，在某些必需的场合占据一条语句的位置，便于以后扩充用。

5. 复合语句

复合语句由用花括号({ })括起来的若干语句组成。

例如：

```
{   a=8;
    b=10;}
```

复合语句被看成一个整体，被认为是一条语句，即相当于语句 a=8,b=10;。

【例题 3-1】编写程序，将两个数从小到大排序(本例题用于演示 5 种 C 语句)。

```
#include <stdio.h>
int  main()
{   int a,b,t;
    scanf("%d,%d",&a,&b);    //函数调用语句
        ;                    // 空语句
    if(a>b)                  //程序流程控制语句
      {  t=a;                //表达式语句
         a=b;                //表达式语句
         b=t;                //表达式语句
      }                      // 复合语句
     printf("%d,%d\n",a,b); //函数调用语句
     return 0;
 }
```

程序运行结果如图 3-1 所示。

图 3-1　例题 3-1 的运行结果

程序说明：

按 C 语句的分类，本例中 if(a>b)是程序流程控制语句；scanf("%d,%d",&a,&b);和 printf("%d, %d\n",a,b);是函数调用语句；t=a;是表达式语句；;是空语句；{t=a;a=b;b=t; }是复合语句。

3.2 字符数据的输入输出

所谓输入输出是以计算机主机为主体而言的。从计算机向输出设备(如显示器、打印机等)输出数据称为输出；从输入设备(如键盘、磁盘、光盘、扫描仪等)向计算机输入数据称为输入。

C 语言本身不提供输入输出语句，输入和输出操作是由 C 标准函数库中的函数来实现的。因此，要使用各种输入输出函数，需要在程序文件的开头引用预编译指令#include <stdio.h> 或者#include "stdio.h"。stdio.h 是一个头文件，其中包含 C 语言中使用的许多输入输出函数。本章将讲到的字符输入函数 getchar()、字符输出函数 putchar()、格式输入函数 scanf()、格式输出函数 printf()都包含在 stdio.h 文件中。

3.2.1 字符输入函数 getchar()

字符输入函数 getchar()的功能是从输入设备(键盘)向计算机输入一个字符。

getchar 函数的基本格式为：

```
getchar();
```

即从键盘读取数据，且每次只能读一个字符。当程序调用 getchar()时，程序就等着用户按键，用户输入的字符被存放在键盘缓冲区中，直到用户按 Enter 键为止。getchar()函数不带参数，但仍然必须带括号。

【例题 3-2】编写程序，从键盘输入两个字符，然后把它们输出到屏幕。

```
#include <stdio.h>
 int  main()
 { char m,n;
   printf("输入");
   m=getchar();
   n=getchar();
   printf("输出");
   putchar(m);
   putchar(n);
   putchar('\n ');
   return 0;
  }
```

程序运行结果如图 3-2 所示。

图 3-2　例题 3-2 的运行结果

程序说明：

(1) 语句 m=getchar();中的 m 是声明为 char 类型的变量，用于接收通过 getchar()函数从键盘输入的第 1 个字符；语句 n=getchar(); 中的 n 是声明为 char 类型的变量，用于接收通过 getchar()函数从键盘输入的第 2 个字符。从键盘输入“OK”并按 Enter 键后，即得出 m='O', n='K'。

(2) 语句 putchar(m); 输出'O'，语句 putchar(n); 输出'K'，语句 putchar('\n '); 输出换行符。

【例题 3-3】编写程序，省略变量 m 和 n，巧用 putchar(getchar())简化例题 3-2。

```
#include <stdio.h>
 int main ()
 {  putchar(getchar());
    putchar(getchar());
    putchar('\n ');
    return 0;
  }
```

程序运行结果如图 3-3 所示。

(a) 从键盘输入“OK”并按 Enter 键后

O
O

(b) 从键盘输入“O”并按 Enter 键后

图 3-3　例题 3-3 的运行结果

程序说明：

(1) 语句 putchar(getchar()); 中，getchar()函数只接收一个字符，putchar()函数只输出一

个字符，putchar(getchar())的意思就是你输入一个什么字符，计算机就输出一个什么字符。第 1 句 putchar(getchar());接收从键盘输入的第 1 个字符，第 2 句 putchar(getchar());接收从键盘输入的第 2 个字符。

(2) 从键盘输入“OK”并按 Enter 键后输出结果如图 3-3(a)所示，从键盘输入“O”并按 Enter 键后输出结果如图 3-3(b)所示。第一种情况的两个有效输入字符是'O'和'K'，第二种情况的两个有效输入字符是'O'和回车符。两次输入结果不同，是因为从键盘输入的 Enter 键也可以作为有效字符('\n ')输出空行。

3.2.2　字符输出函数 putchar()

字符输出函数 putchar()的功能是从计算机向输出设备(显示器)输出一个字符。

putchar 函数的基本格式为：

```
putchar(c);
```

即将指定参数 c 的值所对应的字符输出到标准输出终端上。参数 c 可以是字符型或整型的常量、变量或表达式，它每次只能输出一个字符。例题 3-4 说明了参数 c 的多种用法及其效果。

【例题 3-4】putchar(c)中参数 c 的多种用法及其效果示例。

```
#include <stdio.h>
int main()
{  char a='m';
   int m=97;
   putchar('a');      //参数 c 为字符常量'a'
   putchar(a);        //参数 c 为字符变量 a
   putchar('\n');     //参数 c 为转义字符'\n'
   putchar(m);        //参数 c 为整型变量 m
   putchar(65);       //参数 c 为整型常量 65
   putchar('A'+1);    //参数 c 为表达式
   putchar(65+1);     //参数 c 为表达式
   putchar('\n');
   return 0;
}
```

程序运行结果如图 3-4 所示。

图 3-4　例题 3-4 的运行结果

程序说明：

(1) 参数为一个被单引号(英文状态下)引起来的字符时，输出该字符，该字符也可为转义字符。如果参数是字符常量，语句 putchar('a');输出显示字母 a。如果参数是转义字符，语句 putchar('\n');输出换行符，从新的一行开始输出。

(2) 参数为一个事先用 char 定义好的字符型变量时，输出该变量所指向的字符。如参数是字符变量，语句 char a='m'; putchar(a); 输出显示字母 m。

(3) 参数为一个事先用 int 定义好的整型变量时，输出 ASCII 代码所对应的字符。如果参数是整型变量，语句 int m=97; putchar(m); 输出显示字母 a。

(4) 参数为一个介于 0～127(包括 0 及 127)的十进制整型数据时，它会被视为对应字符的 ASCII 代码，输出该 ASCII 代码对应的字符；如果参数是整型常量，语句 putchar(65);输出显示字母 A(65 是字符 A 对应的 ASCII 代码)。

(5) 参数为一个表达式，输出表达式结果 ASCII 值所对应的字符。如 putchar('A'+1);中，因为字母都是有顺序的，即'A'+1 是字符'A'后面的 1 个字符'B'，故输出显示字母 B。也可以用 putchar(65+1);，因为 65 是字符 A 对应的 ASCII 代码，即 65+1=66，66 是字符 B 对应的 ASCII 代码，故输出显示字母 B。

3.3 格式输入输出

C 语言的标准库提供了带格式的输入函数 scanf()和带格式的输出函数 printf()。这两个函数能按用户预先指定的各种格式要求输入和输出数据，所以称为格式输入和输出函数。scanf()函数和 printf()函数通过各种不同的格式说明符指定变量值的输入和输出格式，不仅能增强程序输入输出的规范性，还能较好地美化程序运行界面。

3.3.1 格式输入函数 scanf()

格式输入函数 scanf ()的功能是按照指定的输入格式从键盘上将各种类型的数据(整型、实型、字符型等)输入计算机中。

格式输入函数 scanf ()的一般格式：

```
scanf ("输入格式", 输入参数地址列表);
```

【例题 3-5】编写程序，输入 3 个整型数据并输出。

```
#include <stdio.h>
int main()
{  int a,b,c;
   printf("请输入 3 个整型数据\n");
   scanf("%d%d%d",&a,&b,&c);
   printf("a=%d,b=%d,c=%d\n",a,b,c);
   return 0;
}
```

程序运行结果如图 3-5 所示。

图 3-5 例题 3-5 的运行结果

1. 输入函数 scanf()的工作过程

上例语句 scanf("%d%d%d",&a,&b,&c); 是使用非打印字符键(如空格键、Tab 键、Enter 键是默认输入键)来判断输入数据什么时候开始，什么时候结束。它按照指定的顺序，将输入格式与输入参数地址列表中的数据进行匹配，并略过之前的非打印字符键。只要任何相邻的两个数之间至少有一个空格符、Tab 键符、Enter 键符等，就可在多行内输入多个数据。如上例语句 scanf("%d%d%d",&a,&b,&c); 应由键盘输入“9(空格)8(空格)6(空格)”。

2. 输入参数地址表列说明

(1) 输出函数 printf()的输出参数表列使用变量名、常量、符号常量和表达式，但输入函数 scanf()的输入参数地址表列使用变量的指针(地址)。变量指针是包含地址的数据项，这个地址是内存中存储变量的位置，关于指针将在后续章节进行讲解。

如上例语句 scanf("%d%d%d",&a,&b,&c); 是按照指定的"%d%d%d"输入格式从键盘上将 3 个整型数据输入计算机；输入时 3 个整型数据用空格分开，输入参数地址列表的变量前加地址符，如“&a,&b,&c”。而语句 printf("%d,%d,%d\n",a,b,c);是按照指定的"%d,%d,%d\n"输出格式将 3 个整型数据从计算机中输出到显示器上；输出的 3 个整型数据用“,”分开，输出参数列表的变量前不加任何符号，如“a,b,c”。

(2) 使用输入函数 scanf()时，输入参数地址列表应遵循以下两条规则。

① 如果要读取基本数据类型变量的值，应在变量名之前输入“&”符号。

② 当读取指针变量指向的值时，如数组变量等，在变量名前不能使用“&”符号。

格式说明的一般格式：

```
% 输入附加格式说明符  输入格式说明符
```

注意，输入附加格式说明符可省略。

输入附加格式说明符和输入格式说明符如表 3-1、表 3-2 所示。

表 3-1 输入附加格式说明符

附加格式说明符	含 义
l	用于输入长整型和双精度实型数据，可加在格式字符 d、o、x、u、f、e 前面
h	用于输入短整型数据
m(正整数)	域宽，指定输入数据所占的宽度
*	表示本输入项读入后不赋给任何变量，即跳过该输入值

表 3-2 输入格式说明符

数据类型	格式说明符	含 义
整型数据	d, i	以十进制形式输入有符号整数
	o	以八进制形式输入无符号整数
	x, X	以十六进制形式输入无符号整数
	u	以十进制形式输入无符号整数
实型数据	f	以小数形式或指数形式输入实数
	e, E, g, G	同 f，它们之间可以互换
字符型数据	c	输入单个字符
	s	输入字符串

3. 使用 scanf()函数时应注意的问题

(1) 如果在“输入格式”字符串中除了格式说明以外还有其他字符，则在输入数据时在对应位置应输入与这些字符相同的字符。

如例题 3-5 中语句 scanf("%d%d%d",&a,&b,&c); 若改为 scanf("%d,%d,%d",&a,&b,&c);，则应从键盘输入“9,8,6”(必须原样输入逗号(,))。若改为 scanf("a=%d,b=%d,c=%d",&a,&b,&c);，则应从键盘输入“a=9, b=8,c=6”。

(2) 在用“%c”格式输入字符时，空格字符和“转义字符”都作为有效字符输入。

如语句 char c1,c2; scanf("%c%c",&c1,&c2);应从键盘输入“ok”，语句 printf("c1=%c,c2=%c", c1,c2); 的输出结果为“c1=o, c2=k”。若通过键盘输入“o□k”，程序的输出结果为“c1=o, c2=□”，即程序使得 c1 的值为字符 o，c2 的值为有效字符□(空格)。

(3) 输入数据时，遇到以下情况时认为该数据结束。

① 遇空格，或按“回车”(Enter)或“跳格”(Tab)键结束。

如上例语句 scanf("%d%d%d",&a,&b,&c);可从键盘输入“1(空格)2(空格)3(空格)”，或者“1(回车)2(回车)3(回车)”，或者“1(跳格)2(跳格)3(跳格)”，语句 printf("a=%d,b=%d, c=%d\n",a,b,c); 的输出结果为“a=1,b=2,c=3”。

② 按指定的宽度结束，如“%3d”，只取 3 列。

如语句 int x,y; scanf("%3d%d",&x,&y);应从键盘输入“123456”，则语句 printf("x=%d, y=%d\n",x,y); 的输出结果为“x=123, y=456”。

③ 在输入数值数据时，如遇非法字符(不属于数值的字符)则结束。

如语句 int a; char b; float c; scanf("%d%c%f",&a,&b,&c); 若从键盘输入“1234m123o.45”，则第 1 个变量 a 对应%d 格式，在输入 1234 之后遇字符“m”结束；第 2 个变量 b 对应%c 格式，只要求输入 1 个字符，即字符“m”；第 3 个变量 c 对应%f 格式，本来想输入 1230.45，由于输入错误，输成 123o.45，遇非法字符“o”结束；语句 printf("a=%d,b=%c, c=%f",a,b,c); 的输出结果为“a=1234,b=m,c=123”。

如语句 int a1,a2;char c1,c2; scanf("%d%c%d%c",&a1,&c1,&a2,&c2); 若从键盘输入“56a78b”，则语句 printf("a1=%d,c1=%c,a2=%d,c2=%c",a1,c1,a2,c2); 的输出结果为“a1=56, c1=a,a2=78,c2=b”。

3.3.2 格式输出函数 printf()

格式输出函数 printf()的功能是按指定的输出格式将各种类型的数据(整型、实型、字符型等)从计算机中输出到显示器上。

格式输出函数 printf()的一般格式：

```
printf ("输出格式", 输出参数列表);
```

【例题 3-6】简单格式输出函数的用法。

```
#include <stdio.h>
int main()
{  int m=97,n=98;
   float c=5.23;
   printf("整型 m、n 示例\n");
   printf("%d %d\n",m,n);
   printf("%x,%d\n",m,n);
   printf("%c\t%c\n",m,n);
```

```
    printf("m=%d,n=%d,m+n=%d\n",m,n,m+n);
    printf("实型 c示例\n");
    printf("c=%f\nc=%e\n",c,c);
    return 0;
}
```

程序运行结果如图 3-6 所示。

```
整型m、n示例
97 98
61,98
a       b
m=97,n=98,m+n=195
实型 c示例
c=5.230000
c=5.230000e+000
```

图 3-6　例题 3-6 的运行结果

1. 输出参数列表说明

输出参数列表中列出了所有要输出的数据项，输出的数据项之间用逗号分隔，输出的数据项可以是常量、变量、表达式和函数。

(1) 输出列表中的每个数据项按对应的输出格式要求输出，输出的数据项的个数要与输出格式中的格式符个数相同。如图 3-7 所示，输出格式中的格式说明符(%d)与输出参数列表中的 3 个数据项(常量 2、变量 b、表达式 a*b)要一一对应。

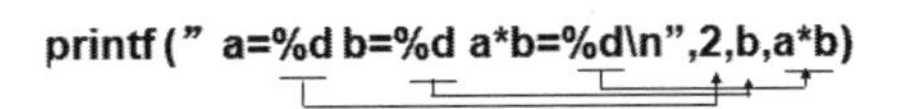

图 3-7　输出格式中的格式说明与输出列表中的数据项对应

如上例语句 int m=97,n=98;　printf("m=%d,n=%d,m+n=%d\n",m,n,m+n);中的第 1 个%d 对应变量 m，第 2 个%d 对应变量 n，第 3 个%d 对应表达式 m+n 的值。

(2) 输出参数列表可以省略，但原样输出字符和转义字符，将在下面详细讲解。

如上例语句 printf("整型 m、n 示例\n");的输出结果为“整型 m、n 示例”并换行。如上例语句 printf("实型 c 示例\n");的输出结果为“实型 c 示例”并换行。

2. 输出格式说明

输出格式由原样输出字符、转义字符、输出格式说明组成。

(1) 原样输出字符由可输出的字符组成，包括文本字符和空格。原样输出字符的输出效果与其自身的显示相同。

如上例语句 printf("%d %d\n",m,n); 中两个%d 之间的空格为原样输出字符，此句输出结果为“97　98”。

如上例语句 printf("m=%d,n=%d,m+n=%d\n",m,n,m+n); 中的“m= , n=，m+n=”为原样输出字符，此句输出结果为“m=97,n=98,m+n=195”。

(2) 转义字符是以“\”开头的字符，不是原样输出，而是按控制含义输出。转义字符的控制含义见表 2-1。

如上例语句 printf("%c\t%c\n",m,n); 中的“\t”为水平制表符，即跳到下一个制表位(1 个制表位有 8 位)，此句输出结果为“a　　　　　　　b”(字符 a 在第 1 位，字符 b 在第 9 位，中间有 7 个空格)。

如上例语句 printf("c=%f\nc=%e\n",c,c); 中的“\n”为换行符，即将当前位置移到下一行开头，此句输出结果为 2 行。

(3) 输出格式说明由“%”与不同的格式字符(输出附加格式说明符和输出格式说明符)组成，用来说明各输出项的数据类型、长度和小数点位数。输出附加格式说明符如表 3-3 所示，输出格式说明符如表 3-4 所示。

格式说明的一般格式：

```
% 输出附加格式说明符 输出格式说明符
```

注意，输出附加格式说明符可省略。

表 3-3 输出附加格式说明符

附加格式说明符	含 义
l / L	用于长整型和长双精度实型数据，可加在格式字符 d、o、x、u、f 前面
m(正整数)	数据输出的最小宽度
.n(正整数)	对于实数，表示输出 n 位小数；对于字符串，表示截取的字符个数
-	输出的数字或字符在域内向左靠，右边填空格
#	当整数以八进制或十六进制形式输出时，输出前缀，可加在格式字符 o、x 前面

表 3-4 输出格式说明符

数据类型	格式说明符	含 义
整型数据	d 或 i	表示以十进制形式输出一个带符号的整数
	o	表示以八进制形式输出一个无符号的整数
	X，x	表示以十六进制形式输出一个无符号的整数
	u	表示以十进制形式输出一个无符号的整数
实型数据	f	表示以小数形式输出带符号的实数(包括单精度、双精度)
	E，e	表示以指数形式输出带符号的实数
	G，g	表示选择%f 或%e 格式输出实数(选择占宽度较小的一种)
字符型数据	c	表示输出一个单字符
	s	表示输出一个字符串

说明：

① 格式说明%3d 表示输出带符号的十进制整数，数据的输出宽度是 3 位。

② 格式说明%8.3f 表示以小数形式输出实数，数据的输出宽度是 8 位，保留 3 位小数。

③ 上例语句 printf("%x,%d\n",m,n); 中的第 1 个%x 对应变量 m，第 2 个%d 对应变量 n。%x 表示以十六进制输出十进制整型变量 m (6×16+1=97)，即输出“61”；%d 表示以十进制输出十进制整型变量 n，即输出“98”。

④ 上例语句 printf("c=%f\nc=%e\n",c,c); 中的第 1 个%f 对应变量 c，第 2 个%e 对应变量 c。%f 表示以小数形式输出实数 c，即输出“c=5.230000”；%e 表示以指数形式输出实数 c，即输出“c=5.230000e+000”。

3.3.3 格式输入输出函数的应用

1. 整型数据的应用

整型数据的各种格式符对应的不同输出形式、要求的输出数据项及数据输出方式如表3-5所示。

表 3-5　整型数据的各种格式符

格式符	输出形式	输出项类型	数据输出方式
%-md	d 十进制整数	int, short	有-，左对齐；无-，右对齐； 无 m 或总宽度超过m位时，按实际宽度输出； 不足 m 位时，补空格
%-mo	o 八进制整数	unsigned int	
%-mx	x 十六进制整数	unsigned short	
%-mu	u 无符号整数	char	
%-mld	ld 十进制整数	long unsigned long	
%-mlo	lo 八进制整数		
%-mlx	lx 十六进制整数		
%-mlu	lu 无符号整数		

【例题 3-7】编写程序，示例整型数据格式输出函数的用法。

```
#include <stdio.h>
int main()
{ int a,b;
  long n;
  scanf("a=%d,b=%d",&a,&b);
  scanf("n=%ld",&n);
  printf("%d,%d\n",a,b);
  printf("%o,%o\n",a,b);
  printf("%x,%x\n",a,b);
  printf("%3d%3d\n",a,b);
  printf("%-3d%-3d\n",a,b);
  printf("%ld\n",n);
  return 0;
 }
```

程序运行结果如图 3-8 所示。

```
a=10,b=16n=123456
10,16
12,20
a,10
 10 16
10 16
123456
```

图 3-8　例题 3-7 的运行结果

程序说明：

(1) 根据前面学过的输入语句 scanf 语法，语句 scanf("a=%d,b=%d",&a,&b);应从键盘输入“a=10,b=16”；语句 scanf("n=%ld",&n); 应从键盘输入“n=123456”。

(2) %d、%o、%x 按整型数据的实际长度输出。

如语句 int a=10,b=16; printf("%d,%d\n",a,b);中的第 1 个%d 对应变量 a，第 2 个%d 对应变量 b，%d 表示以十进制输出整数，即输出“10,16”。语句 printf("%o,%o\n",a,b);中的%o 表示以八进制输出整数，即输出“12,20”；语句 printf("%x,%x\n",a,b);中的%x 表示以十六进制输出整数，即输出“a,10”。

(3) %md,m 指定输出数据的宽度，m>0，数据右对齐，左端补以空格。

如语句 printf("%3d%3d\n",a,b); %3d 表示以十进制输出整数，指定输出数据的宽度为 3，数据右对齐，左端补以空格，即输出“□10□16”。十进制整数 10 占 2 位，输出数据的宽度为 3，左端补 1 个空格(用□表示)。

(4) %-md,m 指定输出数据的宽度，-表示数据左对齐，右端补以空格。注意若数据宽度大于 m，则按实际位数输出。

如语句 printf("%-3d%-3d\n",a,b);中的%-3d 表示以十进制输出整数，指定输出数据的宽度为 3，有-，表示数据左对齐，右端补以空格，即输出“10□16□”。十进制整数 10 占 2 位，输出数据的宽度为 3，右端补 1 个空格(用□表示)。

(5) %ld,用于输出长整型数据。

如语句 long n=1234567; printf("%ld\n",n); 中的%ld 表示以十进制输出长整型，即输出“1234567”。

2. 实型数据的应用

实型数据的各种格式符对应的不同输出形式、要求的输出数据项及数据输出方式如表 3-6 所示。

表 3-6　实型数据的各种格式符

格式符	输出形式	输出项类型	数据输出方式
%-m.nf %-m.ne %<f,e>	f 十进制小数 e 十进制指数 自动选定格式	float double	有-，左对齐；无-，右对齐。 无 m.n 或总宽度超过m时，按实际宽度输出；有 m.n 则输出 m 位，其中小数 n 位，不足 m 位时，加空格
%g	自动选定 f 或 e 格式	float double	不输出尾数中无效的 0，以尽可能少占输出宽度

【例题 3-8】编写程序，示例实型数据格式输出函数的用法。

```
#include <stdio.h>
int main()
{  float x,y;
  scanf("x=%f,y=%f",&x,&y);
  printf("%f,%f\n",x,y);
  printf("%10f,%15f\n",x,y);
  printf("%-10f,%-15f\n",x,y);
```

```
    printf("%8.2f,%4f\n",x,y);
    printf("%e,%10.2e\n",x,y);
    return 0;
}
```

程序运行结果如图 3-9 所示。

```
x=12.3456,y=-789.123
12.345600,-789.122986
 12.345600,     -789.122986
12.345600 ,-789.122986
   12.35,-789.122986
1.234560e+001,-7.89e+002
```

图 3-9　例题 3-8 的运行结果

程序说明：

(1) 根据前面学过的输入语句 scanf 语法，语句 scanf("x=%f,y=%f",&x,&y);应从键盘输入“x=12.3456,y=−789.123”。

(2) %f，不指定字段宽度，由系统自动指定字段宽度，使整数部分全部输出，并输出 6 位小数。应当注意，在输出的数字中并非全部数字都是有效数字，单精度实数的有效位数一般为 7 位。

如语句 float x=12.3456,y=−789.123; printf("%f,%f\n",x,y); 中的第 1 个%f 对应变量 x，第 2 个%f 对应变量 y，%f 表示以小数形式输出实数，即输出“12.345600，−789.1222986”。单精度实数的有效位数一般为 7 位(含小数点位)，所以从第 8 位开始不准确。

(3) %m.nf，指定输出的数据共占 m 列，其中有 n 位小数。如果数值长度小于 m，则左端补空格。注意，如果省略 n，则单精度实数默认保留 6 位小数。

如语句 printf("%10f,%15f\n",x,y); 中的%10f 表示以小数形式输出实数，指定输出数据的宽度为 10，数据右对齐，左端补以空格，即输出“□12.345600”。

如语句 printf("%8.2f,%4f\n",x,y); 中的%8.2f 表示以小数形式输出实数，指定输出数据的宽度为 8，其中有 2 位小数，数据右对齐，左端补以空格，即输出“□□□12.35”。

(4) %-m.nf 与%m.nf 基本相同，只是使输出的数值向左端靠，左对齐并在右端补空格。

如语句 printf("%-10f,%-15f\n",x,y); 中的%-10f 表示以小数形式输出实数，指定输出数据的宽度为 10，数据左对齐，右端补以空格，即输出“12.345600□”。

(5) %e，不指定输出数据所占的宽度和数字部分的小数位数，有的系统自动指定数字部分的小数位数为 6 位，指数部分占 3 位。%m.ne 和%-m.ne 中的 m、n 和“-”字符的含义与前面相同，指定输出数据所占的宽度为 m，拟输出的数据的小数部分(又称尾数)的小数位数为 n。

如语句 printf("%e,%10.2e\n",x,y);中的第 1 个%e 对应变量 x，第 2 个%10.2e 对应变量 y；%e 表示以指数形式输出实数，即输出“12.34560e+001”；%10.2e 表示以指数形式输出实数，数据所占的宽度为 10，数字部分的小数位数为 2 位，输出“−7.89e+002”。

3. 字符型数据的应用

字符型数据的各种格式符对应的不同输出形式、要求的输出数据项及数据输出方式如表 3-7 所示。

表 3-7　字符型数据的各种格式符

格式符	输出形式	输出项类型	数据输出方式
%-mc	c 单个字符	字符	有-，左对齐；无-，右对齐。 无 m 输出单个字符；有 m 则输出 m 位，不足 m 位时补空格
%-m.ns	s 字符串	字符串	有-，左对齐；无-，右对齐。 无 m.n 按实际输出全部字符串；有 m.n 则输出前 n 个字符串

【例题 3-9】编写程序，示例字符型数据格式输出函数的用法。

```
#include <stdio.h>
int main()
{  char c;
   scanf("c=%c",&c);
   printf("%c,%d\n",c,c);
   printf("%3c\n",c);
   printf("%-3c\n",c);
   printf("%s,%6.3s\n","C program","C program");
   printf("C program\n");
  return 0;
}
```

程序运行结果如图 3-10 所示。

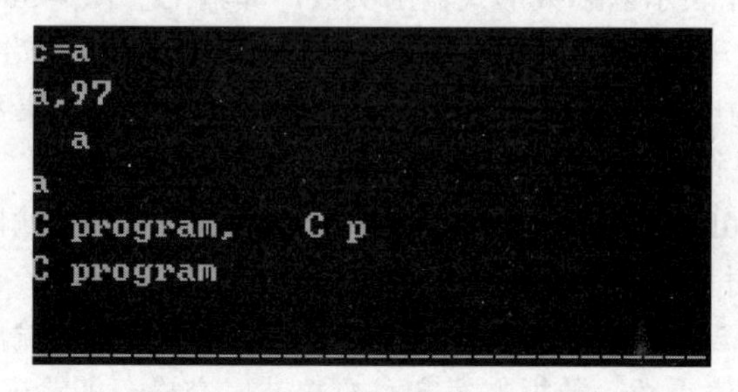

图 3-10　例题 3-9 的运行结果

程序说明：

(1) 根据前面学过的输入语句 scanf 语法，语句 scanf("c=%c",&c);应从键盘输入“c=a”。

(2) %c，用来输出一个字符。一个整数，只要它的值在 0～255 范围内，可以用“%c”使之按字符形式输出，在输出前，系统会将该整数作为 ASCII 码转换成相应的字符；一个字符数据也可以用整数形式输出。

如语句 printf("%c,%d\n",c,c); 中的第 1 个%c 对应变量 c，%c 表示以字符形式输出字符，即输出“a”；第 2 个%d 对应变量 c，%d 表示以整型形式输出字符，a 字符对应的 ASCII 码为 97，即输出“97”。

(3) %mc 和%-mc 基本相同，输出字符宽度都占 m 列，不同的是%mc 为右对齐，%-mc 为左对齐。

如语句 printf("%3c\n",c);中的%3c 表示以字符形式输出字符，指定输出数据的宽度为 3，数据右对齐，左端补以空格，即输出“□□a”。

如语句 printf("%-3c\n",c);中的%-3c 表示以字符形式输出字符，指定输出数据的宽度为3，数据左对齐，右端补以空格，即输出“a□□”。

(4) %s 用来输出字符串；%ms 输出的字符串占 m 列，若串长大于 m，全部输出，若串长小于 m，则左补空格。%m. ns 输出字符串占 m 列，只取字符串中左端 n 个字符，输出在 m 列的右侧，左补空格。%-ms，若串长小于 m，字符串向左靠，右补空格。%-m.ns，n 个字符输出在 m 列的左侧，右补空格，若 n>m，m 自动取 n 值，以保证 n 个字符正常输出。

如语句 printf("%s,%6.3s\n"," C program "," C program "); 中的%s 表示以字符串形式输出“C program”，即输出“C program”；%6.3 表示以字符串形式输出“C program”，输出字符串占 6 列，只取字符串中左端 3 个字符，输出在 6 列的右侧，左补空格，即输出“□□□C□p”。

(5) 字符串可直接输出。

如语句 printf("C program \n"); 省略了输出参数列表，原样输出字符，即输出“C program”并换行。

【融入思政元素】

通过学习输入输出的格式规则，引导学生做人做事需遵守规则，教育学生遵守学校各项规章制度，遵守国家法律法规，做一个遵纪守法的好公民。

3.4 顺序结构程序示例

程序的顺序、选择、循环三种基本结构也叫程序的控制结构，控制着程序语句的执行顺序。顺序结构是最基本的控制结构，在如图 3-11 所示的顺序结构的执行过程中，先执行 A 语句，再执行 B 语句，如此类推。

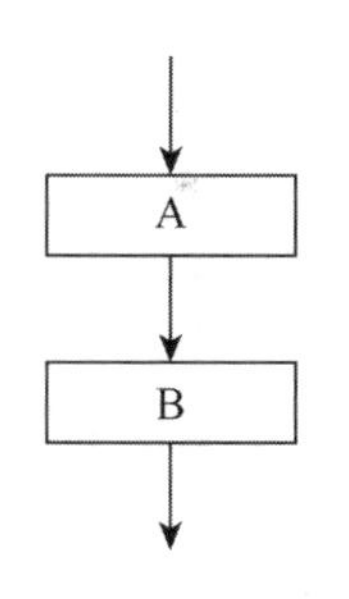

图 3-11 顺序结构的执行过程

【例题 3-10】编写程序，从键盘输入 A、B 的值，要求完成这两个数的交换。

(1) 算法分析：如果从键盘输入 A=5，B=6，要求输出结果为 A=6，B=5。

思考：在日常生活中是如何实现交换的呢？

有两个锥形瓶，瓶 A 里面装的是酒精，瓶 B 里面装的是水，如果要交换两个瓶子里的液体，该怎么办？在日常生活中，是利用 1 个空瓶 C 来完成交换的，如图 3-12 所示，分 3 步完成。

第 1 步：将瓶 A 的酒精倒入空瓶 C，瓶 A 空。

第 2 步：将瓶 B 的水倒入空瓶 A，瓶 B 空，瓶 A 装水。

第 3 步：将酒精从瓶 C 倒入空瓶 B，瓶 C 空，瓶 B 装酒精。

例题 3-10 实现两个数的交换.mp4

(2) 程序分析：在程序设计中，要交换 A、B 两个变量的值该怎么办？完成 A、B 两个数交换的流程图如图 3-13 所示，分 3 步完成。

第 1 步：要求输入交换前 A、B 的值。

第 2 步：利用第 3 个变量 C 来进行交换。交换过程如下：C=A，A=B，B=C。

第 3 步：打印交换后 A、B 的值。

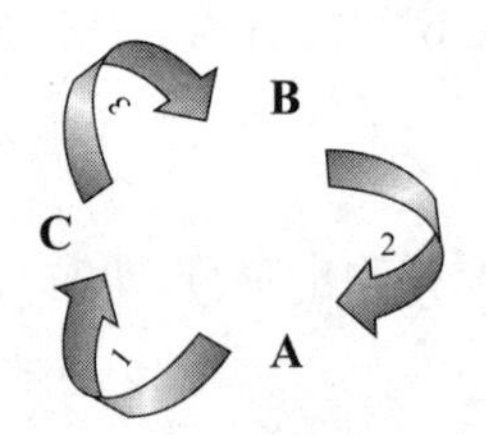

图 3-12　两个数的交换过程

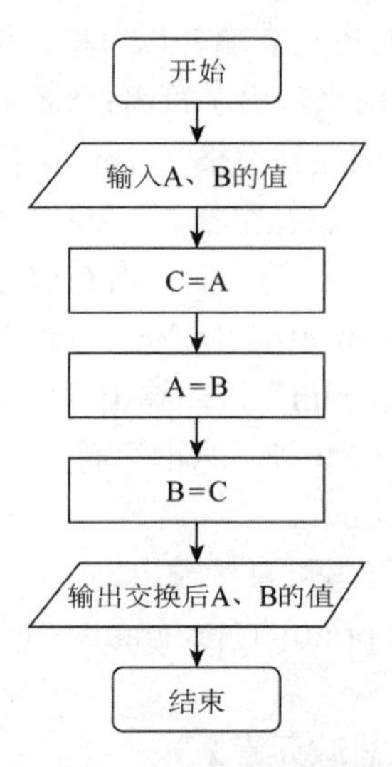

图 3-13　A、B 两个数交换的流程图

(3) 编写程序：

```
#include <stdio.h>
int main()
{ int A, B, C;
  scanf("A=%d,B=%d",&A, &B);     //要求输入变量 A、B 的值
  C=A;                           //交换 A、B 的值第 1 步
  A=B;                           //交换 A、B 的值第 2 步
  B=C;                           //交换 A、B 的值第 3 步
  printf("A=%d,B=%d\n",A, B);    //打印交换后 A、B 的值
  return 0;
 }
```

程序运行结果如图 3-14 所示。

图 3-14　例题 3-10 的运行结果

【融入思政元素】

通过学习顺序结构程序设计的步骤，使学生明白做事要有计划，生活要有条理。这是一个人非常重要的处事习惯，甚至与人生的成功紧密相连。在生活与学习中，做事有计划是指根据事情的轻重、缓急、主次确定做事的次序；生活有条理是指生活有良好的起居习惯、饮食习惯、娱乐习惯及生活环境的清洁习惯等。

【例题 3-11】编写程序，从键盘输入圆半径 r 的值，要求计算圆周长、圆面积、圆球表面积和圆球体积。

(1) 程序分析：已知圆的半径 r 的值，可以通过数学公式，求圆周长 l=2*pi*r，圆面积 s=r*r*pi，圆球表面积 sq=4*pi*r*r，圆球体积 v=4.0/3*pi*r*r*r。

例题 3-11 计算圆周长、圆面积、圆球表面积和圆球体积.mp4

(2) 编写程序：

```
#include  <stdio.h>
#define  pi  3.14     //定义符号常量pi
int main ()
{ float  r,l,s,sq,v;
  printf("请输入圆半径 r: ");
  scanf("%f",&r);                               //要求输入圆半径 r
  l=2*pi*r;                                     //计算圆周长 l
  s=r*r*pi;                                     //计算圆面积 s
  sq=4*pi*r*r;                                  //计算圆球表面积 sq
  v=4.0/3*pi*r*r*r;                             //计算圆球体积 v
printf("圆周长为:        l=%6.3f\n",l);      //输出圆周长 l，保留 3 位小数
  printf("圆面积为:      s=%6.3f\n",s);      //输出圆面积 s，保留 3 位小数
  printf("圆球表面积为: sq=%6.3f\n",sq);     //输出圆球表面积 sq，保留 3 位小数
  printf("圆球体积为:    v=%6.3f\n",v);      //输出圆球体积 v，保留 3 位小数
  return 0;
}
```

程序运行结果如图 3-15 所示。

```
请输入圆半径r: 5
圆周长为:       l=31.400
圆面积为:       s=78.500
圆球表面积为:   sq=314.000
圆球体积为:     v=523.333
```

图 3-15　例题 3-11 的运行结果

程序说明：

① 语句#define　pi　3.14 定义符号常量 pi=3.14，相当于数学计算中的π。

② 语句 v=4.0/3*pi*r*r*r;中的 4.0/3 不能改写为 4/3，因为对于除法(/)运算，若参与运算的变量均为整数，其结果也为整数，小数部分将舍去，故 4/3=1。

【例题 3-12】编写程序，由键盘输入 a、b、c，设 $b^2-4ac>0$，求 $ax^2+bx+c=0$ 方程的根。

例题 3-12 求方程的根.mp4

(1) 算法分析：由数学知识知，如果 $b^2-4ac>0$，则一元二次方程有两个实根：

$$x1=\frac{-b+\sqrt{b^2-4ac}}{2a} \qquad x2=\frac{-b-\sqrt{b^2-4ac}}{2a}$$

数学求方程根的表达式要符合 C 语言表达式的要求，用 C 语言描述 x1、x2 的表达式为 x1=(−b+sqrt(b*b−4*a*c))/2*a，x2=(−b−sqrt(b*b−4*a*c))/2*a。函数 sqrt()是来自于 math.h 数学公式函数库的开方函数，如 sqrt(4)表示数学公式 $\sqrt{4}=2$。为简化 x1、x2 的表达式，可增加 1 个变量 dise，设 dise=b*b−4*a*c; 则表达式简化为：

x1=(−b+sqrt(dise))/2*a，x2=(−b−sqrt(dise))/2*a

(2) 程序分析：定义三个实型数据 a、b、c，调用输入函数分别输入 a、b、c 的值。定义方程的两个根 x1、x2 和判别式 dise。本题要求输入数据满足 a≠0 且 $b^2-4ac>0$。按数学

方法求解方程的根并输出。C 语言求平方根是通过调用平方根函数 sqrt()完成的，而平方根函数 sqrt()的声明放在头文件 math.h 中。

(3) 编写程序：

```
#include <stdio.h>
#include "math.h"
int main()
{ float a,b,c,dise,x1,x2;
  printf("input a,b,c:\n");
  scanf("%f%f%f",&a,&b,&c);
  dise=b*b-4*a*c;
  x1=(-b+sqrt(dise))/(2*a);
  x2=(-b-sqrt(dise))/(2*a);
  printf("x1=%f\nx2=%f\n",x1,x2);
  return 0;
}
```

程序运行结果如图 3-16 所示。

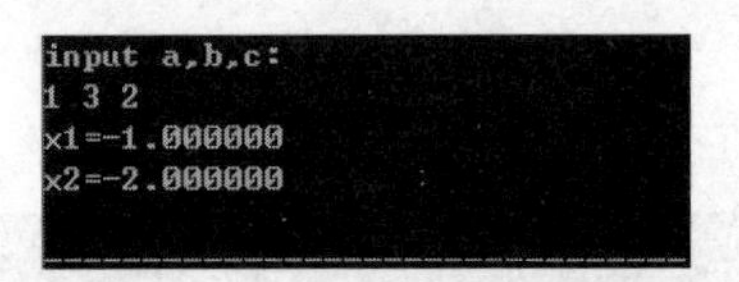

图 3-16 例题 3-12 的运行结果

【例题 3-13】编写程序译密码“print”，为使电文保密，往往按一定规律将其转换成密码，收报人再按约定的规律将其译回原文。译码规律是用原来字母后面的第 3 个字母代替原来的字母，如字母 p 后面第 3 个字母是 s，则用 s 代替 p。

例题 3-13 编写程序译密码.mp4

(1) 程序分析：已知密码 print 由 5 个字符组成，由于字符是按其 ASCII 代码(整数)形式存储的，可以用语句 char c1='p'; c1=c1+3; 使字符的 ASCII 代码加 3，则 c1='s'。

(2) 编写程序：

```
#include  <stdio.h>
int main()
{ char c1='p',c2='r',c3='i',c4='n',c5='t';
printf("原码是： %c%c%c%c%c\n",c1,c2,c3,c4,c5);
  c1=c1+3;
  c2=c2+3;
  c3=c3+3;
  c4=c4+3;
  c5=c5+3;
  printf("译码是： %c%c%c%c%c\n",c1,c2,c3,c4,c5);
  return 0;
}
```

程序运行结果如图 3-17 所示。

```
原码是： print
译码是： sulqw
```

图 3-17　例题 3-13 的运行结果

【例题 3-14】编写程序，用字符输入输出函数改写例题 3-13。

(1) 程序分析：参照例题 3-3，语句 putchar(getchar());就是你输入一个什么字符就输出一个什么字符。仿照例题 3-13，本题译码用原码后面的第 2 个字母代替，故可以用语句 putchar(getchar()+2);实现。

(2) 编写程序：

```
#include  <stdio.h>
int main()
{  putchar(getchar()+2);
  putchar(getchar()+2);
  putchar(getchar()+2);
  putchar(getchar()+2);
  putchar(getchar()+2);
  putchar('\n');
  return 0;
}
```

程序运行结果如图 3-18 所示。

```
Hello
Jgnnq
```

图 3-18　例题 3-14 的运行结果

【融入思政元素】

通过应用顺序语句解决实际问题，培养学生的自信心及勇于自我表现的良好素质。

本章小结

C 语言提供了多种语句来实现顺序结构、选择结构、循环结构这三种基本结构。C 语句可分为程序流程控制语句、函数调用语句、表达式语句、空语句、复合语句共 5 种。

本章讲到的字符输出函数 putchar()、字符输入函数 getchar()、格式输出函数 printf()、格式输入函数 scanf()都包含在 stdio.h 文件中。要使用这些输入输出函数，需要在程序文件的开头引用预编译指令#include <stdio.h> 或者#include "stdio.h"。

顺序结构程序设计是三种基本结构中最简单的，只要按照解决问题的顺序写出相应的语句就行，它的执行顺序是自上而下，依次执行。

(1) 顺序结构程序的设计分以下 5 步完成。

第 1 步：分析出程序的输入量、输出量。

第 2 步：确定输入、输出的变量(命名、类型、格式)。

第 3 步：确定输入、输出的算法。

第 4 步：模块化编程。

第 5 步：调试程序。

(2) 顺序结构程序的语法结构总结如下：

```
#include <stdio.h>
int main()
{ 声明所有(输入输出)变量;
  输入语句;
    ……
  输出语句;
  return 0;
}
```

通过本章的学习，要求读者能熟练地运用字符输入输出函数、格式输入输出函数完成顺序结构程序的编写。

习题 3

一、选择题

1. 若变量已正确说明为 float 类型，要通过语句 scanf(“%f%f%f” ,&a,&b,&c);给 a 赋予 10.0，给 b 赋予 22.0，给 c 赋予 33.0，不正确的输入形式是(　　)。

A. 10<回车>
22<回车>
33<回车>　　B. 10.0,22.0,33.0<回车>　　C. 10.0<回车>
22.0□33.0<回车>　　D. 10□22<回车>
33<回车>

2. 设变量均已正确定义，若要通过 scanf("%d%c%d%c",&a1,&c1,&a2,&c2);语句为变量 a1 和 a2 赋数值 10 和 20，为变量 c1 和 c2 赋字符 X 和 Y。以下所示的输入形式正确的是(　　)。注意，□代表空格字符。

A. 10□X□20□Y<回车>　　B. 10□X20□Y<回车>

C. 10□X<回车>
20□Y<回车>　　D. 10X<回车>
20Y<回车>

3. 有以下程序:

```
 int main()
{ char a,b,c,d;
scanf("%c%c",&a,&b);
c=getchar();
d=getchar();
printf("%c%c%c%c\n",a,b,c,d);
return 0;
}
```

当执行程序时，按下列方式输入数据：

(从第一列开始，<CR>代表回车，注意：回车是一个字符)

12<CR>

34<CR>

则输出结果是(　　)。

A. 1234　　　　B. 12　　　　C. 12
3　　　　D. 12
34

5. 有以下程序：

```
int main()
{ int a=666,b=888;
  printf("%d\n",a,b);
  return 0;
}
```

程序运行后的输出结果是(　　)。

A. 错误信息　　　　B. 666　　　　C. 888　　　　D. 666,888

6. 有以下程序：

```
int main()
{ char c1,c2;
  c1='A'+'8'-'4';
  c2='A'+'8'-'5';
  printf("%c,%d\n",c1,c2);
  return 0;
}
```

已知字母 A 的 ASCII 码为 65，程序运行后的输出结果是(　　)。

A. E,68　　　　B. D,69　　　　C. E,D　　　　D. 输出无定值

7. 程序段 int x=12; double y=3.141593; printf("%d%8.6f",x,y); 的输出结果是(　　)。

A. 123.141593　　　　B. 12 3.141593　　　　C. 12,3.141593　　　　D. 123.1415930

8. 若有定义 int a,b;，通过语句 scanf("%d;%d",&a,&b);，能把整数 3 赋给变量 a，把 5 赋给变量 b 的输入数据是(　　)。

A. 3　5　　　　B. 3,5　　　　C. 3;5　　　　D. 35

9. 有以下程序：

```
int main()
{ int a1,a2;
  char c1,c2;
  scanf("%d%c%d%c",&a1,&c1,&a2,&c2);
  printf("%d,%c,%d,%c",a1,c1,a2,c2);
  return 0;
}
```

若想通过键盘输入，使得 a1 的值为 12，a2 的值为 34，c1 的值为字符 a，c2 的值为字符 b，程序输出结果是：12，a，34，b，则正确的输入格式是(　　)。

(以下_代表空格，<CR>代表回车)

A. 12a34b<CR>　　B. 12_a_34_b<CR>　　C. 12,a,34,b<CR>　　D. 12_a34_b<CR>

二、程序阅读题

1. 若有程序：

```
int main()
{ int i,j;
```

```
  scanf("i=%d,j=%d",&i,&j);
  printf("i=%d,j=%d\n ",i,j);
  return 0;
}
```

要求给 i 赋 10，给 j 赋 20，则应该从键盘输入(　　)。

2. 有以下程序：

```
int main()
{ char a,b,c,d;
  scanf("%c,%c,%d,%d",&a,&b,&c,&d);
  printf("%c,%c,%c,%c\n",a,b,c,d);
  return 0;
}
```

若运行时从键盘上输入 6,5,65,66<回车>，则输出结果是(　　)。

3. 已知字符 A 的 ASCII 代码值为 65，以下程序运行时若从键盘输入 B33<回车>，则输出结果是(　　)。

```
int main()
{  char a,b;
   a=getchar();
   scanf("%d",&b);
   a=a-'A'+'0';
  b=b*2;
   printf("%c %c\n",a,b);
   return 0;
}
```

4. 有以下程序：

```
int main()
{  int a=12345;
  float b=-198.345, c=6.5;
  printf("a=%4d,b=%-10.2e,c=%6.2f\n",a,b,c);
  return 0;
}
```

程序运行后的输出结果是(　　)。

5. 有以下程序，其中 k 的初值为八进制数。

```
int main()
{ int k=011;
  printf(" %d\n ",k++);
  return 0;
}
```

程序运行后的输出结果是(　　)。

6. 有以下程序：

```
int main()
{ int x,y;
  scanf("%2d%d",&x,&y);
  printf("%d\n",x+y);
```

```
    return 0;
}
```

程序运行时输入 1234567，程序的运行结果是(　　)。

三、编程题

1. 编写程序，输入两个双精度数，求它们的平均值并保留此平均值小数点后一位数，对小数点后第二位数进行四舍五入，最后输出结果。

2. 编写程序，输入一个摄氏温度，输出其对应的华氏温度。

(提示：摄氏温度与华氏温度之间的转换公式为“华氏温度=9*摄氏温度/5+32”)

3. 编写程序，输入半径，输出其圆的周长、圆的面积及圆球的体积。

4. 编写程序，输入一个四位整数，如 5678，求出它的各位数之和，并在屏幕上输出。

5. 编写程序，输入三角形的 3 个边长 a、b、c，输出该三角形的面积 s。

(提示：利用海伦公式 s=sqrt(q*(q-a)*(q-b)*(q-c))，其中 q=(a+b+c)/2)

6. 编写程序，求一元一次方程 ax+b=0 的解，其中系数 a、b 从键盘输入。

7. 编写程序，把 560 分钟换算成用小时和分钟表示，然后进行输出。

8. 编写程序，将 China 译成密码，译码规律是：用原来字母后面的第 5 个字母代替原来的字母。

第4章 选择结构程序设计

选择结构是程序设计的基本结构，通过学习选择结构程序设计，使同学们养成良好的逻辑性，懂得在生活中“鱼和熊掌不可兼得”的道理，教育学生面临多种选择时要慎重抉择，承担抉择之后带来的后果，不要患得患失。当个人利益与国家利益相冲突时，勇于战胜自我，以国家利益为重。本章主要介绍如何用 C 语言实现选择结构，if 语句和 switch 语句，以及 if 语句的嵌套在选择结构中的应用。

本章教学内容：

◎ 关系运算符与关系表达式
◎ 逻辑运算符与逻辑表达式
◎ 条件运算符与条件表达式
◎ if 语句
◎ if 语句的嵌套
◎ switch 语句
◎ 选择结构程序示例

本章教学目标：

◎ 掌握正确使用关系运算符和关系表达式
◎ 掌握 C 语言的逻辑运算符和逻辑表达式，学会表示逻辑值的方法
◎ 熟练掌握条件语句，学习选择结构程序设计的方法及应用
◎ 熟悉多分支选择 switch 语句编程
◎ 能熟练编写选择结构的程序

4.1 关系运算符与关系表达式

在程序中经常需要比较两个量的大小关系，即将两个数据进行比较，判定两个数据是否符合给定的关系。在 C 语言中，“比较运算”就是“关系运算”，关系运算就是比较两个量的大小关系。例如，x<7 是一个关系表达式，其中的“<”是一个关系运算符。若 x 的值是 5，则表达式 5<7 成立，表达式的值为“真”。若 x 的值是 9，则表达式 9<7 不成立，表达式的值为“假”。

4.1.1 关系运算符

C 语言的关系运算符和数学中的>、<、≥和≤数学运算符相对应，只是前者的运算结果只有逻辑 0(假)或逻辑 1(真)两种取值。

在表 4-1 中，4 个关系运算符的优先级相同。关系运算符都是双目运算符，其运算方向自左向右(即左结合性)。关系运算符与前面学过的算术运算符和赋值运算符相比，关系运算符的优先级低于算术运算符。

例如：

a+b<c+d 等价于(a+b)<(c+d) (关系运算符<的优先级低于算术运算符+)

i−j>=k−1 等价于(i−j)>=(k−1) (关系运算符>=的优先级低于算术运算符−)

表 4-1　C 语言中的关系运算符及其优先级

运算符	含　义	优先级
>	大于	相同
<	小于	
>=	大于等于	
<=	小于等于	

【融入思政元素】

通过运算符优先级的学习，使同学们明白做事要有轻重缓急，先做重要和紧急的事情。

4.1.2 判等运算符

C 语言的关系运算符和许多其他编程语言中表示的符号相同，但判等运算符却有独特的样式。单独一个“=”符号表示赋值运算符，两个紧邻的“=”符号即“==”，是“相等”的比较运算符，“! =”是“不等”的比较运算符。

在表 4-2 中，判等运算符优先级相同。和关系运算符一样，判等运算符也是左结合的，而且也是产生 0(假)或 1(真)作为结果。关系运算符的优先级高于判等运算符的优先级。

例如，>=的优先级高于==的优先级，表达式 8>=7==1 应理解为(8>=7)==1(该表达式的值为 1)。

a==b>=c 等价于 a==(b>=c) (>=运算符的优先级高于==运算符)

表 4-2　C 语言中的判等运算符及其优先级

运算符	含　义	优先级
==	等于	相同
!=	不等于	

4.1.3　关系表达式

关系表达式是用关系运算符将两个表达式连接起来，进行关系运算的式子。被连接的表达式可以是算术表达式、关系表达式、逻辑表达式、赋值表达式或字符表达式。

例如，下面都是合法的关系表达式：

a!=b<c

a>b==c

(a>b)<(c<d)

关系运算的结果是整数值 0 或者 1。在 C 语言中，没有专门的“逻辑值”，而是用 0 代表“假”，用 1 代表“真”。例如：

7<9 (关系表达式成立，故关系表达式值为 1)

9==7(关系表达式不成立，故关系表达式值为 0)

5>4<2 (先计算关系表达式 5>4，结果为 1，再计算关系表达式 1<2，结果为 1，故整个关系表达式结果为 1)

上述关系表达式看上去像数学中的不等式，但实际上它们与数学中的不等式完全不同。

说明：从本质上来说，关系运算的结果不是数值，而是逻辑值。为了处理关系运算和逻辑运算的结果，C 语言指定“1”代表真，“0”代表假。1 和 0 又是数值，所以在 C 程序中还允许把关系运算的结果看作和其他数值型数据一样，可以参加数值运算，或者把它赋值给数值型变量。例如 a=6，b=4，c=1，则

a>b (关系表达式 6>4 的值为“真”，得到 1)

f=a>b>c (先计算关系表达式 a>b，得到 1，再计算关系表达式 1>c，得到 0，然后将 0 赋值给变量 f，故 f 的值为 0)

4.2 逻辑运算符与逻辑表达式

前面学过关系表达式，关系表达式常用来比较两个量的大小关系，关系表达式往往只能表示单一的条件，而在编程过程中，常常需要表示出由几个简单条件组成的复合条件。例如，参加本次奥林匹克数学竞赛的学生的年龄必须在 13 岁到 16 岁之间，要表示满足条件的参赛学生的年龄，用数学表达式可以写成 13<=age<=16，该数学表达式在 C 语言中该如何表示呢？如何将关系表达式 age>=13 和 age<=16 组合在一起呢？这就要用到逻辑运算符。

4.2.1　逻辑运算符

C 语言提供了 3 种逻辑运算符，分别为&&(逻辑与)、||(逻辑或)、!(逻辑非)。C 语言没

有逻辑类型的数据，在进行逻辑判断时，认为非 0 的值即为真，0 即为假。由于 C 语言是依据数据的值是否为 0 而判断真假的，所以逻辑运算的操作数可以是整型、字符型或浮点型等任意类型。

1．逻辑与(&&)

&&(逻辑与)运算符属于双目运算符(即运算符的左右两边均有操作数)。其运算规则为：当&&左右两边的操作数均为非 0(逻辑真)时，结果才为 1(逻辑真)，否则为 0(逻辑假)。

例如，(6>3)&&(6<7)是逻辑表达式，运算结果是 1(逻辑真)。该表达式中&&左右两边的操作数算出来都是 1(逻辑真)，所以整个表达式的结果为 1(逻辑真)。

'a' &&(2>4)是逻辑表达式，运算结果是 0(逻辑假)。该表达式中'a'是字符，非 0 值，即为逻辑真，2>4 运算结果是 0，表示逻辑假，所以整个表达式的结果为 0(逻辑假)。

2. 逻辑或(||)

|| (逻辑或)运算符属于双目运算符。其运算规则为：||的操作数只要有一个为非 0(逻辑真)，运算结果就为 1(逻辑真)，否则为 0(逻辑假)。

例如，5||4<3 逻辑表达式的结果是 1(逻辑真)。该表达式中||左边的操作数 5 是非 0 值，即为逻辑真，所以整个表达式的结果为 1(逻辑真)。

3>5||5>8 逻辑表达式的结果是 0(逻辑假)。该表达式中||左右两边的操作数运算结果都是 0，为逻辑假，所以整个表达式的结果为 0(逻辑假)。

3. 逻辑非(!)

!(逻辑非)运算符属于单目运算符。该运算符只有右边一个操作数。其运算规则为：当!右边的操作数为 1(逻辑真)时，逻辑非运算的结果为 0(逻辑假)；当!右边的操作数为 0(逻辑假)时，逻辑非运算的结果为 1(逻辑真)。

例如，

!(5>6)逻辑表达式的结果为 1(逻辑真)。

若 a=100，则!a 的值为 0(逻辑假)。

逻辑运算符的运算规则如表 4-3 所示。

表 4-3 逻辑运算符的运算规则

a	b	!a	!b	a&&b	a||b
非 0	非 0	0	0	1	1
非 0	0	0	1	0	1
0	非 0	1	0	0	1
0	0	1	1	0	0

上述 3 种逻辑运算符的优先级次序是：! (逻辑非)级别最高，&&(逻辑与)次之，||(逻辑或)最低。

逻辑运算符与赋值运算符、算术运算符、关系运算符之间从高到低的运算优先次序是：逻辑非(!)>算术运算符>关系运算符>逻辑与(&&)>逻辑非(||)>赋值运算符。

4.2.2 逻辑表达式

用逻辑运算符将关系表达式或逻辑量连接起来的式子就是逻辑表达式。逻辑表达式的运算结果为1(逻辑真)或0(逻辑假)。例如：

若a=7，b=4，逻辑表达式!a&&b<6的值为0。

逻辑表达式!7.3&&8的结果为0。

逻辑表达式5<7||4.5的结果为1。

"abc"&&"efg"的结果为1。

从上述逻辑表达式的运算结果可以看出，逻辑表达式的运算结果只可能是0或者1，不可能是除0或1以外的其他数。C语言在进行逻辑运算时，把所有参加逻辑运算的非0对象当作1(逻辑真)处理，而不管是哪种数据类型；把所有参加逻辑运算的0当作逻辑假处理。

在实际编程过程中，有时也需要把数学表达式转换成C语言的逻辑表达式形式，例如：

(1) 数学表达式a<b<c写成合法的C语言表达式形式为 a<b&&b<c。

(2) 数学表达式|x|>6 写成合法的C语言逻辑表达式形式为 x>6||x<-6。

在使用逻辑表达式时，应注意以下几点。

(1) C语言中逻辑运算符的运算方向是自左向右的。

(2) 在用&&运算符相连的表达式中，计算从左向右进行时，若遇到运算符左边的操作数为0(逻辑假)，则停止运算。因为此时已经可以判定逻辑表达式结果为假。

例如：若x=0,y=5;，求逻辑表达式x&&(y=7)的值及最终的y值。

分析：在该逻辑表达式中，由于x的值为0，当&&运算符的左边为0时，此时已经可以判定逻辑表达式结果为 0(逻辑假)，所以逻辑表达式运算停止，&&运算符右边的(y=7)没有参与运算，所以最终的y值为5。

(3) 在用||运算符相连的表达式中，计算从左至右进行时，若遇到运算符左边的操作数为1(逻辑真)，则停止运算。因为已经可以断定逻辑表达式结果为真。

例如：

```
int a=7,b=2,m=0,n=1,p;  p=(n=b<a)||(m!=a);
```

求变量m,n,p的最终值。

分析：在表达式p=(n=b<a)||(m!=a)中，由于逻辑运算符的优先级高于赋值运算符，所以先算(n=b<a)||(m!=a)部分，最后将结果赋值给变量p。先看||运算符左边部分，算出b<a的值为1，将1赋值给变量n，所以n的值为1。对于逻辑运算符||来说，当||左边的操作数为1(逻辑真)，此时已经可以判定整个表达式结果为 1(逻辑真)，所以逻辑表达式运算停止，||运算符右边的(m!=a)没有参与运算，所以 m 的值依然是最初的值0。最后将逻辑表达式(n=b<a)||(m!=a)的值赋给变量p，所以p值为1。

4.3 条件运算符与条件表达式

在C语言中有一个唯一的三目运算符——条件运算符，条件运算符用“?”和“:”来表示。条件运算符有3个运算对象，用条件运算符“?”和“:”把3个运算对象连接起来就构成了条件表达式。条件表达式的一般形式为：

```
表达式 1?表达式 2:表达式 3
```

条件表达式的运算规则：先求解表达式 1 的值，若表达式 1 的值为真(非 0 的值)，则求表达式 2 的值，并把表达式 2 的值作为整个表达式的值；若表达式 1 的值为假(为 0 值)，则求表达式 3 的值，并把表达式 3 的值作为整个表达式的值。

例如：

(1) c=(a>b)?a:b

就是将变量 a,b 的值进行比较大小，取二者中较大的值赋值给变量 c。

(2) 若 int a=3,b=4;c=a>b?a−2:b*b+3;，则 c 的值为 19。

(3) 若 int a=3,b=5,c=2,d=3; k=a>b?a:c>d?c−1:d+3;k 的值为 6。

使用条件表达式时应注意如下问题。

(1) 条件运算符中的“?”和“:”是成对出现的，不能单独使用。

(2) 条件运算符的运算方向是自右向左的(即右结合性)。

例如：“d=a>b?a>c?a:c:b”等价于“d=a>b?(a>c?a:c):b”。

(3) 条件运算符的优先级低于算术运算符和关系运算符，但高于赋值运算符。

【例题 4-1】编写程序，输入一个字符，判断它是否为大写字母。如果是，将它转换成小写字母；如果不是，不转换。然后输出最后得到的字符。(用条件表达式实现)

例题 4-1 用条件表达式实现选择结构.mp4

(1) 程序分析：用条件表达式来处理，当字母是大写时，将字母的 ASCII 值+32 输出，否则不转换。

(2) 程序代码如下：

```
#include <stdio.h>
int main()
 { char ch;
  scanf("%c",&ch);
   ch=(ch>='A'&&ch<='Z')?(ch+32):ch;
   printf("%c\n",ch);
   return 0;
 }
```

当输入大写字母 B 时，输出结果是 b，程序运行结果如图 4-1 所示。

图 4-1　例题 4-1 的运行结果

4.4 if 语句

用 C 语言编程时，有时需要根据表达式的值从两种选项中选择一种。C 语言有两种选择语句：if 语句和 switch 语句。if 语句有 3 种形式，分别是单分支选择 if 语句、双分支选择 if 语句和多分支选择 if 语句。switch 语句用来实现多分支的选择结构。本节先介绍 if 语句的基本形式，然后在此基础上介绍 if 语句的嵌套结构。

4.4.1 if 语句的三种形式

1. 单分支 if 语句

在单分支 if 语句的模板中，其具体形式为：

```
if(表达式)  语句;
```

单分支 if 语句的执行过程：当表达式的值为真时(非 0 的值)，执行其后的语句；否则不执行该语句。其执行过程如图 4-2 所示。

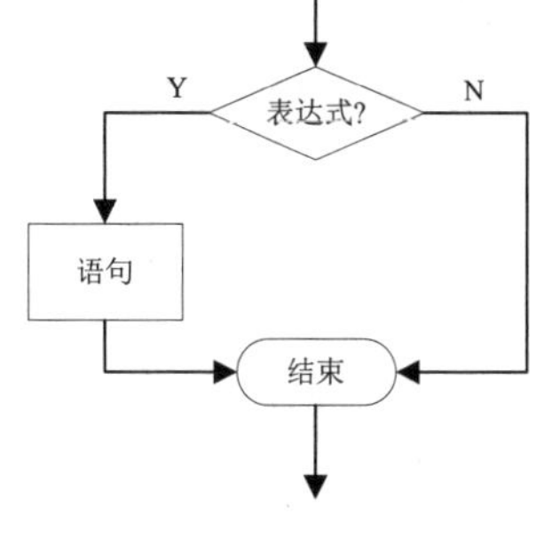

图 4-2 if 语句的执行过程

注意：在单分支 if 语句的模板中，语句是单独一条语句而不是多条语句，如果需要执行多条语句，需使用复合语句。

例如：

```
if(a<b)  {t=a; a=b; b=t;}
```

2. 双分支 if 语句

双分支 if 语句的形式为：

```
if(表达式 1)    语句 1;
else   语句 2;
```

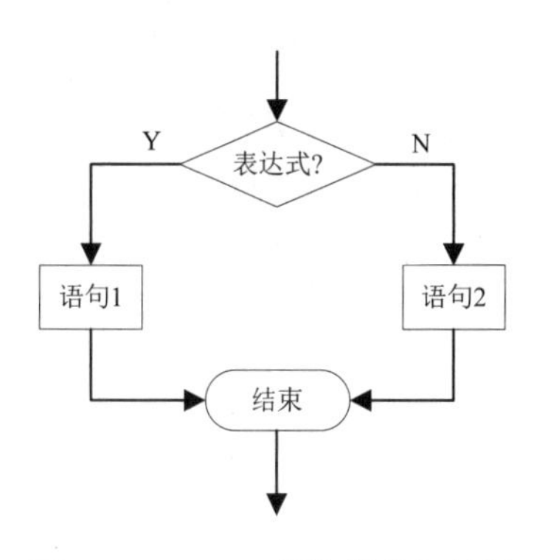

图 4-3 if…else 语句的执行过程

双分支 if 语句的执行过程：当表达式 1 的值为非 0(逻辑真)时，执行语句 1；否则执行语句 2。其执行过程如图 4-3 所示。

【例题 4-2】if…else 语句应用示例。

编写程序：输入两个整数，计算出较大的数并输出。

```
#include <stdio.h>
 int  main()
 { int a,b,max;
   printf("请输入两个整数:\n");
   scanf("%d%d",&a,&b);
   if(a>b)
       max=a;
    else
       max=b;
    printf("输入的数字中最大的数为:max=%d",max);
    return  0;
   }
```

例题 4-2 if…else 语句应用示例.mp4

程序的输出结果如图 4-4 所示。

图 4-4 例题 4-2 的运行结果

程序说明：

从键盘输入两个整数 a,b，若 a>b，将 a 赋值给 max 并输出，如果 a<b，则将 b 赋值给 max 并输出。

3. 多分支 if 语句

多分支 if 语句适用于有 3 个或 3 个以上的分支选择情况，一般形式为：

```
if(表达式 1)    语句 1;
else if(表达式 2)    语句 2;
else if(表达式 3)    语句 3;
……
else if(表达式 n-1)    语句 n-1;
else               语句 n;
```

【融入思政元素】

通过 if 语句的选择功能，切入到生活中，当个人利益与国家利益冲突时，勇于战胜自我，以国家利益为重。

多分支 if 语句的执行过程：当表达式 1 的值为非 0(逻辑真)时，执行语句 1；若表达式 1 的值为 0(逻辑假)，再判断表达式 2 的值是否为非 0(逻辑真)，若表达式 2 的值为真，执行语句 2；若表达式 2 的值为假，再判断表达式 3 是否为真，若表达式 3 的值为真，则执行语句 3，以此类推。若所有表达式的值都为假，则执行语句 n。

多分支 if 语句的执行过程如图 4-5 所示。

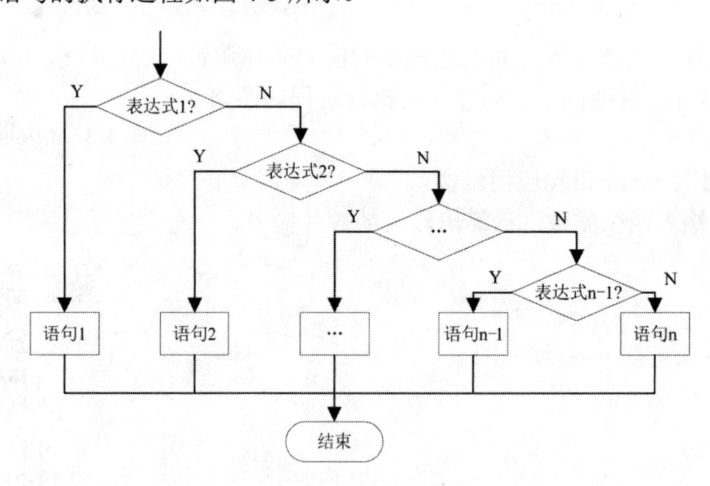

图 4-5　多分支 if 语句的执行过程

在多分支 if 语句中，每次只能满足其中一个表达式条件，执行其后对应的语句；而不能同时满足多个条件，执行其中的多个语句。

例如，客户购买产品量和打折力度的关系可用如下多分支 if 语句表示。

```
if(x<100)  cost=0.9;          //购买量<100，打 9 折
else if(x<300)  cost=0.8;    //100≤购买量<300，打 8 折
else if(x<500)  cost=0.7;    //300≤购买量<500，打 7 折
else if(x<700)  cost=0.6;    //500≤购买量<700，打 6 折
     else      cost=0.5;     //购买量≥700，打 5 折
```

而若改写成下列语句则是错误的：

```
if(x>=700)  cost=0.5;
   else if(x<700)  cost=0.6;
      else if(x<500)  cost=0.7;
         else if(x<300)  cost=0.8;
            else if(x<100)  cost=0.9;
```

思考：请读者自己思考为什么？

【例题 4-3】多分支 if 语句应用示例 1。

编写程序：从键盘输入一个整数，判断该数是正数、负数还是 0。

```
#include  <stdio.h>
int main()
{ int n;
  printf("请输入一个整数: ");
  scanf("%d",&n);
    if(n>0)
       printf("你输入的是一个正数! \n");
    else if(n<0)
       printf("你输入的是一个负数! \n");
    else
       printf("你输入的是 0! \n");
    return 0;
}
```

例题 4-3 多分支 if 语句应用示例.mp4

程序的输出结果如图 4-6 所示。

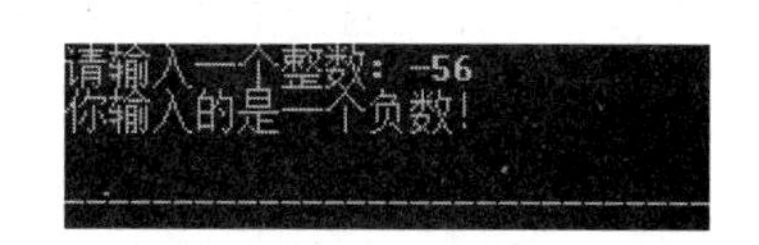

图 4-6　例题 4-3 的运行结果

程序说明：

定义一个整数变量 n，调用格式输入函数 scanf()输入 n 值。对 n 值进行判断，若满足条件 n>0，该数为正数；若满足条件 n<0，该数为负数；否则，该字符为 0。

【例题 4-4】多分支 if 语句应用示例 2。

编写程序：输入一百分制成绩，要求输出成绩对应成绩等级“优”“良”“中”“及格”“不及格”。90 分以上为等级“优”，80～89 分为“良”，70～79 分为“中”，60～69 分为“及格”，60 分以下为“不及格”。

```
#include <stdio.h>
int main()
{ double score;
  printf("please  input score(0-100): ");
  scanf("%lf",&score);
  if(score>=90&&score<=100)    printf("The grade is : 优\n");
  else if(score>=80)   printf("The grade is : 良\n");
  else if(score>=70)   printf("The grade is : 中\n");
  else if(score>=60)   printf("The grade is : 及格\n");
  else                 printf("The grade is : 不及格\n");
  return 0;
 }
```

程序运行结果如图 4-7 所示。

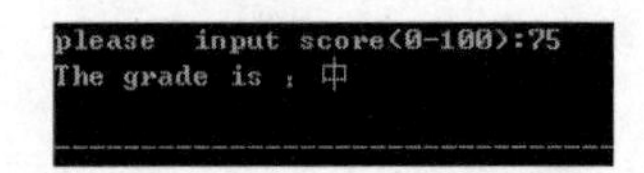

图 4-7　例题 4-4 的运行结果

4.4.2　if 语句的嵌套

在 if 语句中又包含一个或多个 if 语句称为 if 语句的嵌套。其两层嵌套结构一般有如下两种形式。

(1) if(表达式 1)。

```
    if(表达式 1_1)      语句 1;
    else                语句 2;
else
    if(表达式 1_2)      语句 3;
    else                语句 4;
```

(2) if(表达式 1)。

```
    if(表达式 1_1)      语句 1;
else
    if(表达式 1_2)      语句 2;
    else                语句 3;
```

上面的(1)结构中，if 语句中又嵌套了一个 if…else 结构，与第一个 if 匹配的 else 里又嵌套了一个 if…else 结构。缩进后对齐的 if 与 else 是匹配的。

上面的(2)结构中，if 语句中又嵌套了一个 if 语句，与第一个 if 匹配的 else 里又嵌套了一个 if…else 结构。缩进后对齐的 if 与 else 是匹配的。

学习 if 语句的嵌套要注意以下问题。

(1) 在 if 语句的嵌套结构中，应注意 if 与 else 的配对规则，else 总是与它最近的还没有配对的 if 相匹配。如果忽略了 else 与 if 配对，就会发生逻辑上的错误。

为避免产生逻辑错误，使程序结构更清晰，可以加{ }来确定配对关系，例如：

```
if(表达式 1)
    {if (表达式 2) 语句 1; }
 else   语句 2;
```

添加{ }后可以很清楚地表示出 else 与 if 的配对关系。

(2) 在 if 语句的嵌套结构中，if 与 else 匹配后，只能形成嵌套结构，不能形成交叉结构。

假设一个 if 语句的嵌套结构中有两个 if、两个 else，正确的嵌套关系如图 4-8 所示，而非如图 4-9 所示。

图 4-8　正确的 if 语句嵌套结构　　　　图 4-9　错误的 if 语句嵌套结构

例题 4-5 if 嵌套结构示例.mp4

【例题 4-5】if 嵌套结构示例。

有一函数：

$$y=\begin{cases}2x+1 & (x<0)\\ x & (x=0)\\ 3x-1 & (x>0)\end{cases}$$

用 if 的嵌套结构编写程序，输入 x 值，输出对应的 y 值。

用 if 的嵌套结构编程，如下几种程序代码都正确。

(1) 方法一：

```
#include <stdio.h>
int  main()
{ int  x,y;
  printf("please input x: ");
  scanf("%x", &x);
  if(x<0)   y=2*x+1;
 else
     {if(x==0)  y=x;
      else   y=3*x-1;
         }
   printf("x=%d,y=%d\n",x,y);
   return 0;
}
```

方法一在 else 中嵌套了一个 if…else 结构。

(2) 方法二：

```
#include <stdio.h>
int main()
{ int  x,y;
  printf("please input x: ");
  scanf("%x", &x);
     if(x>=0)
   if(x>0)  y=3*x-1;
         else     y=x;
     else  y=2*x+1;
  printf("x=%d,y=%d\n",x,y);
  return 0;
}
```

方法二在 if 中嵌套了一个 if…else 结构。方法二也可以稍做改变，变成方法三。

(3) 方法三：

```
#include <stdio.h>
int  main()
{ int  x,y;
  printf("please input x: ");
  scanf("%x", &x);
          if(x<=0)
          if(x<0)  y=2*x+1;
          else  y=x;
    else  y=3*x-1;
```

```
  printf("x=%d,y=%d\n",x,y);
  return 0;
}
```

上述方法二、方法三的结构实际上是相同的，只是代码稍有不同。上述三种方法的运行结果相同，如图 4-10 所示。

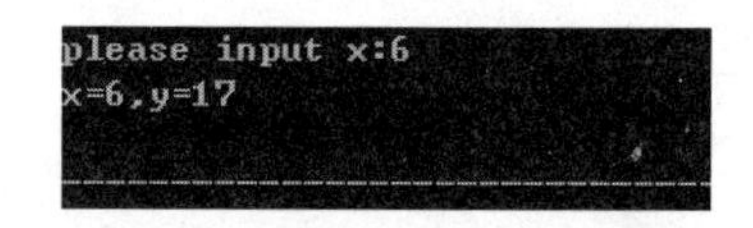

图 4-10　例题 4-5 的运行结果

4.4.3 "else 悬空"问题

当嵌套 if 语句时，千万当心"else 悬空"问题。例如：

```
if(b!=0)
   if(a!=0)
   y=a/b;
else
   printf("Error:b is equal to 0 \n");
```

上面程序中的else语句究竟属于哪一个 if语句呢？缩进格式暗示它属于外层的if语句。实际上依据 C 语言的语法规则，else 语句是属于最内层的 if 语句。上面程序有两种修改方法，一种是将缩进格式调整为 C 语言语法格式，正确的程序如下。

```
if(b!=0)
   if(a!=0)
     y=a/b;
   else
   printf("Error:b is equal to 0 \n");
```

另一种修改方法是通过添加大括号来解决 else 层次不明的问题，修改程序如下：

```
if(b!=0)
 { if(a!=0)
     y=a/b;
   else
      printf("Error:b is equal to 0 \n");
}
```

【融入思政元素】

以软件公司编码规范和软件工程师感言为主题，进行职业规范教育，培养学生养成规范的编码习惯。通过软件行业规划解析，培养学生的软件工匠精神。从"蓝桥杯"软件设计大赛、"中国软件杯"大赛角度入手，培养学生团结协作、合作共赢的意识。

4.5 switch 语句

从前面的介绍知道，多分支选择结构可以用 if 多分支语句或者 if 的嵌套结构来实现，但对于分支较多的选择结构，用 if 多分支语句或者 if 的嵌套结构表达，会使程序层次较深，降低可读性。C 语言还提供了另一种表达多分支选择结构的 switch 语句。switch 语句可以根据 switch 后表达式的多种值，对应 case 表示的多个分支。switch 语句又称为开关语句。

switch 语句的一般形式为：

```
switch(表达式)
{ case 常量1: 语句1; break;
  case 常量2: 语句2; break;
  case 常量3: 语句3; break;
  ……
  case 常量n-1: 语句n-1; break;
  default:     语句n; break;
}
```

switch 语句的执行过程：首先对 switch 后的表达式进行计算，并依次与下面的常量值进行比较，当表达式的值与某个 case 后面的常量值相等时，就执行此 case 后的语句块，当执行到 break 语句时就跳出 switch 语句，转向执行 switch 语句后面的语句。若没有与之相等的 case 表达式，则执行 default 后面的语句，执行完跳出 switch 结构。

switch 语句的执行流程如图 4-11 所示。

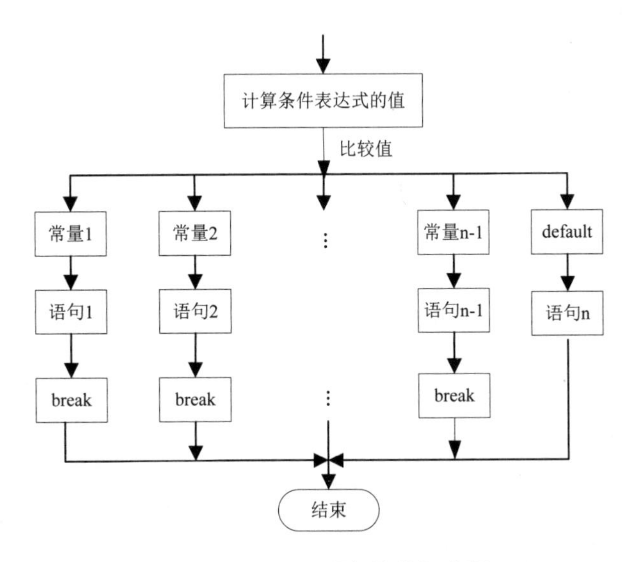

图 4-11 switch 语句的执行流程

【融入思政元素】

切记每个 case 语句一般都有一个 break 语句匹配，否则可能会出现错误。让学生体会生活中“鱼和熊掌不可兼得”的道理。千万不要做违背良心的事情，不要做有悖社会公德的事情。

使用 switch 语句时应注意：

(1) switch 后的表达式必须为整型或字符型，不应为关系表达式或逻辑表达式。

(2) 各 case 常量与 switch 后表达式的数据类型应保持一致。

(3) 在同一个 switch 语句中，不允许 case 常量的值有重复，否则会出现矛盾的结果。

(4) switch 以匹配的 case 常量值作为入口，当执行完一个 case 语句后，如果不想执行后面的 case 语句内容，可以使用 break 语句跳出 switch 结构。若没有与 switch 表达式相匹配的 case 常量，则流程转去执行 default 后的语句。

(5) 可以没有 default 标号，此时若没有与 switch 表达式相匹配的 case 常量，则不执行 switch 结构中的任何语句，流程直接转到 switch 语句的下一个语句执行。

(6) 各个 case 及 default 子句出现的先后次序不影响程序的执行结果。

(7) 多个 case 子句可以共同执行一组语句。例如，一次随堂测验(满分是 10 分)，学生得分情况可用 switch 结构描述：

```
case 10:
case  9:
case  8:
case  7:
case  6: printf("成绩合格!\n");break;
case  5:
case  4:
case  3:
case  2:
case  1:
case  0: printf("成绩不合格!\n"); break;
default: printf("你输入的成绩不在 0-10 之间! \n");
```

【例题 4-6】switch 语句应用示例。

例题 4-6 switch 语句应用示例.mp4

编写程序：输入 2021 年 3 月份的任意一天，显示出正确的星期。

(1) 程序分析：2021 年 3 月共有 31 天，需将每一天计算出对应的星期，然后通过 switch 多分支语句实现正确的显示。

(2) 程序代码如下：

```
#include <stdio.h>
int main()
{ int date;
  printf("\n 请输入 2021 年 3 月的任意一天： ");
  scanf("%d",&date);
  if(date<0||date>31)  printf("你输入的日期超出正常范围! \n");
  else
  switch(date%7)
  {
    case  6: printf("3/%d/2021 is Saturday! \n",date);  break;
    case  5: printf("3/%d/2021 is Friday!   \n",date);  break;
    case  4: printf("3/%d/2021 is Thursday! \n",date);  break;
    case  3: printf("3/%d/2021 is Wednesday!\n",date);  break;
    case  2: printf("3/%d/2021 is Tuesday!  \n",date);  break;
    case  1: printf("3/%d/2021 is Monday!   \n",date);  break;
    default: printf("3/%d/2021 is Sunday!   \n",date);
   }
  return 0;
}
```

程序的运行结果如图 4-12 所示。

```
请输入2021年3月的任意一天： 11
3/11/2021 is Thursday!
```

图 4-12 例题 4-6 的运行结果

程序说明：

switch 后的表达式 date%7 的含义是 date 除以 7 求余数，目的是将日期转换成 0～6 的一个整数，以显示正确的星期。

4.6 选择结构程序示例

程序的顺序、选择、循环三种基本结构也叫程序的控制结构，控制着程序语句的执行顺序。选择结构是最基本的控制结构。C 语言有 if 语句和 switch 语句两种选择语句。if 语句包括单分支选择 if 语句、双分支选择 if 语句和多分支选择 if 语句。switch 语句用来实现多分支的选择结构。

【例题 4-7】 从键盘输入一个整数，判断其能否既被 3 整除又被 7 整除，若能，输出“yes!”，否则输出“no!”。

(1) 算法分析。

方法一：从键盘输入一个整数，若该数被 3 整除的余数为 0，且被 7 整除的余数为 0，则输出“yes!”，否则输出“no!”。

方法二：从键盘输入一个整数，若该数能被 21 整除，余数为 0，则输出“yes!”，否则输出“no!”。

(2) 程序分析。

第 1 步：定义变量 x，从键盘赋值。

第 2 步：判断是否能被 3 和 7 整除，使用 if(x%3==0&&x%7==0)或 if(x%21==0)。

第 3 步：打印输出判断结果。

(3) 编写程序。

方法一：

```
#include  <stdio.h>
int main()
{ int x;
  printf("\n 请输入一个整数: \n");
  scanf("%d",&x);          //输入变量 x 的值
  if(x%3==0&&x%7==0)       //判断是否能被 3 整除又能被 7 整除
    printf(" yes!\n");     //打印判断结果
  else
    printf(" no!\n");      //打印判断结果
  return 0;
 }
```

程序运行结果如图 4-13 所示。

图 4-13　例题 4-7 的运行结果

方法二：

```
#include <stdio.h>
int main()
{ int x;
  printf("\n请输入一个整数: \n");
  scanf("%d",&x);          //输入变量x的值
  if(x%21==0)              //判断是否能被21整除
    printf(" yes!\n");   //打印判断结果
  else
    printf(" no!\n");    //打印判断结果
  return 0;
}
```

程序运行结果如图 4-14 所示。

图 4-14　例题 4-7 的运行结果

【例题 4-8】编写一个程序实现这样的功能：商店卖光盘，每片定价为 4.5 元。按购买数量可给予如下的优惠：购买满 100 片，优惠 5%；购买满 200 片，优惠 7%；购买满 300 片，优惠 10%：购买满 400 片，优惠 15%；购买 500 片以上，优惠 20%。根据不同的购买量，打印应付货款。

(1) 算法分析：商店卖光盘，根据不同的购买量，给予不同的优惠，适合用多分支结构来实现。

(2) 程序分析：定义变量购买量 n、优惠折扣 price 和总的货款量 amount，通过 if 多分支结构选择相应的优惠折扣赋值给 price，最后根据“应付货款量=购买量×优惠后价格”公式计算总的价钱。

(3) 编写程序：

```
#include <stdio.h>
int main()
{ int n;
  float price,amount;
  printf("\n输入购买光盘的数量: \n");
  scanf("%d",&n);
  if(n<0)   printf("您的输入有误，请输入正整数或0! \n");
  else
   {if(n>=0&&n<100) price=0;
```

```
    else if(n>=100&&n<200) price=0.05;
    else if(n>=200&&n<300) price=0.07;
    else if(n>=300&&n<400) price=0.10;
    else if(n>=400&&n<500) price=0.15;
    else price=0.20;
  }
  amount=4.5*n*(1-price);
  printf("应付货款=%f\n",amount);
  return 0;
}
```

程序运行结果如图 4-15 所示。

图 4-15 例题 4-8 的运行结果

【例题 4-9】从键盘输入一个不多于 4 位的正整数，求出它是几位数，并分别按正序和反序打印出每位数字。

(1) 算法分析：从键盘输入一个 0～9999 的正整数，然后判断该数的范围。若该数在 1000～9999，则是 4 位数；若该数在 100～999，则是 3 位数；若该数在 10～99，则是 2 位数；若该数在 0～9，则是 1 位数；最后，分别求出正序和反序的每位数字并输出。

(2) 程序分析：定义一个长整型变量 num，从键盘赋值。定义四个整数变量 indiv, ten,hundred,thousand，用来存放各位上的数字，使用 if 多分支语句判断该数是几位数字，并将结果赋给 place 变量。调用 switch(place)结构，分别按正序和反序打印输出相应数字。

(3) 编写程序：

```
#include <stdio.h>
int main()
{ long int num;
  int indiv,ten,hundred,thousand,place;
  printf("\n 请输入一个 0-9999 之间的正整数：\n");
  scanf("%d",&num);
  if(num>999)   place=4;
  else if (num>99) place=3;
  else if (num>9)  place=2;
  else  place=1;
  printf("输入的正整数是%d 位数\n",place);
  thousand=num/1000;
  hundred=num/100%10;
  ten=num/10%10;
  indiv=num%10;
  switch(place)
   { case 4:
     printf("正序输出四位数分别为：%d，%d，%d,%d",thousand,hundred,ten,indiv);
     printf("\n 反序输出各位数字为：");
     printf("%d，%d，%d,%d\n",indiv,ten,hundred,thousand);
```

```
    break;
   case 3:
    printf("正序输出三位数分别为：%d，%d,%d",hundred,ten,indiv);
    printf("\n 反序输出各位数字为：");
    printf("%d，%d，%d\n",indiv,ten,hundred);
    break;
  case 2:
   printf("正序输出两位数分别为：%d，%d",ten,indiv);
   printf("\n 反序输出各位数字为：");
   printf("%d，%d\n",indiv,ten);
   break;
  case 1:
   printf("正序输出一位数为：%d",indiv);
   printf("\n 反序输出各位数字为：");
   printf("%d\n",indiv);
   break;
 }
 return  0;
}
```

程序运行结果如图 4-16 所示。

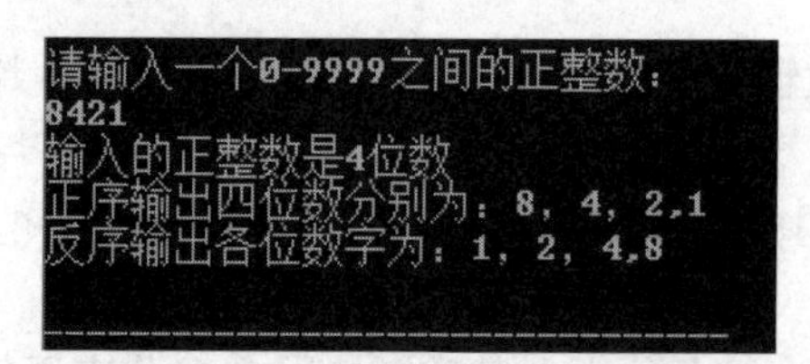

图 4-16　例题 4-9 的运行结果

【例题 4-10】编写一个程序，输入年份和月份，判断该年是否为闰年，并根据给出的月份判断是什么季节和该月有多少天。闰年的条件是年份能被 4 整除，但不能被 100 整除，或能被 400 整除。

(1) 算法分析：根据闰年的定义求解，如果是闰年，2 月份为 29 天；否则为 28 天，其他月份相同。规定 3—5 月为春季，6—8 月为夏季，9—11 月为秋季，1、2 和 12 月为冬季。

(2) 程序分析： 定义变量 y(年份)、m(月份)、leap(闰年标志)、season(季节)、days(天数)。先通过单分支 if 语句判断 y 是否为闰年，再通过多分支 if 语句判断 m 是什么季节，并通过 switch(season)选择相应季节输出；最后通过 switch(m)结构判断 m 月份的天数，并输出。

(3) 编写程序：

```
#include <stdio.h>
int main()
{ int y,m,leap,season,days;
  printf("\n 年份，月份：\n");
  scanf("%d,%d",&y,&m);
  if((y%4==0&&y%100!=0)||(y%400==0))   leap=1;
  else leap=0;
  if(m>=3&&m<=5) season=1;
  else if(m>=6&&m<=8) season=2;
  else if(m>=9&&m<=11) season=3;
```

```
 else  season=4;
 switch(m)
  {case 1:
   case 3:
   case 5:
   case 7:
   case 8:
   case 10:
   case 12:days=31;break;
   case 4:
   case 6:
   case 9:
   case 11:days=30;break;
   case 2:
    if (leap==1) days=29;
    else days=28;
 }
  printf("%d年%s闰年\n",y,(leap==1?"是":"不是"));
   printf("该季度是: ");
  switch(season)
  {case 1:printf("春季\n");break;
   case 2:printf("夏季\n");break;
   case 3:printf("秋季\n");break;
   case 4:printf("冬季\n");break;
  }
  printf("当月天数: %d\n",days);
 return  0;
}
```

程序运行结果如图 4-17 所示。

图 4-17　例题 4-10 的运行结果

本章小结

选择结构是结构化程序设计的基本结构之一，用于根据不同的条件选择不同的操作。

在表示选择结构的条件时，经常需要用到关系运算符和逻辑运算符。关系运算符表示两个操作数的大小关系，其运算结果为 1(当关系成立时)或 0(当关系不成立时)；逻辑运算符有逻辑与(&&)、逻辑或(||)和逻辑非(!)，逻辑运算的结果为 1(逻辑真)或 0(逻辑假)。在 C 语言中，逻辑真用 1 表示，逻辑假用 0 表示。但判断一个数的真假时，不管该数的数据类型是哪种，非 0 的数即为真，0 为假。

C 语言提供了两种不同的语句来实现选择结构：if 语句和 switch 语句。

if 语句有三种形式：单分支 if 语句、双分支 if 语句和多分支 if 语句。可以根据不同的需要选择不同的 if 语句。if 语句可以嵌套，在嵌套的 if 语句中，else 子句总是与前面最近的还没有 else 匹配的 if 配对，且只能形成嵌套结构，不能形成交叉结构。

switch 语句用于实现多分支结构，其表达式可以是整型、字符型或枚举类型。该语句中 break 语句的作用是跳出 switch 语句。

在实际应用中要正确选择 if 语句和 switch 语句，用 switch 语句实现的编程一定可以用 if 语句来实现，而用 if 语句实现的编程不一定能用 switch 语句实现。

通过本章的学习，要求读者能够熟练地运用 if 语句和 switch 语句进行编程。

习题 4

一、选择题

1. 设 int x=1, y=1;，表达式(!x||y--)的值是(　　)。

A. 0　　B. 1　　C. 2　　D. -1

2. 能正确表示逻辑关系"a≥10 或 a≤0"的 C 语言表达式是(　　)。

A. a>=10 or a<=0　　B. a>=0|a<=10　　C. a>=10 && a<=0　　D. a>=10 || a<=0

3. 设 a、b、c、d、m、n 均为 int 型变量，且 a=5、b=6、c=7、d=8、m=2、n=2，则逻辑表达式 (m=a>b)&&(n=c>d)运算后，n 的值为(　　)。

A. 0　　B. 1　　C. 2　　D. 3

4. 设有定义：int a=2,b=3,c=4;，则以下选项中值为 0 的表达式是(　　)。

A. (!a==1)&&(!b==0)　　B. (a<b)&& !c||1

C. a && b　　D. a||(b+b)&&(c-a)

5. 有如下程序段：

```
int a=14,b=15,x;  char c='A';  x=(a&&b)&&(c<'B');
```

执行该程序段后，x 的值为(　　)。

A. true　　B. false　　C. 0　　D. 1

6. 设 x、y、t 均为 int 型变量，则执行语句 x=y=3;t=++x||++y;后，y 的值为(　　)。

A. 不定值　　B. 4　　C. 3　　D. 1

7. 以下程序的输出结果是(　　)。

```
int main()
{ int a=4,b=5,c=0,d;
d=!a&&!b||!c;
printf("%d\n",d);
return  0;}
```

A. 1　　B. 0　　C. 非 0 的数　　D. -1

8. 假定 w、x、y、z、m 均为 int 型变量，有如下程序段：

```
w=1; x=2; y=3; z=4;
m=(w<x)?w:x;
m=(m<y)?m:y;
```

```
m=(m<z)?m:z;
```

则该程序运行后，m 的值是(　　)。

A. 4　　B. 3　　C. 2　　D. 1

9. 以下程序的输出结果是(　　)。

```
int main()
{ int a=5,b=4,c=6,d;
printf("%d\n",d=a>b?(a>c?a:c):b);
return  0; }
```

A. 5　　B. 4　　C. 6　　D. 不确定

10. 下列条件语句中输出结果与其他语句不同的是(　　)。

A. if(a)printf("%d\n",x); else printf("%d\n",y);

B. if(a==0)printf("%d\n",y); else printf("%d\n",x);

C. if(a!=0)printf("%d\n",x); else printf("%d\n",y);

D. if(a==0)printf("%d\n",x); else printf("%d\n",y);

11. 有如下程序:

```
int main()
{ float  x=2.0,y;
if(x<0.0)  y=0.0;
else if(x<10.0)  y=1.0/x;
else  y=1.0;
printf("%f\n",y);
return  0;}
```

该程序的输出结果是(　　)。

A. 0.000000　　B. 0.250000　　C. 0.500000　　D. 1.000000

12. 阅读以下程序:

```
int main()
{ int x;
scanf("%d",&x);
if(x--<5)  printf("%d",x);
else  printf("%d",x++);
return  0;}
```

程序运行后，如果从键盘输入 5，则输出结果是(　　)。

A. 3　　B. 4　　C. 5　　D. 6

13. 执行下列程序段后，x 的值是(　　)。

```
int a=8, b=7, c=6,x=1;
if(a>6)if(b>7)if(c>8) x=2; else x=3;
```

A. 0　　B. 1　　C. 2　　D. 3

14. 有以下程序:

```
int  main()
{ int a=1,b=2,m=0,n=0,k;
  k=(n=b>a)||(m=a);
```

```
 printf("%d,%d\n",k,m);
 return  0;
}
```

程序运行后的输出结果是(　　)。

A. 0,0　　B. 0,1　　C. 1,0　　D. 1,1

15. 有以下程序:

```
int main()
{int a=15,b=21,m=0;
 switch(a%3)
 { case 0:m++;break;
   case 1:m++;
   switch(b%2)
 { default:m++;
 case 0:m++;break;  }
 }
 printf("%d\n",m);
 return  0;
}
```

程序运行后的输出结果是(　　)。

A. 1　　B. 2　　C. 3　　D. 4

二、程序阅读题

1. 以下程序运行后的输出结果是(　　)。

```
nt main()
{ int p=30;
 printf("%d\n",(p/3>0 ? p/10 : p%3));
 return 0;
}
```

2. 以下程序运行后的输出结果是(　　)。

```
int main()
{ int x=10,y=20,t=0;
  if(x==y)t=x;x=y;y=t;
  printf("%d,%d\n",x,y);
  return 0;
}
```

3. 以下程序运行后的输出结果是(　　)。

```
int main()
{ int a=1,b=3,c=5;
 if (c=a+b) printf("yes\n");
 else printf("no\n");
 return 0;
}
```

4. 若从键盘输入 50，则以下程序的输出结果是(　　)。

```
int main()
{ int a;
scanf("%d",&a);
if(a>40) printf("%d",a);
if(a>30) printf("%d",a);
if(a>20) printf("%d",a);
return 0;}
```

5. 以下程序运行后的输出结果是(　　)。

```
int main()
{ int a=3,b=4,c=5,t=99;
  if(b<a&&a<c) t=a; a=c; c=t;
  if(a<c&&b<c) t=b; b=a; a=t;
  printf("%d%d%d\n",a,b,c);
  return  0;
}
```

6. 以下程序运行后的输出结果是(　　)。

```
int main()
{ int x=1,y=0,a=0,b=0;
  switch(x)
  { case 1:
    switch(y)
  { case 0:a++;break;
    case 1:b++;break;}
    case 2:a++;b++;break;
  }
  printf("%d%d\n",a,b);
  return  0;
}
```

三、编程题

1. 编写一个程序实现这样的功能：商店卖软盘，每片定价为 3.5 元。按购买的数量可给予如下的优惠：购买满 100 片，优惠 5%；购买满 200 片，优惠 6%；购买满 300 片，优惠 8%；购买满 400 片，优惠 10%；购买 500 片以上，优惠 15%。根据不同的购买量，打印应付货款。(可以用多分支 if 语句或 switch 语句实现)

2. 在某商场购物时，当顾客消费到一定的费用时，便可以打折。

假设消费量 s 与打折的关系如下：

s≥100 元时，打 95 折；

s≥300 元时，打 90 折；

s≥500 元时，打 80 折；

s≥1000 元时，打 75 折；

s≥3000 元时，打 70 折。

编写一个程序，输入顾客的消费额，计算实际应支付的费用。

3. 给出一个不多于5位的正整数，要求：

(1) 求出它是几位数；

(2) 分别输出每一位数字；

(3) 按逆序输出各位数字，例如原数为543，应输出345。

4. 编程实现：用户输入月份，将输出对应的英文翻译。例如输入“1”，输出“January”。

5. 输入一百分制成绩，要求输出对应成绩等级“A”“B”“C”“D”“E”。90分以上为等级“A”，80～89分为“B”，70～79分为“C”，60～69分为“D”，60分以下为“E”。(用switch语句实现)

第 5 章 循环结构程序设计

循环结构是结构化程序设计的基本结构之一，它与顺序结构、选择结构共同作为各种复杂程序的基本构造单元。C 语言提供了 3 种循环语句：while 语句、do…while 语句和 for 语句，本章将分别进行介绍。除此之外，还将介绍 3 种循环语句组合构成的嵌套结构，以及 break 语句和 continue 语句在循环结构中的应用。通过循环结构程序设计的学习，增进学生对算法的了解，提升学生的抽象思维能力和逻辑推理能力，并形成良好的用计算机思维解决数学问题的学习情感及积极的学习态度。

本章教学内容：

◎ while 语句
◎ do…while 语句
◎ for 语句
◎ break 语句和 continue 语句
◎ 循环嵌套结构
◎ 循环结构程序设计示例

本章教学目标：

◎ 初步熟悉用循环语句解决问题的思路
◎ 掌握 while、do…while、for 语句的特点和使用方法
◎ 能够使用 while、do…while、for 语句实现循环程序设计的方法
◎ 掌握 break 语句和 continue 语句的用法
◎ 掌握循环嵌套的程序设计方法
◎ 熟悉一些常见问题的算法及其 C 语言实现

5.1 为什么需要循环结构

为什么需要循环结构呢？在不少实际问题中有许多具有规律性的重复操作，因此在程序中就需要重复执行某些语句。

例如：

要向计算机输入全班 100 个学生的成绩；　(重复 100 次相同的输入操作)
分别统计全班 100 个学生的平均成绩；　(重复 100 次相同的计算操作)
检查 100 个学生的成绩是否及格；　(重复 100 次相同的判别操作)
求 100 个整数之和；　(重复 100 次相同的加法操作)
打印 100 个整数。　(重复 100 次打印操作)

要处理以上问题，最原始的方法是分别编写若干相同或相似的语句或程序段进行处理。这个问题可以通过循环结构实现。循环结构是在一定条件下反复执行某段程序的流程结构，被反复执行的程序称为循环体。循环语句由循环体及循环的终止条件两部分组成，一组被重复执行的语句称为循环体，能否继续重复，由循环的终止条件决定。

【思考问题】编写程序，实现在屏幕上按行打印 1～10。

(1) 采用顺序结构要写 10 行代码才能实现，其代码如图 5-1 所示。

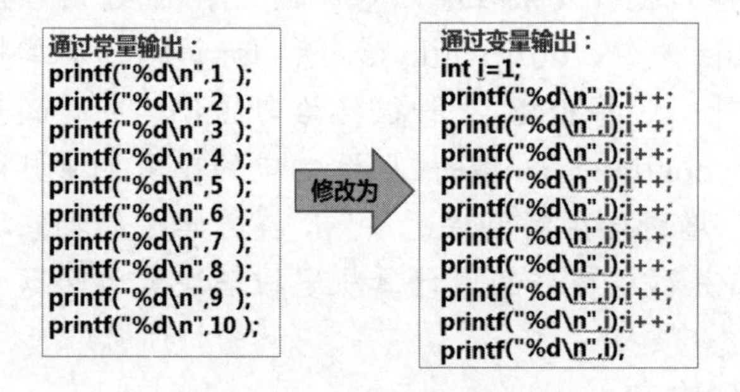

图 5-1　采用顺序结构实现

(2) 根据该问题，进一步优化解决方案，能否将重复的语句合并，减少语句量？

可以，发现有两条语句 printf("%d\n",i); i++; 需要重复 9 次，是要重复执行的一段程序，即循环体。从 int i=1; 开始，循环体重复执行，直到循环的终止条件 i=10 为止。故采用循环结构代码就简单多了，其代码如图 5-2 所示。

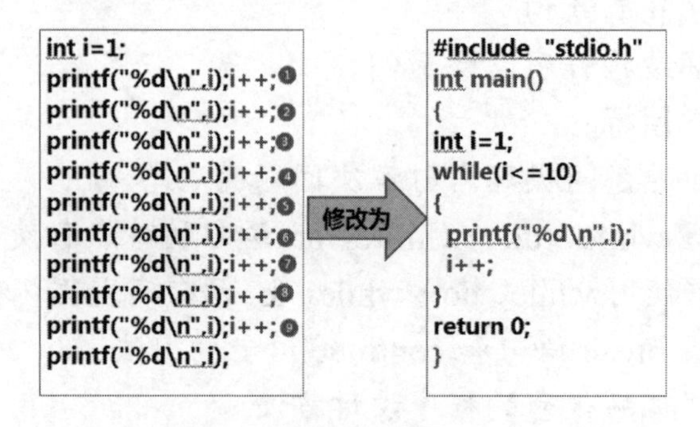

图 5-2　采用循环结构实现

大多数的生活应用程序都会包含循环结构，循环结构可以实现重复性、规律性的操作，是程序设计中非常重要的结构，它与顺序结构、选择结构共同作为复杂程序的基本构造单元。

循环结构的特点是，在给定条件成立时，反复执行某段程序，直到条件不成立为止。给定的条件称为循环条件，反复执行的程序段称为循环体。

要构成一个有效的循环，应当指定3个条件：

(1) 需要重复执行的操作，即循环内执行语句，这称为循环体。

(2) 循环开始的条件。

(3) 循环结束的条件，即在什么情况下停止重复的操作。如果没有循环结束的条件，将是无限循环，死循环，甚至造成死机。

在C语言中，有三种类型的循环语句：for语句、while语句和do…While语句。这3种语句将在后面进一步学习。

【融入思政元素】

通过循环语句的学习，增进学生对算法的了解，提升学生抽象思维能力和逻辑推理能力，并形成良好的数学学习情感及积极的学习态度。

5.2 while语句

5.2.1 while语句的形式

while语句用来实现“当型”循环结构，就是当某个条件满足时，进行循环直到这个条件不满足为止。while循环结构的形式如下：

```
while (表达式)
     {
循环体
     }
```

功能：当表达式的值为非0时，执行while语句中的循环体。

说明：

(1) 表达式：判断循环是否执行，可以是任何类型，一般是关系或逻辑表达式。

(2) 循环体：是重复执行的程序段，可以是单条语句或复合语句，若是复合语句，需用一对花括号({ })括起来。

(3) while语句最简单的情况为循环体只有一个语句。例如：while(x>0) s+=x。

(4) 当循环体由多条语句组成时，必须用左、右花括号括起来，使其形成复合语句。

例如：while(x>0) { s+=x; x−−;}。

5.2.2 while语句的执行过程

while语句的执行过程如图5-3所示，首先计算表达式的值，判断其值如果为真(非0)，就执行循环体中的语句，如此重复，直到表达式的值为假(0)，结束循环，执行while语句后面的语句。

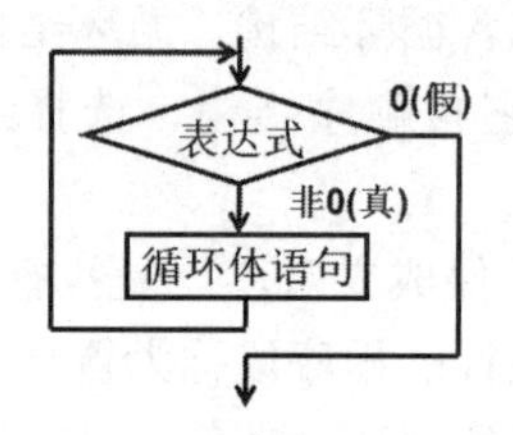

图 5-3　while 循环流程

使用 while 语句时，需注意如下两个问题。

(1) while 语句的特点是先判断表达式的值，然后根据表达式的值决定是否执行循环体中的语句，因此，如果表达式的值一开始就为“假”，则循环体将一次也不执行。

(2) 为了使循环最终能够结束，而不至于使循环体语句无穷执行，即产生“死循环”，每执行一次循环体，条件表达式的值都应该有所变化，这既可以在表达式本身中实现，也可以在循环体中实现。在循环结构中应有使循环趋向于结束的语句，即设置修改条件的语句，如后面的例题 5-1 中的 i=i+1;语句，如果无此语句，则 i 的值一直不变，循环永不结束，这就称为“死循环”。

5.2.3　while 语句的应用

while 语句的应用.mp4

【例题 5-1】利用 while 语句，编写程序，实现求 1+2+3+…+100 的值。

(1) 程序分析：根据 while 循环结构，先画出流程图，如图 5-4 所示。

(2) 程序如下：

```
#include <stdio.h>
int  main()
{   int i=1, sum=0; /*i 的初值为 1, sum 的初值为 0*/
    while(i<=100) /*当 i 小于或等于 100 时执行循环体*/
    {    sum=sum+i;  /*在循环体中累加一次 i 到 sum*/
         i=i+1;       /*在循环体中 i 自加 1*/
    }
    printf("sum=%d\n",sum);
    return 0;
}
```

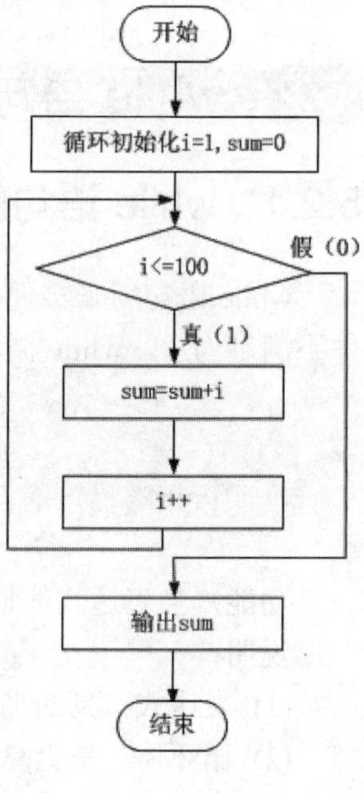

开始
循环初始化i=1, sum=0
i<=100
假（0）
真（1）
sum=sum+i
i++
输出sum
结束

图 5-4　用 while 循环实现累加

程序运行结果如图 5-5 所示。

图 5-5　例题 5-1 的运行结果

程序说明：

(1) 这是累加问题，需要先后将 100 个数相加，要重复 100 次加法运算，可用循环实现。循环开始的条件：　int　i=1, sum=0;

循环体：sum=sum+i;　i=i+1;

循环结束的条件：i>100;

(2) i 的变化为 1,2,…,99,100，观察发现后一个数是前一个数加 1 所得，加完上一个数 i 后，使旧 i 值加 1 可得到下一个新 i 值，即 i=1 通过 i=i+1 累加，直到 i=100。通过 i=i+1;语句推动循环向前进，使 i=1 累加至 i=101，当 while(i<=100) 条件为假时，退出循环结构。

思考：

(1) 如果在第一次进入循环时，while 后面圆括号内表达式的值为 0，循环一次也不执行。在本程序中，如果 i 的初值大于 100 将使表达式 i<=100 的值为 0，即为假，则循环体不执行。

(2) 在循环体中一定要有使循环趋向结束的操作，以上循环体内的语句 i=i+1 使 i 不断增加 1，当 i>100 时循环结束。如果没有这一语句，则 i 的值始终不变，循环将无限进行。

(3) 在循环体中，语句的先后位置必须符合逻辑，否则将会影响运算结果。例如，若将上例中的 while 循环体改写成：

```
while(i<=100)          /*当 i 小于或等于 100 时执行循环体*/
{   i=i+1;             /*在循环体中 i 自加 1*/
    sum=sum+i;         /*在循环体中累加一次 i 到 sum*/
}
```

发现运行的过程中，少加了第一项的值 1，而多加了最后一项的值 101，即求得 2+3+…+ 100+101 的值。程序运行结果如图 5-6 所示。

```
sum=5150
```

图 5-6　例题 5-1 修改后的运行结果

【例题 5-2】 利用 while 语句编写程序，实现计算 2～10 中的偶数的平方和。

```
#include <stdio.h>
int  main()
{  int  i=2, sum=0;   /*i 的初值为 2, sum 的初值为 0*/
   while(i<=10)       /*当 i 小于或等于 10 时执行循环体*/
 {  sum=sum+i*i;      /*在循环体中累加 i*i 一次到 sum*/
    i=i+2;            /*在循环体中 i 自加 2*/
 }
   printf("sum=%d\n",sum);
   return 0;
}
```

程序运行结果如图 5-7 所示。

```
sum=220
```

图 5-7　例题 5-2 的运行结果

程序说明：

(1) 类似的程序例题中，循环结构中有几个可以改动的地方，改动第 1 处为 i=2;，决定着循环的开始条件；改动第 2 处为 while(i<=10);，决定着循环的结束条件；改动第 3 处为 sum=sum+i*i;，决定着循环体中累加的值；改动第 4 处为 i=i+2;，决定着循环体中累加值的步长间隔。

(2) 例题 5-2 相对于例题 5-1，第 1 处改动了循环的开始条件，即将 i=1; 变为 i=2;，从 2 开始计算；第 2 处改动了循环的结束条件，将 while(i<=100);变为 while(i<=10);，计算到 10；第 3 处改动了循环体中累加的值，将 sum=sum+i;变为 sum=sum+i*i;，累加 i 的平方；第 4 处改动了循环体中累加值的步长间隔，将 i=i+1; 变为 i=i+2;，累加 2～10 中的偶数的平方和。

思考：

对比例题 5-1 求 1+2+3+…+100，思考以下程序需要改动哪几处。

(1) 求 1+3+5+…+97+99，即计算 1～100 内的奇数和。

(2) 求 0+2+4+…+98+100，即计算 1～100 内的偶数和。

(3) 求 5+10+15+…+95+100，即计算 1～100 内能被 5 整除的整数和。

(4) 求 1!+2!+3!+…+9!+10!，即计算 1～10 的阶乘的和。

【例题 5-3】 利用 while 语句，实现计算 1+1/2+1/4+…+1/50 的值，并显示出来。

```
#include <stdio.h>
int main()
{   float sum=1;
    int  i=2;
    while (i<=50)              /*当 i 小于或等于 50 时执行循环体*/
    {  sum +=1/(float) i;      /*在循环体中累加 1/(float) i 一次，i 增加 2*/
       i+=2;                   /*在循环体中 i 增加 2*/
     }
   printf("sum=%f\n",sum);
   return 0;
}
```

程序运行结果如图 5-8 所示。

图 5-8　例题 5-3 的运行结果

程序说明：

(1) 1+1/2+1/4+…+1/50，除了第一项是 1 外，其他每项的分子都为 1，每项的分母是偶数，要求有这样规律的数前 25 项累加之和。

(2) 例题 5-3 相对于例题 5-1，第 1 处改动了循环的开始条件，即由 i=1; 变为 i=2;，从 2 开始计算；第 2 处改动了循环的结束条件，即由 while(i<=100) ; 变为 while(i<=50) ;，计算到 50；第 3 处改动了循环体中累加的值，即由 sum=sum+i; 变为 sum +=1/(float) i;，累加 1/(float) i；第 4 处改动了循环体中累加值的步长间隔，即由 i=i+1; 变为 i=i+2;，累加 2～50 中偶数 i 的 1/(float) i 之和；第 5 处改动了累加器的初始值，即由 sum=0; 变为 sum=1;，从 1 开始累加。

(3) 在此程序中，在循环体中进行累加计算时，必须对变量 i 进行强制类型转换，即利用(float)i 使其变为浮点型中间变量后再参加运算，否则，由于 i 中存放的是大于 1 的整型量，所以，1/i 将遵循第 2 章 2.4.1 节自动转换原则，即如果字符型(char)数据与整型(short 或 int)数据进行运算，是将字符的 ASCII 代码与整型数据进行运算，结果是 int 型，其结果总是为 0。

【例题 5-4】利用 while 语句编写程序，实现输出无限循环打印语句。

```
#include <stdio.h>
int main()
{  int i=1;
   while(i)
  { printf("love!  "); }
  return 0;
}
```

例题 5-4 实现输出无限循环打印语句.mp4

程序运行结果如图 5-9 所示。

```
 love!  love!  love!  love!  love!  love!
ve!  love!  love!  love!  love!  love!  lov
  love!  love!  love!  love!  love!  love!
```

图 5-9　例题 5-4 的运行结果

程序说明：

(1) 循环有两种极端情况，循环体中的语句一次也不执行和无限执行。

(2) 因为 int i=1; while(i) { printf("love! ");}，while 后圆括号内表达式的值为 1，即恒真，循环体中的语句一直执行，将无限执行下去，则程序打印 printf("love!　"); 不会停止。

(3) 如果改为 int　i=0;，则在第一次进入循环时，while 后圆括号内表达式的值为 0，即恒假，循环体中的语句一次也不执行，即程序不打印。

思考：

正常情况下“while(条件)语句块;”是对的，若粗心多加了“;”，即“while(条件);语句块;”，如本例将 while(i) {printf("love! "); } 修改成 while(i) ; {printf("love! "); }后，语句 while(条件) ;还起循环作用吗？语句{printf("love!　");还重复执行吗？

【融入思政元素】

通过分析“while(条件);语句块;”和“while(条件)语句块;”两者的区别，提醒学生注意两个程序段虽仅仅相差一个小小的“;”，但两者的差别却十万八千里，从而树立学生踏实、遵循标准和规范、严谨细致的工作作风。

通过前面的学习，我们知道 while 语句的特点是先判断表达式，后执行循环体(当型)。当 while(表达式)中表达式的值为假(0)时，循环体一次也不执行；当 while(表达式)中表达式的值为恒真时，即 while(1)时，循环将无限运行下去；循环体可为任意类型语句，多于一条语句需加{……}；在条件表达式不成立(为 0)，循环体内遇 break、return、goto 等情况时，退出 while 循环。

5.3 do…while 语句

5.3.1 do…while 语句的形式

do…while 语句用来实现“直到型”循环，就是进行循环直到某个条件不满足为止。do…while 循环结构的形式如下：

```
do
{    循环体    } while(表达式);
```

功能：执行 while 语句中的循环体，直到表达式的值为 0 时停止。

说明：

(1) do 是 C 语言的关键字，必须与 while 联合使用。

(2) do…while 循环由 do 开始，用 while 结束。必须注意的是，while(表达式)后面的“;”不可丢，它表示 do…while 语句的结束。

(3) while 后面一对圆括号中的表达式，可以是 C 语言中任意合法的表达式。由它控制循环是否执行。

(4) 按语法，在 do 和 while 之间的循环体只能是一条可执行语句。若循环体内需要多个语句，应该用大括号括起来，组成复合语句。

5.3.2 do…while 语句的执行过程

do…while 语句的执行过程如图 5-10 所示，先执行循环体，再判断表达式的值，若为真，继续进行下次循环，直到表达式为假循环才停止，循环体中的语句至少执行 1 次。

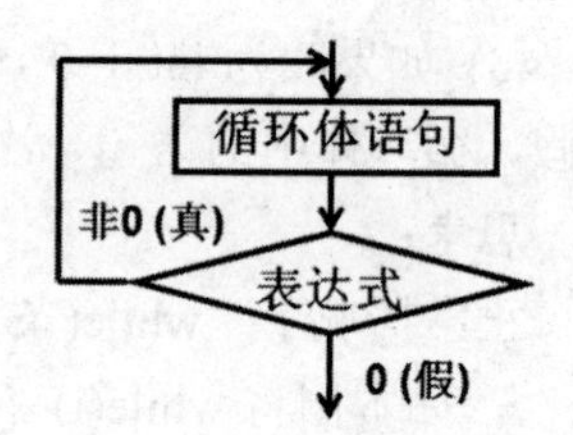

图 5-10　do…while 循环流程

do…while 语句的执行过程分以下 3 步。

步骤 1：执行 do 后面循环体中的语句。

步骤 2：计算 while 后面一对圆括号中表达式的值。当值为非零时，转去执行步骤 1；当值为零时，执行步骤 3。

步骤 3：退出 do…while 循环。

使用 do…while 语句应注意如下两个问题。

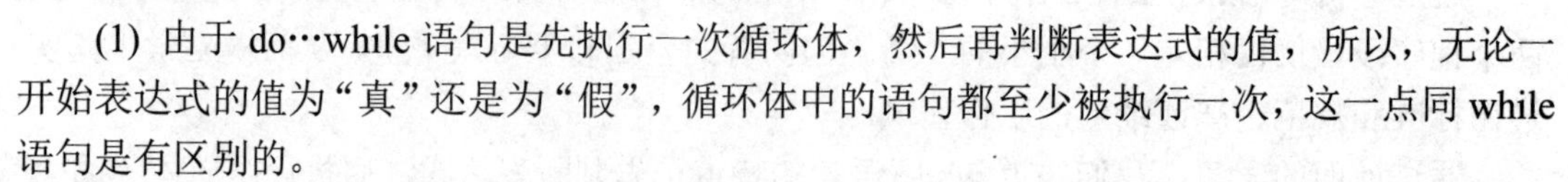

(1) 由于 do…while 语句是先执行一次循环体，然后再判断表达式的值，所以，无论一开始表达式的值为“真”还是为“假”，循环体中的语句都至少被执行一次，这一点同 while 语句是有区别的。

(2) 如果 do…while 语句的循环体部分由多个语句组成，则必须用左、右花括号括起来，使其形成复合语句。

5.3.3 while 和 do…while 循环的比较

提出问题：while 和 do…while 语句有哪些区别？

(1) 语法上的区别：while 语句中的表达式后面没有分号，而 do…while 语句中的表达式后面有分号。

(2) 执行过程上的区别：while 语句是先判断表达式是否为真，为真才执行循环体，否则一次都不执行。而 do…while 语句首先执行一次循环体，再判断表达式是否为真，为真就继续执行循环体，否则循环结束，循环体中的语句至少执行 1 次。

【例题 5-5】 分别用 while 和 do…while 实现的程序如图 5-11 所示，比较两种语句的区别。

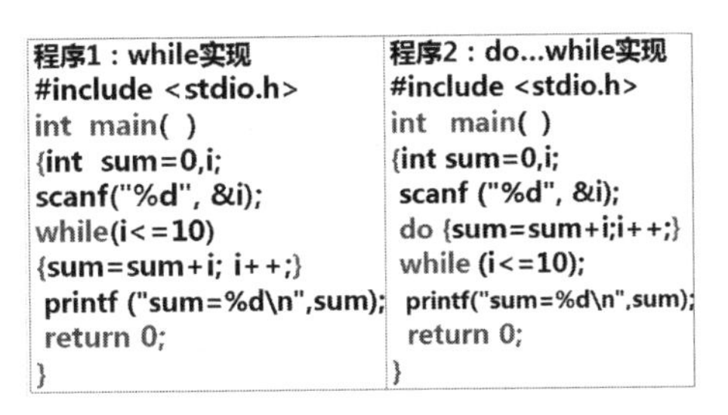

程序1：while实现	程序2：do...while实现
#include <stdio.h>	#include <stdio.h>
int main( )	int main( )
{int sum=0,i;	{int sum=0,i;
scanf("%d", &i);	scanf ("%d", &i);
while(i<=10)	do {sum=sum+i;i++;}
{sum=sum+i; i++;}	while (i<=10);
printf ("sum=%d\n",sum);	printf("sum=%d\n",sum);
return 0;	return 0;
}	}

图 5-11 用 while 和 do…while 实现的程序 1 和程序 2

思考：

(1) 表达式第一次为真时，两种循环结果如何？

用 while 实现的程序 1，先判断后执行，输入 i=1，表达式第一次为真，循环体一直执行到 i=10，即求得 sum=0+1+2+3+4+5+6+7+8+9+10=55。程序 1 的运行结果如图 5-12 所示。

用 do…while 实现的程序 2，先执行后判断，输入 i=1，表达式第一次为真，循环体一直执行到 i=10，即求得 sum=0+1+2+3+4+5+6+7+8+9+10=55。程序 2 的运行结果如图 5-13 所示。

图 5-12 用 while 实现的程序 1 的运行结果

```
1
sum=55
```

图 5-13 用 do…while 实现的程序 2 的运行结果

(2) 表达式一开始为假时，两种循环结果如何？

用 while 实现的程序 1，先判断后执行，输入 i=11，表达式第一次为假，循环体一次都不执行，即求得 sum=0。程序 1 的运行结果如图 5-14 所示。

用 do…while 实现的程序 2，先执行后判断，输入 i=11，表达式第一次为假，循环体执行一次，即求得 sum=0+11=11。程序 2 的运行结果如图 5-15 所示。

图 5-14 用 while 实现的程序 1 的运行结果

```
11
sum=11
```

图 5-15 用 do…while 实现的程序 2 的运行结果

由 do…while 构成的循环与 while 循环十分相似，它们之间的主要区别是：while 循环结构的判断控制出现在循环体之前，只有当 while 后面表达式的值为非零时，才能执行循环体；在 do…while 构成的循环结构中，总是先执行一次循环体，然后再求表达式的值，因此，无论表达式的值是零还是非零，循环体至少要被执行一次。

5.3.4 do…while 语句的应用

【例题 5-6】利用 do…while 语句编写程序，实现求 1+2+3+…+100 的值。

(1) 程序分析：根据 do…while 循环的结构，先画出流程，如图 5-16 所示。

(2) 程序如下：

```
#include <stdio.h>
int  main()
{  int i=1,sum=0;
    do
    { sum=sum+i;
      i=i+1;
     }while(i<=100);
    printf("sum=%d\n",sum);
    return 0;
}
```

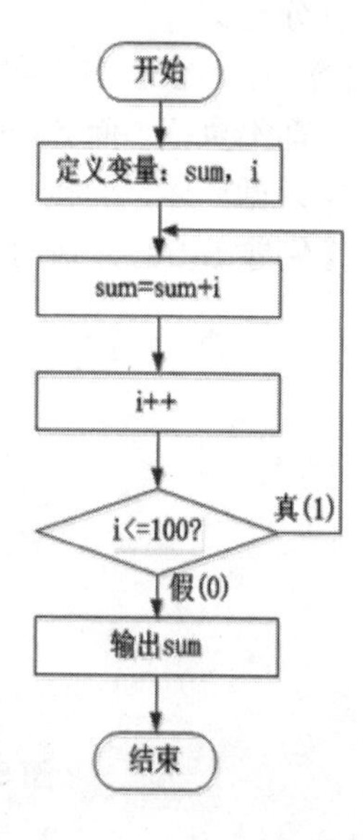

图 5-16　用 do…while 循环实现累加

程序运行结果如图 5-17 所示。

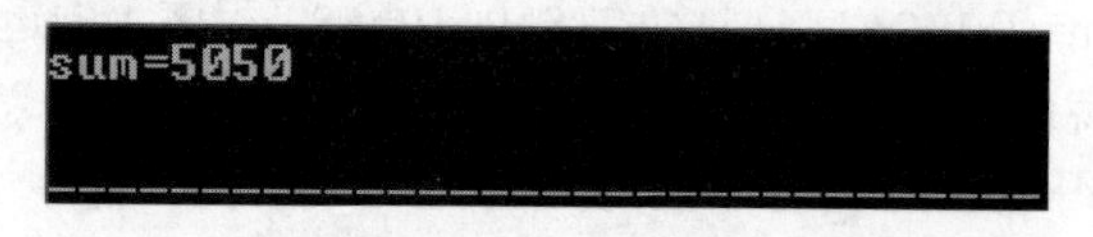

图 5-17　例题 5-6 的运行结果

程序说明：

(1) 求解累加式，实质是重复执行加法运算，每次加的结果保存在变量 sum 中。

(2) 每次加的加数数列项用变量 i 表示，每做一次加法用 i++修改数列项，当修改到 i>100 时，结束累加求和。

(3) 循环条件是 i<=100，循环体是求累加和 sum=sum+i，直到不满足循环条件。

【例题 5-7】利用 do…while 语句编写程序，实现计算 1+1/2+1/4+…+1/50 的值，并显示出来。

```
#include <stdio.h>
int main()
{ int i=2;
 float sum=1;
 do
 {  sum+=1/(float)i;
    i+=2;
 }while(i<=50);
 printf("sum=%f\n",sum);
 return 0;
}
```

程序运行结果如图 5-18 所示。

```
sum=2.907979
```

图 5-18 例题 5-7 的运行结果

程序说明：

(1) 在一般情况下，用 while 语句和 do…while 语句处理同一问题时，若二者的循环体部分是一样的，则它们的结果也一样。如例题 5-1 和例题 5-6，例题 5-3 和例题 5-7 中的循环体是相同的，得到的结果也相同。

(2) 但在 while 后面的表达式一开始就为假(0 值)时，两种循环的结果是不同的。如例题 5-5 中的循环体虽然相同，但得到的结果却不相同。

5.4 for 语句

5.4.1 for 语句的形式

for 语句是 C 语言所提供的功能更强、使用更广泛的一种循环语句。for 语句构成的循环通常称为 for 循环，for 循环的一般形式如下：

```
for(表达式1; 表达式2; 表达式3)
循环体;
```

说明：

(1) 表达式 1：用于设置初始条件，只执行一次。可以为零个、一个或多个变量设置初值执行。

(2) 表达式 2：即循环条件表达式，用来判定是否继续循环。在每次执行循环体前先执行此表达式，决定是否继续执行循环。

(3) 表达式 3：作为循环的调整器，例如使循环变量增值，它是在执行完循环体后才进行的，用于推动循环向前进行。

注意：

(1) for 后面的圆括号中通常含有 3 个表达式，各表达式之间用“;”隔开。

(2) 这三个表达式可以是任意表达式，通常主要用于 for 循环的控制。这三个表达式都可以是逗号表达式，即每个表达式都可由多个表达式组成。三个表达式都是任选项，都可以省略。

(3) 紧跟在 for(…)之后的循环体，在语法上要求是一条语句，若在循环体内需要多条语句，应该用大括号括起来，形成复合语句。

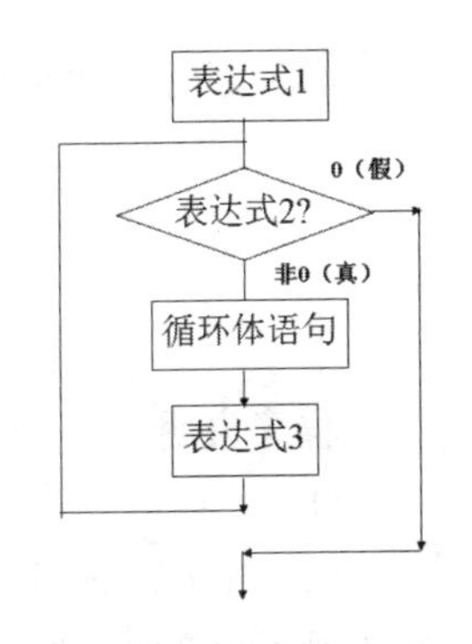

图 5-19 for 循环流程

5.4.2 for 语句的执行过程

for 语句的执行过程如图 5-19 所示，首先求解表达式 1，然后判断表达式 2，若为非 0(真)执行循环体和表达式 3，再判断表达式 2，为非 0(真)继续执行循环体和表达式 3，直到表达式 2 为 0(假)，循环结束。

for 语句的执行过程分以下 5 步。

步骤 1：计算“表达式 1”。

步骤 2：计算“表达式 2”，若其值为非 0(真)，转步骤 3；若其值为 0(假)，则转步骤 5。

步骤 3：执行一次循环体。

步骤 4：计算“表达式 3”，然后转向步骤 2。

步骤 5：结束循环，执行 for 循环之后的语句。

在整个 for 循环执行过程中，表达式 1 只执行一次，表达式 2 和表达式 3 及循环体可能执行多次，也可能一次都不执行。for 语句较好地体现了循环结构的循环变量、循环体和循环控制条件三个要素。

(1) 循环变量，由表达式 1 通过表达式 3 的运算，变化到表达式 2 的终值。

(2) 循环体，需要重复执行的操作，即循环内的执行语句。

(3) 循环控制条件，即表达式 2，控制循环执行次数，终止循环，循环结束。

5.4.3 for 语句的应用

【例题 5-8】利用 for 语句编写程序，实现求 1+2+3+…+100 的值。

(1) 程序分析：根据 for 循环的结构，先画出流程，如图 5-20 所示。

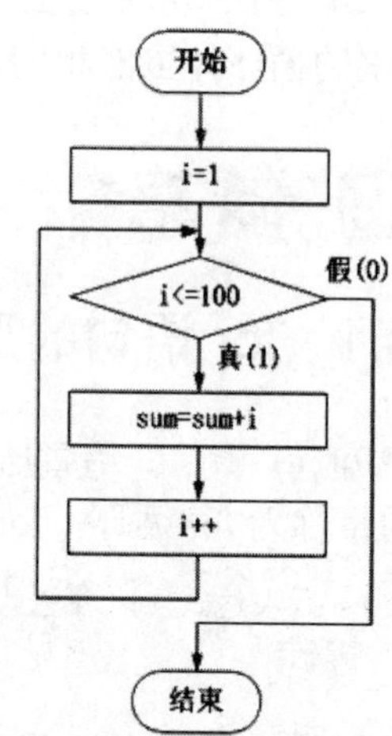

图 5-20　用 for 循环实现累加

(2) 程序如下：

```
#include <stdio.h>
int main()
{  int i=1,sum=0;
   for(i=1;i<=100;i++)
    sum=sum+i;
   printf("sum=%d\n",sum);
    return 0;
}
```

程序运行结果如图 5-21 所示。

图 5-21　例题 5-8 的运行结果

程序说明：

(1) 求解累加式，实质是重复执行加法运算，每次加的结果都保存在变量 sum 中。

(2) 每次加的加数数列项用变量 i 表示，每做一次加法用 i++修改数列项即表达式 3，当修改到 i>100 时，结束求累加和。

(3) 循环条件是 i<=100 即表达式 2，表达式 1 就是对变量 i 赋的初值 1，循环体是通过

sum=sum+i;语句求累加和。

思考：

通过例题 5-8，思考图 5-22 所示的内容，加强对 for 循环结构中表达式 1、表达式 2 和达式 3 的理解。

for(表达式1; 表达式2; 表达式3)　　语句

for (i=1;　i<=100;　　i++)　sum=sum+i;

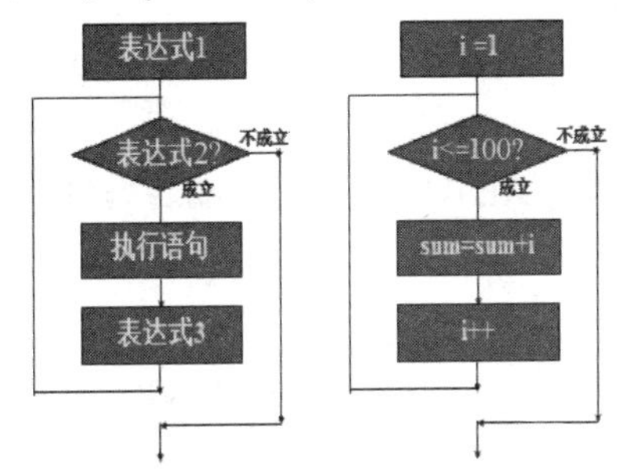

图 5-22　理解 for 循环结构中的表达式 1、表达式 2 和表达式 3

【例题 5-9】编写一个程序，实现计算半径为 0.5mm、1.5mm、2.5mm、3.5mm、4.5mm、5.5mm 时的圆面积。

例题 5-9 for 语句的应用.mp4

(1) 程序分析：本例要求计算 6 个不同半径的圆面积，且半径的变化是有规律的，从 0.5mm 开始按每次增加 1mm 的规律递增，可直接用半径 r 作为 for 循环控制变量，每循环一次使 r 增 1，直到 r 大于 5.5 为止。

(2) 程序如下：

```
#include <stdio.h>
int main()
{   float  r, s;
    const float Pai=3.14159;
    for (r=0.5; r<6.0; r++)
    { s=Pai*r*r;             /*计算圆面积 s 的值*/
     printf("r=%3.1f  s=%5.2f\n", r, s);
    }
    return 0;
}
```

程序运行结果如图 5-23 所示。

```
r=0.5  s= 0.79
r=1.5  s= 7.07
r=2.5  s=19.63
r=3.5  s=38.48
r=4.5  s=63.62
r=5.5  s=95.03
```

图 5-23　例题 5-9 的运行结果

程序说明：

(1) 程序中定义了一个变量 Pai，它的值是 3.14159；变量 r 既用作循环控制变量又是半径的值，它的值由 0.5 变化到 5.5，循环体共执行 6 次。当 r 从 0.5 增加到 5.5，条件表达式“r<6.0”的值为 0(假)时，退出循环。

(2) for 循环的循环体是用花括号括起来的复合语句，其中包含两条语句，通过赋值语句把求出的圆面积放在变量 s 中，然后输出 r 和 s 的值。

【例题 5-10】编写一个程序，实现求正整数 n 的阶乘 n!，其中 n 由用户输入。

(1) 程序分析：在本例中省略了对用户输入的 n 的合理性检测，整个流程如图 5-24 所示。

(2) 程序如下：

```
#include <stdio.h>
int main()
{  float fac=1;
   int n,i;
   scanf("%d",&n); /*此处省略了对用户输入的 n 的合理性检测*/
   for(i=1;i<=n;i++)
     fac=fac*i;
   printf("fac=%7.0f\n",fac);
   return 0;
}
```

图 5-24　用 for 循环求阶乘

程序运行结果如图 5-25 所示。

图 5-25　例题 5-10 的运行结果

程序说明：

(1) 根据 n!=n*(n−1)*…*2*1 的算法，得出需要重复的循环体 fac=fac*i;。假设输入的 n=2，则 2！=2*1，即 fac=1;　fac=1*1*…*n=1*1*2。

(2) 设置初始条件的表达式 1 为 i=1，循环条件的表达式 2 为 i<=n，推动循环向前进行的表达式 3 为 i++。

(3) 阶乘结果用 fac 表示，它的值一般比较大，因此定义为实型变量。

5.4.4　for 语句的变形

通过例题 5-8，对比记忆 for 循环结构和 while 循环结构，两种循环结构的相互转换如图 5-26 所示。

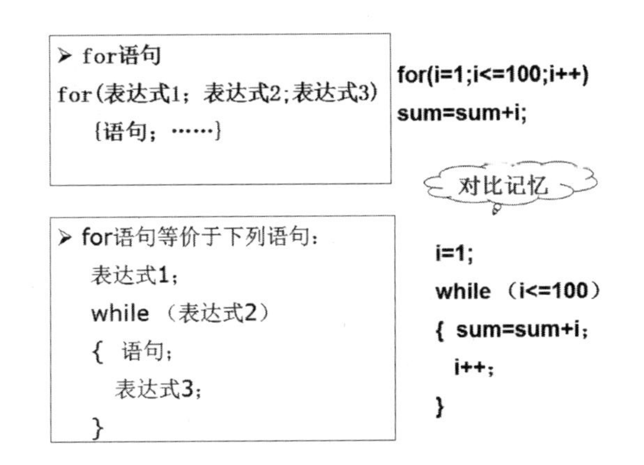

图 5-26　对比记忆 for 循环结构和 while 循环结构

for 语句可以有多种变形，for 语句中的表达式可以省略，但分号不能省略；for 语句中的表达式可以是逗号表达式；for 语句中的循环体可以是空语句等。

(1) 如果省略 for 语句一般形式中的“表达式 1”，则没有了循环的初始条件，此时应在 for 语句之前给循环变量赋初值。注意省略表达式 1 时，其后的分号不能省略。

如例题 5-10，省略表达式 1，即 for(;i<=10;i++)　fac=fac*i;。

应当注意的是，由于省略了“表达式 1”，没有对循环变量赋初始值，因此，为了能正常执行循环，应在 for 语句之前给循环变量赋初值。

例如：

```
i=1;
for(;i<=10;i++)
fac=fac*i;
```

(2) 如果省略表达式 2，则没有了循环的判断条件，即不判断循环条件，循环将无终止地进行下去。也就是认为表达式 2 始终为真，如图 5-27 所示，循环将无限进行下去。

如例题 5-10，省略表达式 2，即 for(i=1;;i++) fac=fac*i;相当于：

```
i=1;
while(1)
{ fac=fac*i;i++; }
```

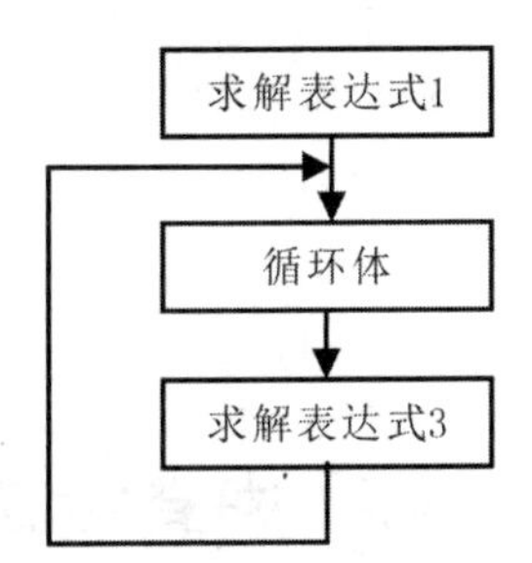

图 5-27　省略表达式 2

(3) 如果省略表达式 3，则没有了循环的推进动力，此时程序设计者应另外设法保证循环能正常结束。

如将例题 5-10 修改如下：

```
for(i=1;i<=10;){ fac=fac*i; i++; }
```

本例没有把 i++的操作放在 for 语句表达式 3 的位置，而是作为循环体的一部分，仍能使循环正常结束。

(4) 可以省略表达式 1 和表达式 3，只有表达式 2，即只给循环条件。

如例题 5-10 修改如下：

```
for( ;i<=10;)          相当于      while(i<=10)
```

```
{ fac=fac*i;    i++;}                    { fac=fac*i;   i++; }
```

在这种情况下，完全等同于 while 语句。可见 for 语句比 while 语句功能强，除了可以给出循环条件外，还可以赋初始值，使循环变量自动增值等。

(5) 甚至可以将三个表达式都省略，即不设初值(无表达式 1)，不判断条件(认为表达式 2 为真)，循环变量不增值(无表达式 3)，无终止地执行循环体。

例如，

```
for()                  相当于      while(1)
{循环体(语句序列)}                  {循环体(语句序列)}
```

(6) 表达式 1 可以是设置循环变量初值的赋值表达式，也可以是与循环变量无关的其他表达式。

例如，

```
for(sum=0;i<=100;i++) sum=sum+i;
```

表达式 3 也可以是与循环控制无关的任意表达式。但不论怎样写 for 语句，都必须使循环能正常执行。

表达式 1 和表达式 3 可以是一个简单的表达式，也可以是逗号表达式，即包含一个以上的简单表达式，中间用逗号间隔。

例如，

```
for(sum=0,i=1;i<=100;i++) sum=sum+i;
```

或

```
for(i=0,j=100;i<=100;i++,j--) k=i+j;
```

(7) 表达式 2 一般是关系表达式或逻辑表达式，但也可以是数值表达式或字符表达式，只要其值非零，就执行循环体。

例如，

```
for(i=0;(c=getchar())!='\n';i+=c);
for(;(c=getchar())!='\n';) printf("%c",c);
```

5.5 嵌套循环

循环的嵌套是指在一个循环体内又包含一个或几个循环体结构的形式，通常有双重循环嵌套和多重循环嵌套。while、do…while、for 三种循环可相互嵌套，也可以自身嵌套。内循环必须包含在外循环体内，不允许出现交叉现象，如图 5-28 所示。

图 5-28 合法与不合法的循环嵌套

双重循环即只有两层循环：内循环和外循环。双重循环的执行过程是：首先从外层循环开始执行，外层循环每执行一次，暂停，转去执行内层循环，内层循环要将所有规定的循环次数全部执行完毕，再返回外层循环，外层循环才能开始下一次循环，依此类推。常用的 6 种双重循环结构如图 5-29 所示。

(1)	(2)	(3)	(4)	(5)	(6)

while()
{
⋮
while()
{…}
⋮
}
	do
	{
	⋮
	do
	{…
	while();
	⋮
	}
	while();
		for(e1;e2;e3)
		{
		⋮
		for(e1;e2;e3)
		{…}
		⋮
		}
			while()
			{⋮
			do
			{…}
			while();
			⋮
			}
				for(e1;e2;e3)
				{⋮
				while()
				{…}
				⋮
				}
					do
					{⋮
					for(e1;e2;e3)
					{…}
					⋮
					}
					while();

图 5-29　常用的 6 种双重循环结构

【例题 5-11】编写一个程序，实现计算阶乘的和：s=1!+2!+3!+…+n!，其中，n(n<=32)由键盘输入。

```
#include <stdio.h>
int main()
{ int i,j,n,k,s=0;
  scanf("n=%d",&n);      //假设 n>0 且 n 足够小
  for(i=1;i<=n;i++)      //外循环计算阶乘的和，存入变量 s 中
  { k=1;
    for(j=1;j<=i;j++)    //内循环计算 j 的阶乘，存入变量 k 中
    {  k=k*j;  }
    s=s+k;
  }
  printf("s=%d\n",s);
  return 0;
}
```

程序运行结果如图 5-30 所示。

图 5-30　例题 5-11 的运行结果

程序说明：

(1) 循环分内外两层，内循环计算 j 的阶乘，存入变量 k 中，通过 for(j=1;j<=i;j++){ k=k*j;}语句求得 k=1!至 k=n!，外循环计算阶乘的和，存入变量 s 中，通过语句 s=s+k; 累加求得 s=1!+2!+3!+…+n!。

(2) 在外循环中，当输入 n=3 时，外循环 for(i=1;i<=n;i++)共做 3 次。当 i=1 时，内循环 for(j=1;j<=i;j++)做 1 次，即求得 k=1!=1，外循环通过 s=s+k;语句累加 s=1；当 i=2 时，内循环 for(j=1;j<=i;j++)做 2 次，即求得 k=2!=2*1=2，外循环通过 s=s+k;语句累加 s=1+2=3；当 i=3 时，内循环 for(j=1;j<=i;j++)做 3 次，即求得 k=3!=3*2*1=6，外循环通过 s=s+k;语句累加 s=3+6=9。

思考：

当 n 为很大的整数时会有什么问题？

(1) 当输入 n=32 时，程序运行结果如图 5-31 所示。

(2) 当输入 n=33 时，程序运行结果如图 5-32 所示。为什么 32！可以求出来，但 33！却是一个错误的结果呢？从第 2 章知道 int 型占 4 字节，取值范围是-2147483648～2147483647，显然 32！超出了 int 型的取值范围。

图 5-31　n=32 时的运行结果

图 5-32　n=33 时的运行结果

(3) 扩大结果的取值范围，将存大数的变量 k、变量 s 设置为 float 型，修改程序见例题 5-12。

【例题 5-12】编写一个程序，实现计算阶乘的和：s=1!+2!+3!+…+n!，其中，n 由键盘输入。

```
#include <stdio.h>
int main()
{ int i,j,n;
  float s=0,k;
    scanf("n=%d",&n);
  for(i=1;i<=n;i++)      //外循环计算阶乘的和，存入变量 s 中
    { k=1;
     for(j=1;j<=i;j++)  //内循环计算 j 的阶乘，存入变量 k 中
      { k=k*j;}
      s=s+k;
    }
  printf("s=%f\n",s);
  return 0;
}
```

程序运行结果如图 5-33 所示。

```
n=33
s=8954946877511759800000000000000000000.000000
```

图 5-33　例题 5-12 的运行结果

【例题 5-13】编写一个程序，实现输出以下 4×5 的矩阵。

```
1    2    3    4    5
2    4    6    8    10
3    6    9    12   15
4    8    12   16   20
#include <stdio.h>
int main()
{int i,j,n=0;
 for(i=1;i<=4;i++)
 for(j=1;j<=5;j++,n++)
```

例题 5-13 嵌套循环的应用.mp4

```
    {if(n%5==0)
    printf("\n");
     printf("%d\t",i*j);
    }
 printf("\n");
  return 0;
}
```

程序运行结果如图 5-34 所示。

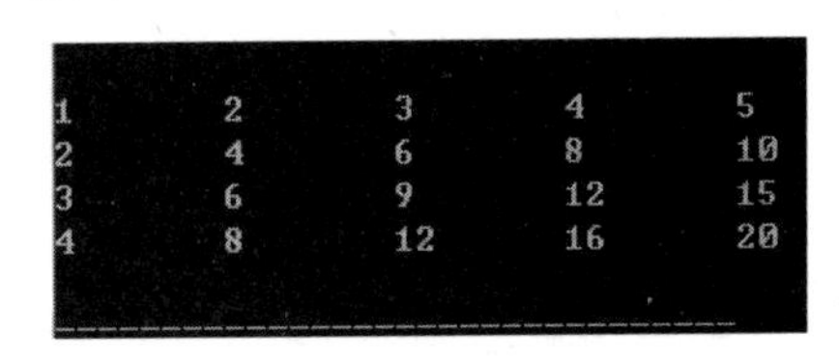

图 5-34　例题 5-13 的运行结果

程序说明：

(1) 定义两个变量 i 和 j 分别控制行和列，输出 1 行后，换行后再输出下一行，每个元素值=元素所在行值×元素所在列值。

(2) 外层循环变量 i 控制行，内层循环变量 j 控制列。外层循环是大循环，共执行 4 次，每执行 1 次外层循环，内层循环执行 5 次，即打印一行。

(3) 在内层循环中，语句 if(n%5==0) printf("\n"); 是用来计数控制打印换行的，每打印 5 个数就换行。

(4) 本例题中外层循环变量 i、内层循环变量 j、控制打印换行的变量 n 的变化如图 5-35 所示。

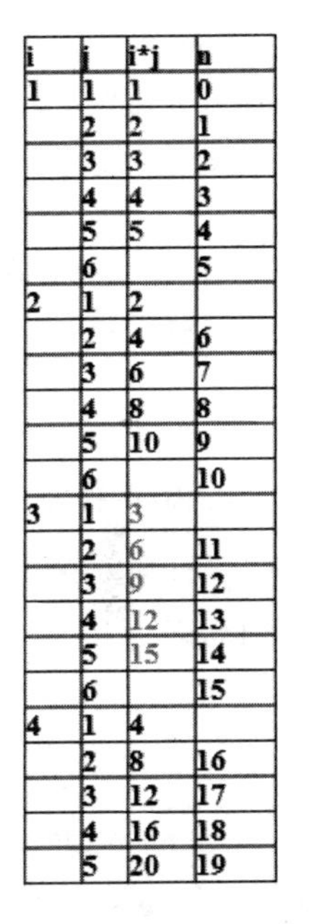

i	j	i*j	n
1	1	1	0
	2	2	1
	3	3	2
	4	4	3
	5	5	4
	6		5
2	1	2	
	2	4	6
	3	6	7
	4	8	8
	5	10	9
	6		10
3	1	3	
	2	6	11
	3	9	12
	4	12	13
	5	15	14
	6		15
4	1	4	
	2	8	16
	3	12	17
	4	16	18
	5	20	19

图 5-35　例题 5-13 的变量变化

5.6　循环控制和流程的控制转移

5.6.1　循环控制

循环结构的控制方式有两种：计数控制的循环和条件控制的循环。计数控制的循环是通过计数来控制循环的，达到数目了，循环就结束；条件控制的循环是由条件来控制循环的，不满足条件了，循环就结束。

1. 计数控制的循环

循环的次数事先已经知道，用一个变量(寄存器或存储器单元)记录循环的次数，称为循环计数器。在计数循环时，可以采用加法或者减法计数。进行加法计数时，循环计数器的初值设为 0，每循环一次将它加 1，将它与预定次数比较来决定循环是否结束。进行减法计数时，循环计数器的初值直接设为循环次数，每循环一次将计数器减 1，计数器减为 0 时，循环结束。

在每次循环迭代时，循环计数器都会变化，因此每次迭代时循环计数器都会不同，在

for 循环中会依循环计数器决定循环是否要继续，或者结束循环，执行后续的程序。

计数器控制循环的要点是：

(1) 控制变量(循环计数器)的名称。

(2) 控制变量的初始值。

(3) 控制变量的终值。

(4) 每次循环时控制变量修改的增量或减量。

【例题 5-14】计算从键盘输入的 10 个整数的和，分别用 for、while、do…while 三种循环实现。

如图 5-36 所示，比较三种循环结构。

用 for 实现的计数循环	用 while 实现的计数循环	用 do…while 实现的计数循环
#include <stdio.h>	#include <stdio.h>	#include <stdio.h>
int main()	int main()	int main()
{int i,x,total=0;	{int i=0,x,total=0;	{int i=0,x,total=0;
for(i=0;i<10;i++)	while(i<10)	do
{ scanf("%d",&x);	{ scanf("%d",&x);	{ scanf("%d",&x);
total=total+x;	total=total+x;	total=total+x;
}	i++;}	i++;}while(i<10);
printf("total=%d",total);	printf("total=%d",total);	printf("total=%d",total);
return 0;}	return 0;}	return 0;}

图 5-36　例题 5-14 用三种循环实现

2. 条件控制的循环

条件控制的循环就是根据条件决定是否进行循环，循环次数不明确时一般选用条件控制的循环。

【例题 5-15】计算从键盘输入的正整数的和，直到输入负数为止，分别用 for、while、do…while 三种循环实现。如图 5-37 所示，比较三种循环结构。

用 for 实现的条件循环	用 while 实现的条件循环	用 do while 实现的条件循环
#include <stdio.h>	#include <stdio.h>	#include <stdio.h>
int main()	int main()	int main()
{int x,total=0;	{int x,total=0;	{int x,total=0;
scanf("%d",&x);	scanf("%d",&x);	do
for(;x>=0;)	while(x>=0)	{ scanf("%d",&x);
{ total=total+x;	{ total=total+x;	total=total+x;
scanf("%d",&x);	scanf("%d",&x);	}while(x>=0);
}	}	printf("total=%d",total-x);
printf("total=%d",total);	printf("total=%d",total);	return 0;}
return 0;}	return 0;}	

图 5-37　例题 5-15 用三种循环实现

5.6.2 流程的控制转移

程序中的语句通常按语句功能所定义的方向执行，而现实中往往需要改变程序的正常流向，故C语言提供了辅助控制语句：break语句与continue语句。

1. break 语句

break语句用于退出当前循环或当前switch结构，提前结束本层循环或本层switch结构。在C语言里，break语句起到终止的作用。假如将break使用在循环结构的if中，当if成立时，循环执行到break会直接终止循环，并退出循环。

break语句在while语句中的一般形式：

```
while(表达式 1)
{ ……
   if(表达式 2)break;
  ……
}
```

当break语句出现在一个循环内时，循环会立即终止，且程序流将继续执行紧接着循环的下一条语句。如果使用的是嵌套循环(即一个循环内嵌套另一个循环)，break 语句会停止执行最内层的循环，然后开始执行该块之后的下一行代码。

【例5-16】编写一个程序，用break语句停止执行循环。

```
#include <stdio.h>
int main()
{ int r;
    for(r=10;r<=20;r++)
    {  if(r>15) break;
     printf("%d ",r);
    }
    printf("\nr=%d",r);
    return 0;
}
```

例题5-16 利用break语句退出本层循环.mp4

程序运行结果如图5-38所示。

```
10 11 12 13 14 15
r=16
```

图5-38 例题5-16的运行结果

程序说明：

(1) 本例如果没有if(r>15) break; 语句，程序将打印10 11 12 13 14 15 16 17 18 19 20共11个数字，循环将运行11次，最后退出循环时r=21。

(2) 有if(r>15) break; 语句，则当r自增到r=16进入循环后，因if(r > 15) break;语句中止了循环，所以运行结果仅打印了10 11 12 13 14 15，最后退出循环时r=16。

break语句使用注意事项：

(1) 用于switch的case语句中终止switch。

(2) 用于 for、while 和 do…while 循环语句中终止循环；在单层循环中结束循环的执行，在多层循环中退出包含它的那层循环。

(3) 只能与 for、while、do…while、switch 配合使用，不能单独使用，不能用于 if 语句中，除非 if 属于循环内部的一部分，所以单独运用在 if 语句中是错误的。

2. continue 语句

C 语言中的 continue 语句有点像 break 语句，但它不是强制终止循环，continue 语句会跳过当前循环中的代码，强迫开始下一次循环。

continue 语句在 while 语句中的一般形式：

```
while(表达式 1)
{ ……
  if(表达式 2) continue;
  ……
}
```

continue 语句的作用是结束本次循环，即跳过本次循环体中其余未执行的语句，提前进行下一次循环。continue 语句只能用在 for、while 和 do…while 循环体中，常与 if 语句一起使用，用来加速循环。

【例题 5-17】编写一个程序，用 continue 语句停止执行本次循环。

```
#include <stdio.h>
int main()
{ int r;
   for(r=10;r<=20;r++)
   { if(r>15) continue;
   printf("%d ",r);
   }
 printf("\nr=%d",r);
 return 0;
}
```

例题 5-17 利用 continue 语句退出本次循环.mp4

程序运行结果如图 5-39 所示。

```
10 11 12 13 14 15
r=21
```

图 5-39 例题 5-17 的运行结果

程序说明：

(1) 本例如果没有 if(r>15) continue; 语句，程序将打印 10 11 12 13 14 15 16 17 18 19 20 共 11 个数字，循环将运行 11 次，最后退出循环时 r=21。

(2) 有 if(r>15) continue;语句，则当 r 自增到 r=16 进入循环后，因 if(r > 15) continue; 语句中止了本次循环，即不执行这次循环后面的 printf("%d ",r);语句，没有打印 16，同理也没有打印 17 18 19 20，所以运行结果仅打印了 10 11 12 13 14 15，最后退出循环时 r=21，说明循环的确运行了 11 次，一直在继续运行。

3. break 语句和 continue 语句的区别

break 语句和 continue 语句的区别如图 5-40 所示。continue 语句只结束本次循环，而不是终止整个循环的执行；而 break 语句结束当前循环过程，不再判断当前循环的条件是否成立，如果是多层循环，结束的仅是本层循环。注意，break 语句和 continue 语句一般和 if 语句联合使用，若在循环体内单独使用将无任何意义。

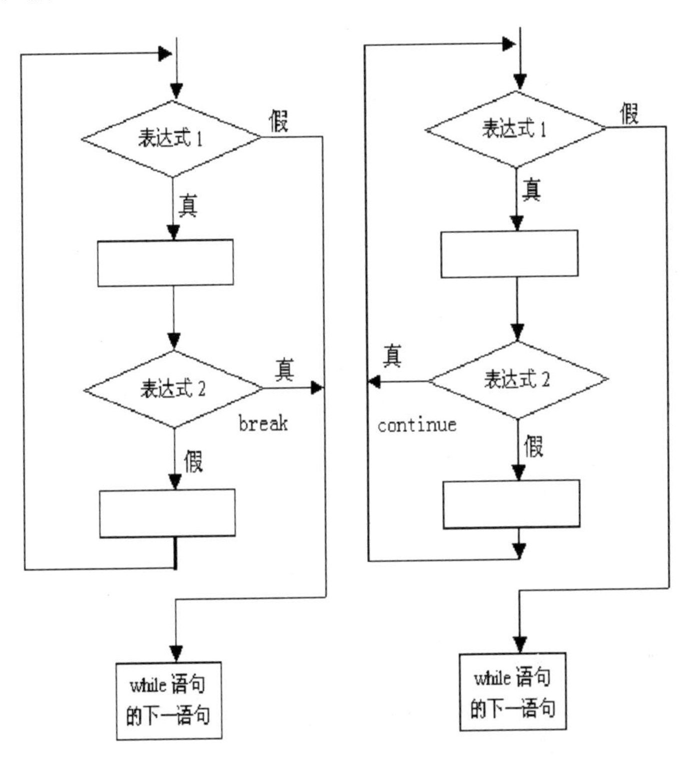

图 5-40 break 语句和 continue 语句的区别

5.7 循环结构程序示例

【例题 5-18】编写一个程序，实现从键盘输入任意一个整数，按反序输出该整数。

```
#include <stdio.h>
int main()
{ int n,d;printf("input n:\n");
  scanf("n=%d",&n);
  while(n!=0)
  { d=n%10;
    n=n/10;
    printf("%d",d);
  }
    printf("\n");
    return 0;
}
```

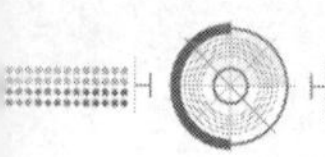

程序运行结果如图 5-41 所示。

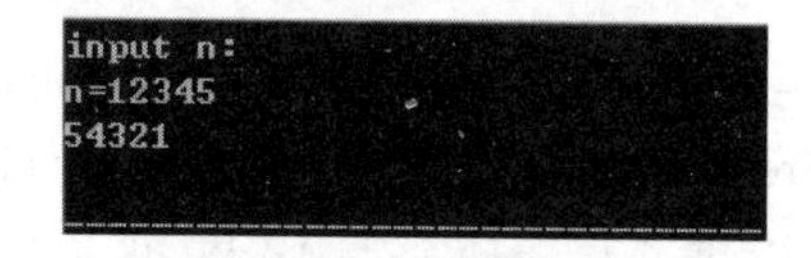

图 5-41 例题 5-18 的运行结果

程序说明：

(1) 从键盘输入一个 5 位数的正整数 n，将该数反序输出，若输入的是 12345，则输出的是 54321。编程分隔出该 5 位数的各位数字，分离出的每一位数字按逆序输出。

(2) 分隔出该 5 位数的各位数字有以下 5 步，每一步都是先求%再求/。

第 1 步：12345%10=5　　12345/10=1234

第 2 步：1234%10 =4　　1234/10=123

第 3 步：123%10 =3　　123/10=12

第 4 步：12%10 =2　　12/10=1

第 5 步：1%10 =1　　1/10=0

(3) 利用循环语句 while(n!=0){ d=n%10; n=n/10; printf("%d",d);} 完成，先求%再求/，最后打印，直到 n=0 为止。

【例题 5-19】编写一个程序，实现输出下三角形式九九乘法表。

```
#include <stdio.h>
int main()
{ int i,j;
  for(i=1;i<=9;i++)
  {  for(j=1;j<=i;j++)
       printf("%d*%d=%-5d",j,i,j*i);
     printf("\n");
  }
  return 0;
}
```

程序运行结果如图 5-42 所示。

```
1*1=1
1*2=2    2*2=4
1*3=3    2*3=6    3*3=9
1*4=4    2*4=8    3*4=12   4*4=16
1*5=5    2*5=10   3*5=15   4*5=20   5*5=25
1*6=6    2*6=12   3*6=18   4*6=24   5*6=30   6*6=36
1*7=7    2*7=14   3*7=21   4*7=28   5*7=35   6*7=42   7*7=49
1*8=8    2*8=16   3*8=24   4*8=32   5*8=40   6*8=48   7*8=56   8*8=64
1*9=9    2*9=18   3*9=27   4*9=36   5*9=45   6*9=54   7*9=63   8*9=72   9*9=81
```

图 5-42 例题 5-19 的运行结果

程序说明：

(1) 九九乘法表共 9 行，第 n 行有 n 个式子，每个式子与所在行列有关。如第 1 行有 1 个式子，为第 1 列的 1 乘以第 1 行的 1，即 1*1=1。第 2 行有 2 个式子，分别为第 1 列的 1

乘以第 2 行的 2，即 1*2=2；和第 2 列的 2 乘以第 2 行的 2，即 2*2=4 等。所以九九乘法表共 9 行，第 n 行有 n 个式子，每个式子分别为列标乘以行标。

(2) 对这样表格形式的输出，可以用多次循环来解决。用外层循环来控制行 i，如 for(i=1;i<=9;i++)；用内层循环来控制列 j，如 for(j=1;j<=i;j++);。九九乘法表共 9 行，第 i 行有 i 个式子，每个式子分别为列标(内层循环来控制列 j)乘以行标(外层循环来控制行 i)，外循环变量 i 和内循环变量 j 的变化如图 5-43 所示。

i	j	i*j
1	1	1*1=1
2	1,2	1*2=2,2*2=4
3	1,2,3	1*3=3,2*3=6,3*3=9
4	1,2,3,4	1*4=4,2*4=8,3*4=12,4*4=16
5	1,2,3,4,5	1*5=5,2*5=10,3*5=15,4*5=20,5*5=25
6	1,2,3,4,5,6	1*6=6,2*6=12,3*6=18,4*6=24,5*6=30,6*6=36,
7	1,2,3,4,5,6,7	1*7=7,2*7=14,3*7=21,4*7=28,5*7=35,6*7=42,7*7=49
8	1,2,3,4,5,6,7,8	1*8=8,2*8=16,3*8=24,4*8=32,5*8=40,6*8=48,7*8=56,8*8=64
9	1,2,3,4,5,6,7,8,9	1*9=9,2*9-18,3*9=27,4*9=36,5*9=45,6*9=54,7*9=63,8*9=72,9*9=81

图 5-43　外循环变量 i 和内循环变量 j 的变化

【例题 5-20】编写一个程序，实现输出 1～200 中的所有素数。

```
#include <stdio.h>
int main()
{ int i,n;
  printf("1-200 中的素数为:\n");
  for(n=1;n<=200;n++)  //循环变量 n 代表被检测的数，从 1 变化到 200
  {  for(i=2;i<=n-1;i++)  //检测当前的数 n 是否为素数
    if(n%i==0)
      break;  //如果 n 被变量 i 从 2 到 n-1 中的任一数整除，则不是素数，结束循环
    if(i==n)  //i=n 说明正常退出循环，为素数，则打印
    printf("%d\t",n);
  }
  printf("\n");
  return 0;
}
```

程序的运行结果如图 5-44 所示。

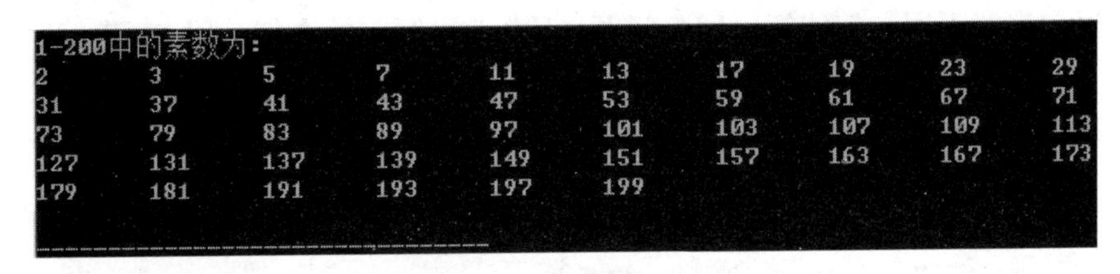

图 5-44　例题 5-20 的运行结果

程序说明：

(1) 素数是只能被 1 和自身整除的大于 1 的整数。根据定义，对于任意一个大于 1 的整数 n，如果不能被从 2 到 n-1 中的任一数整除，则该数 n 就为素数。

(2) 判断 n 是否为素数可以用一个循环来表示，求 1～200 中的素数再用一个循环来表示，因此，程序的结构用两层循环，即循环的嵌套。

(3) 循环变量 n 代表被检测的数，从 1 变化到 200，用外循环 for(n=1;n<=200;n++)来表示。在每一次外循环中，又内嵌一个循环 for(i=2;i<=n−1;i++)，用来检测当前的数 n 是否为素数，是否能被从 2 到 n−1 中的任一数整除，这个内嵌循环的循环变量是 i，它从 2 变化到 n−1。

(4) 在内循环 for(i=2;i<=n−1;i++) if(n%i==0) break;中，如果 n 被变量 i 从 2 到 n−1 中的任一数整除，则不为素数，立刻跳出内层循环，此时的 i<n。如果数 n 做完内层循环，都不执行 if (n%i==0) break;，则正常退出循环后 i=n，满足条件 if(i==n)为素数，则打印。

【融入思政元素】

通过应用循环语句解决实际问题，培养学生由浅入深的思维方式和反复推敲钻研的习惯。告诉学生遇到循环的复杂问题，千万不要慌，要静下心来，按照由易到难、由浅入深的思维方式，先从容易的入手，反复推敲钻研，逐渐打开思路。

本章小结

循环结构是结构化程序设计的基本结构之一，它与顺序结构、选择结构共同作为各种复杂程序的基本构造单元。C 语言提供了 3 种循环语句：while 语句、do…while 语句和 for 语句。

在实际应用中经常会遇到许多具有规律性的重复性操作，这些重复执行的操作可以采用循环结构来完成。三种循环结构语句都能处理同样的问题，可以相互替换。其中 for 语句主要用在循环次数已知的情况，while 语句和 do…while 语句一般用在循环次数在循环过程中才能确定的情形。

while 语句和 do…while 语句处理问题的方式较相近，while 语句是先判断循环条件，后执行循环体；do…while 语句是先执行循环体，后判断循环条件。

for 语句与 while 语句和 do…while 语句，从形式上看有区别，但本质是相同的。

(1) while 和 do…while 表达式第一次为真时，结果相同。

(2) for 和 while 都是先判断条件，为真时循环被执行。

(3) 循环变量的初始化，while 和 do…while 在该语句前赋初值，for 通常由表达式 1 赋初值。

三种语句格式不同，但能解决同一问题，用 while 写出的语句，用 for 也能写出。

如：

```
for(表达式 1;表达式 2;表达式 3)语句
```

等价于：

```
表达式 1;while(表达式 2) {语句;表达式 3;}
```

在编程中，有时需要在一个循环中嵌套另一个循环。在一个循环体内嵌套另一个完整的循环结构，称为循环的嵌套。外层的循环称为外循环，内层的循环称为内循环。如果内循环中又嵌套循环结构语句，则构成多重循环结构。

程序语句通常按语句功能所定义的方向执行。现实中往往需要改变程序的正常流向，而 C 语言提供了两种辅助控制语句：continue 语句用于提前结束本次循环，接着进行下一次循环条件的判断，并不终止整个循环；break 语句则是终止整个本层循环过程。

习题 5

一、选择题

1. 有以下程序：

```
int a=7;
while(a--);
 printf("%d\n",a);
```

程序运行后的输出结果是(　　)。

A. −1　　B. 0　　C. 1　　D. 7

2. 以下程序段中的变量已正确定义。

```
for(i=0;i<4;i++,i++)
  for(k=1;k<3;k++)
printf("*");
```

程序段的输出结果是(　　)。

A. ********　　B. ****　　C. **　　D. *

3. 若 i 和 k 都是 int 类型变量，有以下 for 语句：

```
for(i=0,k=-1;k=1;k++)
 printf("*****\n");
```

下面关于语句执行情况的叙述正确的是(　　)。

A. 循环体执行两次　　B. 循环体执行一次

C. 循环体一次也不执行　　D. 构成无限循环

4. 有如下程序：

```
int n=9;
while(n>6)
  { n--;printf("%d",n);}
```

该程序段的输出结果是(　　)。

A. 987　　B. 876　　C. 8765　　D. 9876

5. 对下面程序段叙述正确的是(　　)。

```
int k=0;
while(k=0) k=k-1;
```

A. while 循环执行 10 次　　B. 无限循环

C. 循环体一次也不被执行　　D. 循环体被执行一次

6. 下面程序的输出结果是(　　)。

```
int n=4;
while (n--)
printf("%d ",n--);
```

A. 31　　B. 20　　C. 32　　D. 21

7. 当执行以下程序段时，(　　)。

```
x=-1 ;
do { x=x*x; } while( !x);
```

A. 循环体将执行一次　　B. 循环体将执行两次
C. 循环体将执行无限次　　D. 系统将提示有语法错误

8. 执行语句 for(i=1; i++<4;);后，变量 i 的值是(　　)。

A. 3　　B. 4　　C. 5　　D. 不定

9. 语句 while(!e); 中的条件!e 等价于(　　)。

A. e ==0　　B. e!=1　　C.e!=0　　D. ～e

10. C 语言中 while 和 do…while 循环的主要区别是(　　)。

A. do…while 的循环体至少无条件执行一次
B. while 的循环控制条件比 do…while 的循环控制条件严格
C. do…while 允许从外部转到循环体内
D. do…while 的循环体不能是复合语句

二、程序阅读题

1. 以下程序运行后的输出结果是(　　)。

```
#include <stdio.h>
int main()
{  int i,j;
   for(i=1;i<=3;i++)
   {  for(j=1;j<=i;j++)
      printf("*");
      printf("\n");}
     return 0;
}
```

2. 以下程序运行后的输出结果是(　　)。

```
#include <stdio.h>
int main()
{ int i,j,x=0;
for(i=0;i<2;i++)
{ x++;
  for(j=0;j<=3;j++)
  { if(j%2) continue; x++; }
  x++;
  }
  printf("x=%d\n",x);
  return 0;
}
```

3. 以下程序运行后的输出结果是(　　)。

```
#include <stdio.h>
int main()
{ int k=5,n=0;
```

```
 while(k>0)
 { switch(k)
  { default : break;
    case 1 : n+=k;
    case 2 :
    case 3 : n+=k;}
   k--; }
 printf("%d\n",n);
 return 0;
}
```

4. 以下程序运行后的输出结果是(　　)。

```
#include <stdio.h>
int main()
{int x=3;
 do{printf("%3d",x-=2);
 }while(--x);
 return 0;
}
```

5. 以下程序运行后的输出结果是(　　)。

```
#include <stdio.h>
int main()
{int a=1,b=2;
while(a<6)
{b+=a;a+=2;b%=10;}
printf("%d,%d\n",a,b);
return 0;
}
```

6. 以下程序运行后的输出结果是(　　)。

```
#include <stdio.h>
int main()
{ int a, b;
for(a=1, b=1; a<=100; a++)
{ if(b>=10) break;
if (b%3==1)
{ b+=3; continue; }
} printf("%d\n",a);
return 0;
}
```

7. 有以下程序:

```
#include <stdio.h>
int main()
{ int n1,n2;
scanf("%d",&n2);
while(n2!=0)
{ n1=n2%10;
n2=n2/10;
```

```
printf("%d",n1); }
return 0;
}
```

程序运行后，如果从键盘上输入 1298;，则输出结果是(　　)。

8. 以下程序运行后的输出结果是(　　)。

```
#include <stdio.h>
int main()
{ int num= 0;
while(num<=2)
{ num++; printf("%d\n",num); }
return 0;
}
```

9. 以下程序运行后的输出结果是(　　)。

```
#include <stdio.h>
int main()
{ int i=0,a=0;
while(i<20)
{ for(;;)
if((i%10)==0) break;
else i--;
 i+=11; a+=i;  }
printf("%d\n",a);
return 0;
}
```

10. 以下程序运行后的输出结果是(　　)。

```
#include <stdio.h>
int main()
{ int i,j,m=1;
  for(i=1;i<3;i++)
  {  for(j=3;j>0;j--)
    {if(i*j>3)  break;
     m*=i*j;}}
  printf("m=%d\n",m);
  return 0;
}
```

三、编程题

1. 编写程序，假设今年我国的人口总数为 13 亿，若每年按 2%增长，计算从现在开始 10 年内每年人口的数量。

2. 编写程序，模拟具有加、减、乘、除 4 种运算功能的简单计算器。

3. 编写程序，判断由 1、2、3、4 四个数字能组成多少个互不相同且无重复数字的三位数，并输出这些数。

4. 编写程序，求出 0～200 中能被 4 整除并余 3 的数。利用 for 循环变量对 0～200 中的每个数进行判断，若满足条件则输出。

5. 编写程序，求 $\sin(x) = x - \frac{x^3}{3!} + \frac{x^5}{5!} - \frac{x^7}{7!} + \cdots$ 的近似值，要求精确到 10^{-6}。

6. 编写程序，以每行两个数的格式输出所有的“水仙花数”。所谓“水仙花数”是指一个三位数，其各位数字的立方和等于该数本身。(提示：首先分离出每位数字)

7. 某人从2017年1月1日起“三天打鱼两天晒网”，编写程序求出此人在这以后的某一天中是在打鱼还是在晒网。

8. 搬砖问题：36块砖，36人搬。男搬4砖、女搬3砖、两个小孩抬1砖，要求一次全搬完，问男、女、小孩各搬多少砖？

9. 猴子吃桃问题：猴子第一天摘下若干桃子，当即吃了一半，还觉得不过瘾，又多吃了一个，第二天早上又将剩下的桃子吃掉一半，又多吃了一个。以后每天早上都吃了前一天剩下的一半多一个。到第十天早上时，只剩下一个桃子了。问第一天共摘了多少桃子。

10. 猜数字游戏：由计算机随机产生一个10～80的数据，然后由用户进行猜数，在5次之内猜中则成功，否则给出大小提示，猜5次之后结束程序。

第二篇

程序设计进阶篇

第6章 同一类型多个元素的集合——数组

在前面的章节中，学习了C语言的简单数据类型，如整型、实型、字符型等，这些简单的数据类型所处理的数据往往比较简单。但在实际应用中，还需要数组。数组是具有相同的数据类型的数的集合。不管是在学校还是在社会，交友要慎重，“近朱者赤，近墨者黑”，一个人的生活环境往往能在很大程度上影响一个人的发展轨迹。利用数组可以方便地实现用统一的方式来处理一批具有相同性质的数据的问题。本章将分别介绍一维数组、二维数组、字符数组在C语言中如何定义和使用。

本章教学内容：

◎ 一维数组

◎ 二维数组

◎ 字符数组

本章教学目标：

◎ 掌握一维数组的定义、引用、初始化和在编程中的应用

◎ 掌握二维数组的定义、引用、初始化和在编程中的应用

◎ 掌握字符数组的定义、初始化、存储和在编程中的应用

◎ 掌握数组的输入、输出方法

◎ 掌握字符串处理函数的用法

◎ 掌握数组的综合编程

6.1 一维数组

在实际应用中，需要处理的数据往往是复杂多样的，一方面要处理的数据量可能很大，如要对全校学生的英语四、六级成绩进行排序，用简单类型的单个变量来描述大量的数据很不方便。另一方面，数据与数据之间有时存在着一定的内在联系，例如，学生的学号和姓名都是学生信息，用单一类型的单个变量无法准确地描述这些数据，难以反映出数据之间的联系。为了能更方便、简洁地描述较为复杂的数据，C 语言提供了一种由若干简单数据类型按照一定的规则构成的复杂数据类型，即构造数据类型(或组合类型)，如数组类型、结构体类型、共用体类型等。复杂数据类型的引入，使得 C 语言描述复杂数据的能力更强，给实际问题中复杂数据的处理提供了方便。数组是相同数据类型多个数据的有序集合，数组中的所有元素属于同一种类型，用一个统一的数组名和下标来唯一地标识数组中的元素，利用数组可以方便地实现用统一的方式来处理一批具有相同性质的数据的问题。

6.1.1 一维数组的定义

C 语言中要使用数组，必须先定义后使用。一维数组的定义形式为：

```
类型标识符 数组名[常量表达式];
```

例如：

```
int  a[8];
```

定义了一个整型的一维数组，该数组的数组名为 a，有 8 个元素，所有元素均为整型，该数组的 8 个元素分别为：a [0] ,a [1], a [2],a [3], a [4],a [5],a [6], a [7]。其中，0～7 称为数组的下标。

定义数组时应注意以下几点。

(1) 类型标识符可以是任意一种基本数据类型或构造数据类型。

(2) 数组名的命名规则需符合 C 语言标识符的命名规则。

(3) 常量表达式表示元素的个数，即数组的长度。

(4) 数组元素的下标是从 0 开始的。“int a[8];”中，数组 a 的第一个元素是 a[0]，数组 a 的最后一个元素是 a [7]。引用数组元素时不能越界，对于越界引用数组元素，VC++ 编译系统无法检查出语法错误，因此读者在编程时应注意数组的越界问题。

(5) 常量表达式可以是整型常量、符号常量，也可以是整型表达式。但不允许是变量，C 语言不允许对数组进行动态定义。

例如，下面对数组的定义是正确的：

```
int b[2*3+4];
#define N 10
int  a[N];
```

而下面对数组的定义是错误的：

```
int  n=6;
int  a[n];
```

(6) 在同一个程序中，数组名不允许与其他变量同名。

如以下的表示是错误的：

```
int  a,a[5];    //错误，数组名与变量同名
```

当一维数组定义后，编译系统为数组在内存中分配一片连续的内存单元，按数组元素的顺序线性存储。例如，int a[10];。

编译系统为数组 a 在内存中分配 40 字节(在 VC 6.0++环境下每个整型占 4 字节空间)的内存单元来顺序存放数组 a 中的各元素。假设数组 a 的首地址(即第一个元素 a [0]的地址)为 4000，则第 2 个元素的地址为 4004，第三个元素的地址为 4008，第 10 个元素的地址为 4000+(n−1)×4=4000+(10−1)×4=4036。数组 a 在内存中的存储形式如图 6-1 所示。

a[0]	a[1]	a[2]	a[3]	a[4]	a[5]	a[6]	a[7]	a[8]	a[9]
4000	4004	4008	4012	4016	4020	4024	4028	4032	4036

图 6-1　数组 a 在内存中的存储形式

6.1.2　一维数组的引用

数组元素的使用方式与普通的变量相似，C 语言可以对单个数组元素进行输入、 输出和计算。C 语言规定只能单个引用数组元素，而不能一次引用整个数组。数组元素的表示形式为：

```
数组名[下标]
```

下标可以是整型常量、符号常量，也可以是整型表达式，例如：

```
#define    N    6
a[5]=a[4+5]-a[N];
```

【例题 6-1】从键盘给数组 a 的 6 个元素依次输入值，然后反序输出。

(1) 程序分析：定义整型的数组 a[6]，采用循环的方式依次给数组 a 的 6 个元素输入值，即依次输入 a[0]、a[1]、a[2]、a[3]、a[4]、a[5] 共 6 个元素的值。再次使用循环，依次反序输出 6 个元素值。

(2) 程序代码如下：

```
#include <stdio.h>
int  main()
{  int  i,a[6];
   printf("请依次输入数组 a 的 6 个元素值: \n");
   for(i=0;i<6;i++)
     scanf("%d",&a[i]);
   printf("数组 a 反序输出为: \n");
   for(i=5;i>=0;i--)
     printf("%4d",a[i]);
   printf("\n");
  return  0;
}
```

程序运行结果如图 6-2 所示。

```
请依次输入数组 a 的6个元素值:
12 6 8 74 6 2
数组a反序输出为:
   2   6  74   8   6  12
```

图 6-2　例题 6-1 的运行结果

6.1.3　一维数组的初始化

数组初始化赋值是指在定义数组时给数组元素赋初值，数组初始化在编译阶段进行，采用数组初始化赋值能减少程序运行时间，提高程序运行效率。

给数组赋值的方法常用的有三种：用赋值语句对数组元素逐个赋值、初始化赋值和动态赋值。

(1) 在定义数组时可以对数组的所有元素赋初值。例如：

```
int  a[10]={10,20,30,40,50,60,70,80,90,100};
```

经过上面的初始化赋值后，数组 a 的每一个元素依次对应{ }中的一个值，即 a[0]=10,a[1]=20, a[2]=30, a[3] =40, a[4] =50, a[5]=60 , a[6]=70, a[7]=80, a [8]=90, a [9] =100。

(2) 可以只给部分元素赋值。例如：

```
int  a[10]={1,2,3};
```

定义的整型数组 a 有 10 个元素，前 3 个元素的值依次为 1、2、3，后 7 个元素的值为 0(因是整型数组，当没有给数组元素赋初值时，按默认值处理，整型元素的默认值是 int 类型)。

(3) 当定义数组时，可以省略方括号中元素的个数。当省略方括号中元素的个数时，以元素的实际个数为准。例如：

```
int  a[]={1,2,3,4,5};
```

此时[ ]中默认的值是 5，因{ }中赋了 5 个值。

6.1.4　一维数组程序示例

【例题 6-2】 输入 8 个学生的成绩，求其最高分、最低分和平均分。

(1) 程序分析：可以定义一个长度为 8 的 int 型数组，使用循环，依次输入 8 个学生的成绩，将其存放在对应的 8 个元素中。定义 4 个变量 max、min、sum、avg 分别存放 8 个学生的最高分、最低分、总分以及平均分。求最高分的方法可以采用打擂台法，先假设第一个学生的成绩为最高分，将第一个学生的成绩赋值给变量 max，然后将后面每个学生的成绩依次与最高分 max 进行比较，将二者的较大值赋值给变量 max，依次比较下去，最后变量 max 的值即为 8 个成绩中的最高分；同样的方法，可以求得 8 个学生的最低分。要求 8 个学生的平均分，需先得到总分 sum，先给变量 sum 赋初值 0，每当输入一个学生成绩，就将该成绩加到 sum 变量中，依次可以得到总分 sum，总分 sum 除以人数 8，即得到平均分 avg。

(2) 程序代码如下：

```
#include <stdio.h>
```

```
int  main()
{  int  score[8],i,max,min,sum;
   float  avg;
   sum=0;
   printf("请输入 8 个学生成绩:\n");/*输入 8 个学生成绩并求总分*/
   for(i=0;i<8;i++)
   { scanf("%d",&score[i]);
     sum=sum+score[i];
   }
    max=min=score[0];/*求最高分和最低分*/
    for(i=0;i<8;i++)
   { if(score[i]>max) max=score[i];
     if(score[i]<min) min=score[i];
   }
    avg=sum/8.0;/*求平均分*/
    printf("8 个学生的最高分=%d,最低分=%d,平均分=%.2f\n",max,min,avg);
   /*输出最高分、最低分和平均分*/
return  0;
}
```

程序运行结果如图 6-3 所示。

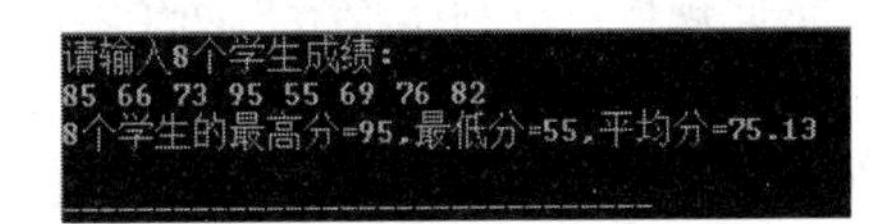

图 6-3　例题 6-2 的运行结果

【例题 6-3】编写程序，定义一个含有 30 个元素的 int 整型数组。依次给数组元素赋偶数 2,4,6,…，然后按照每行 10 个数顺序输出，最后再按每行 10 个数逆序输出。

(1) 程序分析：采用循环的方式依次给数组的 30 个元素赋偶数值，再利用循环控制变量，顺序或逆序地逐个引用数组元素。本题演示了在连续输出数组元素值的过程中，如何利用循环控制变量进行换行。

(2) 程序代码如下：

```
#include <stdio.h>
#define M 30
int  main()
{int  a[M],i,k=2;
 for(i=0;i<M;i++)/*给数组 a 元素依次赋偶数值 2,4,6,…*/
 { a[i]=k;  k=k+2; }
 printf("按每行 10 个数顺序输出: \n");
 for(i=0;i<M;i++)
   { printf("%4d",a[i]);
    if((i+1)%10==0)printf("\n");
   }
    printf("按每行 10 个数逆序输出: \n");
    for(i=M-1;i>=0;i--)
    printf("%3d%c",a[i],(i%10==0)? '\n':'    ');
    printf("\n");
return  0;
}
```

程序的运行结果如图 6-4 所示。

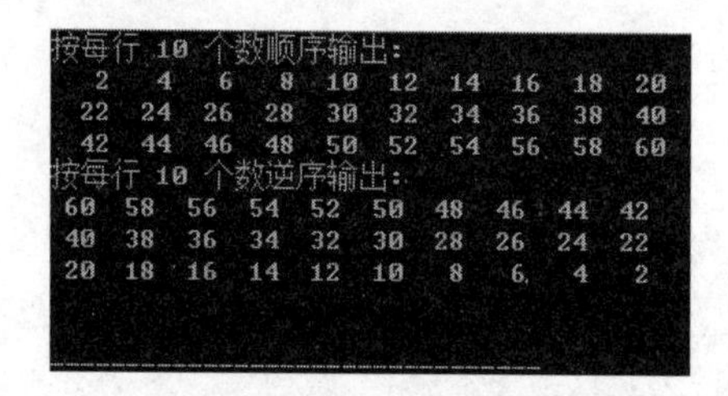

图 6-4 例题 6-3 的运行结果

例题 6-4 冒泡排序法.mp4

【例题 6-4】用冒泡排序法，将任意 10 个整数按由小到大的顺序排序。(假设数据存放在数组 a 中)

(1) 程序分析：冒泡排序法是一种常用的排序方法，将相邻的两个数进行比较，将二者中较小的数移到前面。用冒泡法对 n 个数由小到大排序，排序的方法如下。

第 1 轮：先比较第 1 个数和第 2 个数，若第 1 个数大于第 2 个数，则两数交换，使小数在前，大数在后。再比较第 2 个数和第 3 个数，若第 2 个数大于第 3 个数，则两数再交换，使小数在前，大数在后。依此规律，直到比较最后两个数(第 n−1 个数和第 n 个数)，使小数在前，大数在后。到此第 1 轮比较结束，最后的一个数即为最大值，即最大数已“沉底”。

第 2 轮：在第 1 个数到第 n−1 个数的范围内(除了最后位置的最大数外)，重复第 1 轮的比较过程，第 2 轮比较完后，在倒数第 2 的位置上得到一个新的最大值(即整个数组中第 2 大的数)。

……

第 n−1 轮：在第 1 个数到第 2 个数的范围内，重复类似第 1 轮的比较过程，比较完后，在第 n−1 的位置上得到第 n−1 个最大数。至此，整个冒泡排序过程结束，依次输出排序后的 10 个元素，即为所求结果。

由上可知，对于任意的 n 个整数用冒泡法排序，共需 n−1 轮排序过程。第 1 轮对 n 个数两两比较，共比较 n−1 次；第 2 轮对 n−1 个数两两比较，共比较 n−2 次；……；第 n−1 轮对 2 个数两两比较，共比较 1 次。至此，全部比较结束。每次比较时，当前面一个数大于后面一个数时，就将两数的值进行交换。

以 6 个数，即 19、18、15、12、9、7 为例，冒泡排序第 1 轮比较的示意图如图 6-5 所示。

第1次	第2次	第3次	第4次	第5次	结果
19	18	18	18	18	18
18	19	15	15	15	15
15	15	19	12	12	12
12	12	12	19	9	9
9	9	9	9	19	7
7	7	7	7	7	19

图 6-5 第 1 轮冒泡排序示意图

完整的冒泡排序示意图如图 6-6 所示。

19	18	15	12	9	7
18	15	12	9	7	9
15	12	9	7	12	12
12	9	7	15	15	15
9	7	18	18	18	18
7	19	19	19	19	19
初始数	第1轮	第2轮	第3轮	第4轮	第5轮

图 6-6　冒泡排序示意图

(2) 根据以上分析，给出冒泡排序的源代码：

```
#include <stdio.h>
#define N 10
int  main()
{ int  a[N];
   int  i,j,t;
   printf("请输入任意的 10 个整数:\n");
   for(i=0;i<N;i++)
   scanf("%d",&a[i]);  /*输入 10 个整数*/
   printf("\n");
   for(i=0;i<N-1;i++)  /*冒泡排序的比较过程*/
 {for(j=0;j<N-i-1;j++) /*外循环用于控制比较的轮数*/
  {if(a[j]>a[j+1])     /*内循环用于控制每轮比较的次数*/
    { t=a[j];          /*相邻的两个数进行比较*/
       a[j]=a[j+1];
       a[j+1]=t;
    }
  }
 }
   printf("冒泡排序后的输出结果为:\n");
   for(i=0;i<N;i++)
   printf("%4d",a[i]);
   printf("\n");
return  0;
}
```

程序的运行结果如图 6-7 所示。

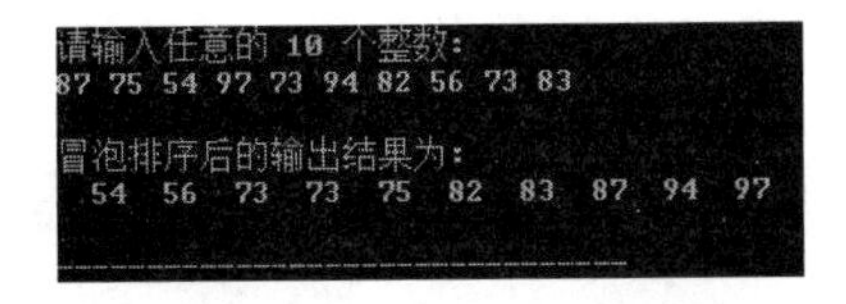

图 6-7　例题 6-4 的运行结果

【例题 6-5】用数组来处理 Fibonicci 数列的前 20 项。

(1) 程序分析：

```
F1=1    n=1
```

```
F2=1    n=2
Fn=Fn-1+Fn-2    n≥3
```

(2) 根据以上分析，程序的源代码如下：

```
#include <stdio.h>
int main()
{ int i;
  static int f[20] = {1,1}; /* f1、f2 已知 */
    for(i=2; i<20; i++)
      f[i] = f[i-1] + f[i-2];
    for(i=0; i<20; i++)
    {if (i%5 == 0) printf("\n");
     printf("%6d",f[i]);
    }
    return  0;
}
```

程序的运行结果如图 6-8 所示。

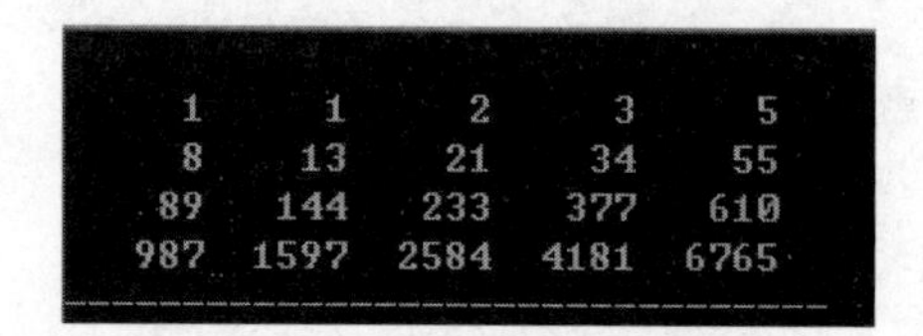

```
     1     1     2     3     5
     8    13    21    34    55
    89   144   233   377   610
   987  1597  2584  4181  6765
```

图 6-8　例题 6-5 的运行结果

6.2 二维数组

若存在一个数组，它的每一个元素也是类型相同的一维数组，那么该数组便是二维数组。数组的维数是指数组下标的个数，一维数组只有一个下标，二维数组有两个下标。

6.2.1　二维数组的定义

二维数组的定义形式如下：

```
类型标识符  数组名[常量表达式 1][常量表达式 2];
```

其中，常量表达式 1 为行下标，常量表达式 2 为列下标。

例如：

```
int a[2][3],b[3][4];
```

定义数组a 为2行3 列(2×3) 6个元素的整型二维数组, 数组 b 为 3 行 4 列(3×4) 12个元素的整型二维数组。

数组的行列编号均从 0 开始，数组元素在内存中以行优先原则存放，即先存放第 0 行，再存放第 1 行，以此类推。据此，按存放顺序数组 a 的 6 个元素分别为：

```
a[0][0]    a[0][1]    a[0][2]
a[1][0]    a[1][1]    a[1][2]
```

数组的元素在内存中是连续存放的，它们在内存中占据一片连续的内存空间。现假设数组 a 的第一个元素 a[0][0]在内存中的地址编号是 3000，每个整型元素占 4 字节的空间，则第 2 个元素 a[0][1]的地址编号是 3004，第 3 个元素 a[0][2] 的地址编号是 3008，第 4 个元素 a[1][0]的地址编号是 3012，……，第 6 个元素 a[1][2]的地址编号是 3000+(6−1)*4=3020。数组 a 在内存中的存放如图 6-9 所示。

a[0][0]	a[0][1]	a[0][2]	a[1][0]	a[1][1]	a[1][2]
3000	3004	3008	3012	3016	3020

图 6-9 数组 a 元素在内存中的存放

数组 b 有 12 个元素，存放方式与数组 a 类似，如图 6-10 所示，在此不再赘述。

b[0]	b[0][0]	b[0][1]	b[0][2]	b[0][3]
b[1]	b[1][0]	b[1][1]	b[1][2]	b[1][3]
b[2]	b[2][0]	b[2][1]	b[2][2]	b[2][3]

图 6-10 数组 b 的 12 个元素

二维数组的定义应注意以下两个问题。

(1) 不能将二维数组的两个下标写在一个方括号([ ])中。如 int a[2,3];这种写法是错误的。

(2) 二维数组可以看作特殊的一维数组。二维数组可以看作一维数组的每一个元素又是一个一维数组。以上面定义的数组 a 为例，数组 a 可以看成由 a[0]、a[1] 两个元素组成，这两个元素又各自包含 3 个整型数组元素，如图 6-11 所示。

a[0]	a[0][0]	a[0][1]	a[0][2]
a[1]	a[1][0]	a[1][1]	a[1][2]

图 6-11 二维数组看成特殊的一维数组

C 语言除了支持一维数组、二维数组外，也支持多维数组，如 int a[2][3][4];。在此不详细介绍多维数组，读者可以根据二维数组的基础，自学多维数组。

6.2.2 二维数组的引用

二维数组和一维数组一样，只能逐个元素引用，不能整体引用。二维数组元素引用的形式为：

```
数组名[下标 1][下标 2]
```

“下标 1”是第一维下标，也称行下标，“下标 2”是第二维下标，也称列下标。下标 1 和下标 2 的值都从 0 开始，下标 1、下标 2 均为常量。

从前面的介绍知道，若定义 int a[3][4];，则数组 a 有 12 个元素，分别为：

```
a[0][0]  a[0][1]  a[0][2]  a[0][3]
a[1][0]  a[1][1]  a[1][2]  a[1][3]
a[2][0]  a[2][1]  a[2][2]  a[2][3]
```

数组的每一个元素都可以当作一个变量来使用，以下都是数组元素正确的引用形式：

```
scanf("%d",&a[1][1]);
printf("%d",a[1][1]);
a[2][3]=a[0][0]+a[1][2]-a[1][1];
```

可以用循环的嵌套给二维数组输入输出值，如：

```
int  i,j,a[3][4];
for(i=0;i<3;i++)                        //外循环控制行
   for(j=0;j<4;j++)                     //内循环控制列
      scanf("%d",&a[i][j]);             //循环输入元素值
for(i=0;i<3;i++)                        //外循环控制行
   for(j=0;j<4;j++)                     //内循环控制列
      printf("%d",a[i][j]);             //循环输出元素值
```

下面看一个引用二维数组元素的例子。

【例题 6-6】定义一个 3 行 4 列的整型数组，从键盘为数组赋值。求各元素之和，并将数组按照 3×4 矩阵的格式输出。

(1) 程序分析：定义一个 3 行 4 列的整型数组 a，用循环的嵌套给数组 a 元素赋值。每输入一个元素值即存放到变量 sum(sum 的初值为 0)中，输出二维数组时注意每输出一行就要换行。

(2) 程序源代码如下：

```
#include <stdio.h>
#define  M   3
#define  N   4
int  main()
{  int a[M][N],i,j,sum=0;
   printf("请输入数组 a 的 12 个元素:\n");
   for(i=0;i<M;i++)                    //外循环控制行
     for(j=0;j<N;j++)                  //内循环控制列
     {   scanf("%d",&a[i][j]);         //循环输入元素值
         sum=sum+a[i][j];              //数组元素求和
     }
   printf("输出数组 a:\n");
   for(i=0;i<M;i++)
   { for(j=0;j<N;j++)
      printf("%4d",a[i][j]);           //循环输出元素值
      printf("\n");                    //每输出一行后换行
   }
   printf("\n");
   return  0;
}
```

程序的运行结果如图 6-12 所示。

```
请输入数组a的12个元素:
2 4 6 3 5 11 15 17 13 11 21 51
输出数组a:
   2   4   6   3
   5  11  15  17
  13  11  21  51
```

图 6-12　例题 6-6 的运行结果

6.2.3 二维数组的初始化

二维数组的初始化是指在定义二维数组的同时给二维数组元素赋值。二维数组的初始化有以下几种形式。

(1) 将二维数组的各元素按顺序写在一个大括号里，按顺序给数组的各个元素赋初值。

例如：

```
int  a[3][4]={1,2,3,4,5,6,7,8,9,10,11,12};
```

此时，a[0][0]=1，a[0][1]=2，a[0][2]=3，a[0][3]=4，a[1][0]=5，a[1][1]=6，a[1][2]=7，a[1][3]=8，a[2][0]=9，a[2][1]=10，a[2][2]=11，a[2][3]=12。

(2) 可以分行给二维数组的各元素赋值，将所有的元素值放在一个大括号里，在大括号内，每行按顺序再用一个大括号括起来，行与行间的大括号用逗号隔开。

例如：

```
int a[3][4]={{1,2,3,4},{5,6,7,8},{9,10,11,12}};
```

表示该二维数组有3行，第1行的4个元素分别为1,2,3,4，第2行的4个元素分别为5,6,7,8，第3行的4个元素分别为9,10,11,12。

(3) 可以只对数组的部分元素赋初值，没有赋初值的元素值默认是0(整型类)或者空字符(字符数组)。

例如：

```
int  a[3][4]={{1,2},{3,4},{5,6}};
```

则该数组为：

1　2　0　0

3　4　0　0

5　6　0　0

因是整型数组，凡是没有赋值的元素默认是0。

(4) 若对二维数组的所有元素赋值，可以省略第一维下标，任何时候都不能省略第二维的下标。

例如：

```
int  a[][4]={1,2,3,4,5,6,7,8,9,10,11,12};
```

是正确的，但不能写成

```
int  a[3][ ]={1,2,3,4,5,6,7,8,9,10,11,12};
```

6.2.4 二维数组程序示例

【例题 6-7】有一个3×4的矩阵，要求编程求出其中值最大的元素及其所在的行号和列号。

(1) 程序分析：首先把第一个元素a[0][0]作为临时最大值max，然后把临时最大值max与每一个元素a[i][j]进行比较。若a[i][j]>max，把a[i][j]作为新的临时最大值，并记录其下标i和j。当全部元素比较完后，max是整个矩阵中全部元素的最大值。

(2) 据此分析，程序的源代码如下：

```
#include <stdio.h>
int  main()
{  int  i,j,row=0,col=0,max;
   static int a[3][4]={{1,2,3,4},{9,8,7,6},{-10,10,-5,2}};
   max = a[0][0];
   for(i=0; i<=2; i++)    /* 用两重循环遍历全部元素 */
     for(j=0; j<=3; j++)
       if (a[i][j] > max )
        { max = a[i][j]; row = i; col = j; }
    printf("max=%d, row=%d, col=%d\n",max,row,col);
  return  0;
}
```

程序的运行结果如图 6-13 所示。

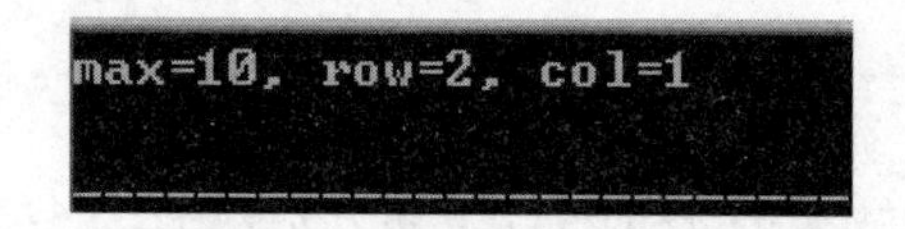

图 6-13　例题 6-7 的运行结果

思考：请读者理解例题 6-7 后思考。

若要求出二维数组中每行的最小值，将每行的最小值放到一个一维数组中，程序又该做怎样的修改？

【例题 6-8】将一个 2 行 3 列的二维数组转置为一个 3 行 2 列的二维数组，并按矩阵的格式输出。

例题 6-8 用数组来处理 Fibonicci 数列.mp4

(1) 程序分析：定义两个二维数组 a[2][3]和 b[3][2]，从键盘输入数组 a 的元素值，行列互换后，一一将元素值对应赋值给数组 b。两个数组元素的对应关系为 a[i][j]=b[j][i]。

(2) 程序的源代码如下：

```
#include <stdio.h>
int  main()
{  int  a[2][3],b[3][2],i,j;
   printf("输入数组 a 的元素值:\n");
   for(i=0;i<2;i++)
     for(j=0;j<3;j++)
       scanf("%d",&a[i][j]);
     printf("数组 a 转置前:\n");
   for(i=0;i<2;i++)
  {for(j=0;j<3;j++)
   { printf("%5d",a[i][j]);
      b[j][i]=a[i][j];
   }
     printf("\n");
  }
   printf("数组转置后:\n");
   for(i=0;i<3;i++)
  {for(j=0;j<2;j++)
```

```
      printf("%5d",b[i][j]);
    printf("\n");
  }
printf("\n");
return  0;
}
```

程序的运行结果如图 6-14 所示。

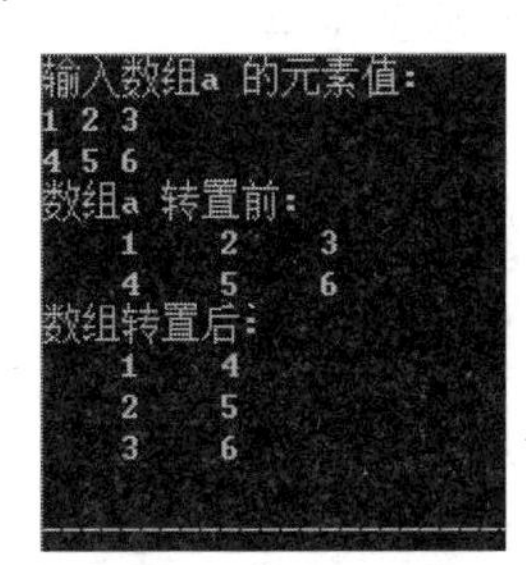

图 6-14 例题 6-8 的运行结果

【例题 6-9】 输入一个 4×4 的二维数组，并输出该数组主对角线和副对角线上的元素。

程序分析：首先定义一个二维数组 a[4][4]，用二重循环输入所有的元素。i 代表行下标，j 代表列下标，用 for 循环语句输出 i=j 的所有二维数组元素，即为主对角线的元素，用 for 循环语句，从 i=0,j=3 开始，每输出一个元素即对行下标加 1 列下标减 1，直至行号<4、列号=0 为止，即输出了副对角线的所有元素。

```
#include <stdio.h>
int  main()
{ int  a[4][4],i,j;
    printf("请输入各元素值:\n");
    for(i=0;i<4;i++)
      for(j=0;j<4;j++)
        scanf("%d",&a[i][j]);
    printf("主对角线元素为:\n");
    for(i=0,j=0;i<4&&j<4;i++,j++)
      printf("%4d",a[i][j]);
    printf("\n");
    printf("副对角线元素为:\n");
    for(i=0,j=3;i<4&&j>=0;i++,j--)
      printf("%4d",a[i][j]);
    printf("\n");
  return  0;
}
```

程序的运行结果如图 6-15 所示。

```
请输入各元素值:
1 2 3 4 5 6 7 8 9 10 11 12 13 14 15 16
主对角线元素为:
   1   6  11  16
副对角线元素为:
   4   7  10  13
```

图 6-15 例题 6-9 的运行结果

6.3 字符数组与字符串

6.3.1 字符数组的定义

字符数组是存放字符数据的数组，每一个元素存放一个字符。字符数组有一维、二维等，C 语言通过字符数组来存储和处理字符串。

1. 一维字符数组的定义形式

其定义与前面介绍的数值数组的定义相同。定义形式为：

```
char 数组名[常量表达式];
```

例如：

```
char c[10];
```

含义：定义一个长度为 10 的一维字符数组 c，c 的每个元素都可以存储一个字符，最多存储 10 个字符，整个字符数组可以存储一个长度少于 10 的字符串。

2. 二维字符数组的定义形式

二维字符数组的定义形式为：

```
char 数组名[常量表达式 1][ 常量表达式 2];
```

例如：

```
char c[3][4];
```

含义：定义一个 3 行 4 列的二维字符数组 c，c 的每个元素都可以存储一个字符，最多存储 12 个字符。

定义字符数组要注意以下几点。

(1) 数据类型：char。

(2) 数组名：用合法的标识符。

(3) 表达式：是整型或字符型的常量或常量表达式。如二维字符数组中，常量表达式 1 为行长度，常量表达式 2 为列长度。

6.3.2 字符数组的初始化

字符数组的初始化，最容易理解的方式就是逐个将字符赋给数组中的各元素，花括号中依次列出各元素对应的字符，用逗号分隔。

例如：

```
char a[10]={ 'I',' ','a','m','','h','a','p','p','y'};
```

含义：即把 10 个字符分别赋给 a[0]到 a[9]10 个元素，数组元素分别为 a[0]='I'，a[1]=' '，a[2]='a'，a[3]='m'，a[4]=' '，a[5]='h'，a[6]='a'，a[7]='p'，a[8]='p'，a[9]='y'。10 个元素在计算机中的存放如图 6-16 所示。

(1) 如果花括号中提供的字符个数小于数组长度，则只将这些字符赋予数组中前面的那些元素，其余的元素自动定为空字符(即'\0')。

例如：

```
char b[10]={'C',' ','p','r','o','g','r','a','m'},
```

含义：即把10个字符分别赋给b[0]到b[9]10个元素，数组元素分别为b[0]='C'，b[1]=' '，b[2]='p'，b[3]='r'，b[4]='o'，b[5]='g'，b[6]='r'，b[7]='a'，b[8]='m'，b[9]='\0'。10 个元素在计算机中的存放如图6-17所示。

a[0]	a[1]	a[2]	a[3]	a[4]	a[5]	a[6]	a[7]	a[8]	a[9]
I		a	m		h	a	p	p	y

图6-16　字符数组a的10个元素

b[0]	b[1]	b[2]	b[3]	b[4]	b[5]	b[6]	b[7]	b[8]	b[9]
I		p	r	o	g	r	a	m	\0

图6-17　字符数组b的10个元素

(2) 如果双引号中提供的字符个数大于等于数组长度，则按语法错误处理。

例如：

```
char ch[5]="C  program";  //提示错误
```

(3) 如果方括号中的参数省略，系统自动根据初值字符个数确定数组长度。

例如：

```
char c[ ]={ 'a','b','c','d','e'};
```

则系统自动分配数组长度为5。

6.3.3　字符数组的引用

字符数组中的每一个元素都是一个字符，一个字符数组元素代表一个字符，可以使用下标的形式来访问数组中的每一个字符。

例如：

```
char c[ ]={ 'a','b','c','d','e'};
x=c[2] ;    // x的值为c
```

定义了一个一维字符数组 c，用字符串常量对其初始化，该数组大小为 5，5 个元素的值分别为 'a'、'b'、'c'、'd'、'e'。其中，c[0]= "a"，c[1]= "b"，c[2]= "c"，c[3]= "d"，c[4]= "e"。

字符数组的引用与一维数组的引用类似，下面看一个字符数组引用的例子。

【例题6-10】字符数组的输入输出。

```
#include <stdio.h>
int  main()
{   char  c[15];
    int  i;
    printf("给字符数组赋值:");
    for(i=0;i<15;i++)
      scanf("%c",&c[i]);
    printf("字符数组为:");
    for(i=0;i<15;i++)
      printf("%c",c[i]);
    printf("\n");
```

```
    return 0;
}
```

程序的运行结果如图 6-18 所示。

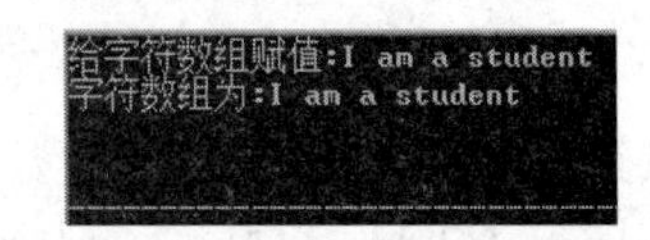

图 6-18　例题 6-10 的运行结果

6.3.4　字符串和字符串结束标志

1. 字符串的概念

在 C 语言中，字符串是指用双引号引起来的一个或多个字符。字符串中的字符包括转义字符以及 ASCII 码表中的所有字符。如"Hello"，"abc_123"，"a"都是合法的字符串。

2. 字符串结束标志

在 C 语言中，字符串是作为字符数组来处理的，字符串中的每一个字符分别存放到字符数组对应的元素位置。但实际使用中有时出现这样的情况，字符数组的长度大于字符串的实际长度，此时多余的字符数组元素默认为'\0'。C 语言规定，空字符'\0'作为一个“字符串的结束标志”，即字符串在存储时，系统会自动在每个字符串的末尾加上'\0'作为结束标志。

例如，字符串“China”在内存中占用 6 字节的空间，如图 6-19 所示。

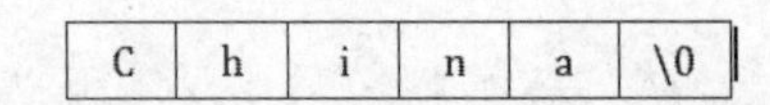

图 6-19　字符串“China”的存储情况

可以看出，字符串在内存中所占的空间=字符串实际长度+1，在定义字符数组时应估计字符串的实际长度，以保证字符数组的长度大于字符串的实际长度。

在此简单说明一下空字符'\0'的含义，'\0'是一个 ASCII 值为 0 的字符，无法在屏幕上显示，代表空操作，即什么也不能干，是字符串结束的标志。系统读取字符数组中的元素，当读到'\0'时，认为字符串结束。既然字符串是作为字符数组来处理的，那么对字符数组的初始化，则有了另一种形式，如下：

```
char s[]={"How are you!"};
```

也可以写成：

```
char s[]="How are you!";
```

此时字符数组 s 默认的长度是 13，末尾自动加上'\0'作为字符串的结束标志。存储情况如图 6-20 所示。

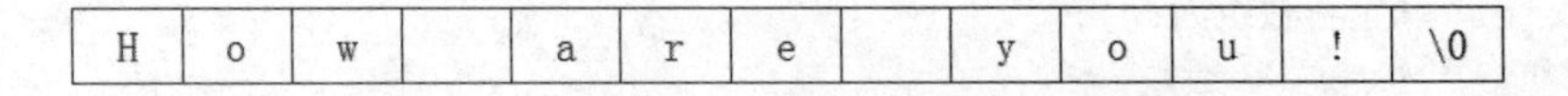

图 6-20　字符串“How are you!”的存储情况

上述初始化语句也可写成下列形式：

```
char  s[]={'H','o','w','','a','r','e','','y','o','u','! ','\0'};
```

注意：不能漏掉最后的'\0'字符，否则与上面的字符数组不等价。

6.3.5　字符数组的输入输出

字符数组可以采用"%c"格式说明符以循环的方式逐个输入、输出字符，最后再加上一个'\0'字符作为结束标志：也可以采用"%s"格式说明符对字符串进行整体输入输出。

(1) 用"%c"格式说明符以循环的方式逐个输入、输出字符。

例如：

```
char  s[10]; int  i;
for(i=0;i<10;i++)scanf("%c",&s[i]);      //循环输入每个字符
for(i=0;i<10;i++)printf("%c",s[i]);      //循环输出每个字符
```

(2) 用"%s"格式说明符对字符串进行整体输入、输出。

例如：

```
char s[10];
scanf("%s",s);       //整体输入字符串
printf("%s",s);      //整体输出字符串
```

下面看一个字符数组输入输出的例子。

【例题 6-11】字符数组输入输出范例。

```
#include <stdio.h>
int  main()
{   char s1[10],s2[10],s3[10],s4[10];
    printf("please input string:\n");
    scanf("%s%s%s%s",s1,s2,s3,s4);
    printf("please output string:\n");
    printf("%s  %s  %s  %s\n",s1,s2,s3,s4);
    return  0;
}
```

程序运行结果如图 6-21 所示。

```
please input string:
How do you do!
please output string:
How  do  you  do!
```

图 6-21　例题 6-11 的运行结果

6.3.6　字符串处理函数

在设计程序时，往往需要对字符串做一些处理，例如将两个字符串连接、将字符串赋值、比较字符串的大小、转换字符串字母的大小写等。为了简化用户的程序设计，C 语言提

供了丰富的字符串处理函数，用户在编程时，可以直接调用这些函数，从而大大减轻编程的工作量。在使用字符串处理函数前，应先包含对应的头文件。在使用字符串输入输出函数前，应先包含头文件<stdio.h>；在使用字符串的比较、连接、大小写转换等函数前，应先包含头文件<string.h>。常用的字符串处理函数如表 6-1 所示。

表 6-1　常用的字符串处理函数

函数原型	函数功能
gets(字符数组)	从键盘读入一个字符串到字符数组中，输入的字符串中允许包含空格，输入字符串时以 Enter 键结束，系统自动在字符串的末尾加上'\0'结束符
puts(字符数组)	从字符数组的首地址开始，输出字符数组，同时将'\0'转换成换行符
strcpy(字符数组 1,字符串 2)	将字符串 2 复制，放到字符数组 1 中
strcat(字符数组 1,字符数组 2)	将字符数组 1 中的字符串与字符数组 2 中的字符串连接成一个长串，放到字符数组 1 中
strcmp(字符串 1,字符串 2)	按照 ASCII 码的顺序比较两个字符串的大小，比较的结果为整数，通过整数值为正、负或 0 来判断两个字符串的大小
strlen(字符数组)	求字符串的实际长度，不包括'\0'
strlwr(字符串)	将字符串中的所有大写字母都转换成小写字母
strupr(字符串)	将字符串中的所有小写字母都转换成大写字母

1. 字符串输入函数 gets()

格式：

```
gets(字符数组);
```

功能：从键盘读入一个字符串到字符数组中，输入的字符串中允许包含空格，输入字符串时以 Enter 键结束，系统自动在字符串的末尾加上'\0'结束符。

例如：

```
char s[20];
gets(s);
```

若从键盘输入数据“Hello　yxl!”，则字符数组 s 获得的值为“Hello　yxl!”(包括空格)，系统自动在末尾加上'\0'作为结束标志。

【例题 6-12】字符串输入函数 gets()使用示例。

```
#include <stdio.h>
int  main()
{   char str[20];
    printf("please input string:\n");
    gets(str);//输入字符串，输入的字符串中可以包含空格
    printf("output string:\n");
    printf("%s\n",str);//输出字符串
    return  0;
}
```

例题 6-12 字符串输入函数 gets( )使用示例.mp4

程序的运行结果如图 6-22 所示。

```
please input string:
What is your name?
output string:
What is your name?
```

图 6-22 例题 6-12 的运行结果

注意：使用 gets()函数输入字符串与使用 scanf()函数的“%s”格式输入字符串的区别：使用 gets()函数输入字符串时，输入的字符串中可以包含空格，空格可以作为字符串的一部分，当按 Enter 键时字符串结束；而使用 scanf()函数的“%s”格式按字符串时，输入的字符串中不能包含空格，空格或 Enter 键都是字符串的结束标志。

2. 字符串输出函数 puts()

格式：

```
puts(字符数组);
```

功能：从字符数组的首地址开始，输出字符数组，同时将'\0'转换成换行符。

例如：

```
char str[20]="Hello yxl!";
puts(str);//输出字符串 str
```

运行结果为“Hello　yxl!”，光标自动换行。

【例题 6-13】字符串输出函数 puts()使用示例。

```
#include <stdio.h>
int  main()
{   char  str[20]="Welcom to Wuhan!";
    puts(str);
    puts("Yes !");
    return  0;
}
```

程序的运行结果如图 6-23 所示。

图 6-23 例题 6-13 的运行结果

此例中，语句 puts(str);输出字符串 Welcom to Wuhan!后，自动换行，在下一行输出字符串 Yes!。

注意：字符串输出函数 puts()能够自动换行，因此，在使用 puts()函数时，一般下面不需要使用 printf("\n");语句来输出换行符。

3. 字符串复制函数 strcpy()

格式：

```
strcpy(字符数组 1,字符串 2);
```

功能：将字符串 2 复制，放到字符数组 1 中，字符串 2 中的字符串结束标志'\0'也一同复制后放到字符数组 1 中。

【例题 6-14】字符串复制函数 strcpy()使用示例。

```
#include <stdio.h>
#include <string.h>
int  main()
{   char str1[20],str2[20],str3[20]="How are you?";
    strcpy(str1,str3);           //不能写成 str1=str3;
    strcpy(str2,"Fine,thanks!");//不能写成 str2="Fine,thanks!";
    puts(str1);
    puts(str2);
    puts(str3);
    return  0;
}
```

程序的运行结果如图 6-24 所示。

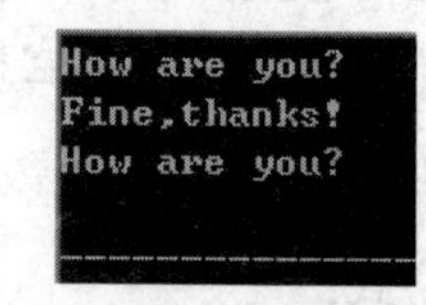

图 6-24　例题 6-14 的运行结果

注意：

(1) 字符数组 1 的长度应大于或等于字符串 2，以保证字符数组 1 能够存放得下字符串 2。

(2) 字符串 2 可以是字符串形式，也可以是字符数组名的形式。以下的表达形式是正确的：

```
char  str1[15],str2[10]={"language"};
strcpy(str1,str2);
strcpy(str1,"language");
```

(3) 因数组不能进行整体赋值，故不能使用赋值语句来给字符数组赋值。下面的表达形式是非法的。

```
char str1[15],str2[10]={"language"};
str1=str2;            //错误，不能用=直接赋值
str1="language";     //错误，不能用=直接赋值
```

(4) 字符串 2 中的字符串结束标志'\0'也一同复制后放到字符数组 1 中。

4. 字符串连接函数 strcat()

格式：

```
strcat(字符数组 1,字符数组 2)
```

功能：将字符数组 1 中的字符串与字符数组 2 中的字符串连接成一个长串，放到字符数组 1 中，原字符数组 1 末尾的'\0'会被自动覆盖，连接后的新长串的末尾会自动加上'\0'。

【例题 6-15】字符串连接函数 strcat()使用示例。

```
#include <stdio.h>
#include <string.h>
int  main()
{   char str1[20]="Welcome to ";
    char str2[]="Wuhan";
    printf("%s\n",strcat(str1,str2));
    return  0;
}
```

程序的运行结果如图 6-25 所示。

图 6-25 例题 6-15 的运行结果

注意：

(1) 字符数组 2 可以是一个字符数组，也可以是一个字符串。

(2) 字符数组 1 的长度必须充分大，能够容纳得下连接以后的长串。

5. 字符串比较大小函数 strcmp()

格式：

```
strcmp(字符串 1,字符串 2)
```

例如：

```
strcmp(s1,s2);
strcmp(s1,"good");
strcmp("good","bad");
```

功能：按照 ASCII 码的顺序比较两个字符串的大小，比较的结果为整数，通过整数值为正、负或 0 来判断两个字符串的大小。

比较两个字符串大小的规则如下。

(1) 若字符串 1 等于字符串 2，函数值为 0。

(2) 若字符串 1 大于字符串 2，函数值为一正整数。

(3) 若字符串 1 小于字符串 2，函数值为一负整数。

两个字符串比较大小，比较的规则是从第一个字母开始，比较对应位字符的 ASCII 值的大小。若第一个字符相同，再比较第二个，依次比较下去，直到能够比较出大小为止，如 strcmp("good","great")<0,strcmp("France","America")>0 等。

【例题 6-16】字符串比较大小函数 strcmp()使用示例。

```
#include <stdio.h>
#include <string.h>
int main()
{   char  str1[10]={"China"};
    char  str2[10]={"America"};
    if(strcmp(str1,str2)>0)
       printf("Yes! \n");
    else
       printf("No! \n");
    return 0;
}
```

程序的运行结果如图 6-26 所示。

图 6-26 例题 6-16 的运行结果

6. 求字符串长度函数 strlen()

格式：

```
strlen(字符数组)
```

功能：求字符串(字符数组)的实际长度，不包括'\0'在内。

【例题 6-17】求字符串长度函数 strlen()使用示例。

```
#include <stdio.h>
#include <string.h>
int  main()
{  char str1[20]="0123456789";
   printf("%d\n",strlen(str1));
   printf("%d\n",strlen("abcdefg"));
   return  0;
}
```

程序运行结果如图 6-27 所示。

注意： 函数的返回值是一整数，返回值表示字符串中字符的实际个数。

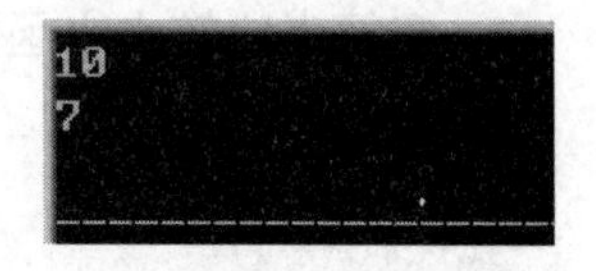

图 6-27　例题 6-17 的运行结果

7. 字符串中大写字母转小写字母 strlwr()函数

格式：

```
strlwr(字符串);
```

功能：将字符串中的所有大写字母都转换成小写字母。

例如，strlwr("ABcD")的结果是"abcd"。

8. 字符串中小写字母转大写字母 strupr()函数

格式：

```
strupr(字符串);
```

功能：将字符串中的所有小写字母都转换成大写字母。

例如，strupr("abcD")的结果是"ABCD"。

【融入思政元素】

字符数组就像一个团队，字符的有序排列就可以表达出深刻的意义。同学们要发挥团队精神，人心齐，泰山移。一个团队由各种各样的人组成，扮演着各自的角色，发挥不同的作用，就能形成无坚不摧的力量。

6.3.7　字符数组程序示例

【例题 6-18】 输入六个国家的名称，按字母顺序排列输出。

(1) 程序分析：六个国家的名称可以用一个二维字符数组来处理。C 语言规定，可以把一个二维数组当成多个一维数组处理，因此本题又可以按照六个一维数组来处理，每一个一维数组就是一个国家名称。用字符串比较函数比较每个一维数组的大小，并排序。

(2) 程序代码如下：

```
#include <stdio.h>
#include <string.h>
int  main()
{   char st[20],cs[6][20];
    int  i,j,p;
    printf("please input country's  name:\n");
    for(i=0;i<6;i++)
      gets(cs[i]);
    printf("\n");
```

```
for(i=0;i<6;i++)
{    p=i;
    strcpy(st,cs[i]);
    for(j=i+1;j<6;j++)
      if(strcmp(cs[j],st)<0)
 { p=j;
     strcpy(st,cs[j]);
 }
    if(p!=i)
{  strcpy(st,cs[i]);
     strcpy(cs[i],cs[p]);
     strcpy(cs[p],st);
 }
    puts(cs[i]);
    printf("\n");
}
return  0;
}
```

程序的运行结果如图 6-28 所示。

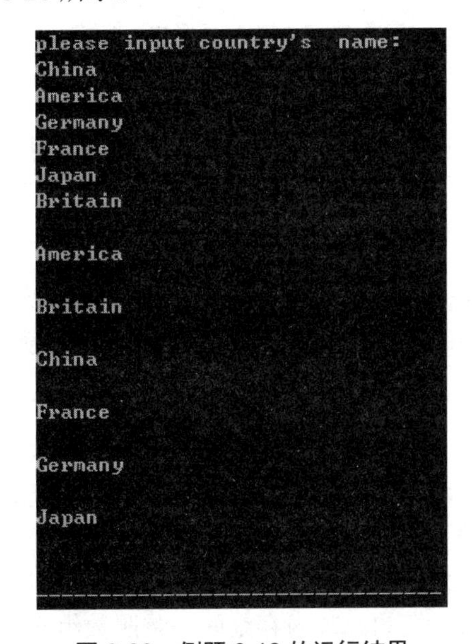

图 6-28　例题 6-18 的运行结果

【例题 6-19】输入一行字符，统计其中大写字母、小写字母、空格、数字以及其他字符的个数。

(1) 程序分析：使用 gets()函数输入一行字符，采用循环的方式逐个判断是大写字母、小写字母、空格、数字以及其他字符。

(2) 程序代码如下：

```
#include <stdio.h>
#include <string.h>
int  main()
{   char  str[50];
```

```
    int  i,n1,n2,n3,n4,n5;
    n1=n2=n3=n4=n5=0;
    gets(str);
    for(i=0;str[i]!='\0';i++)
     {  if(str[i]>='A'&&str[i]<='Z') n1++;
        else if(str[i]>='a'&&str[i]<='z') n2++;
            else if(str[i]==' ') n3++;
                else if(str[i]>='0'&&str[i]<='9') n4++;
                    else n5++;
 }
printf("字符串中大写字母%d 个，小写字母%d 个，空格% d 个，数字% d 个，其他字符% d 个\n",n1,n2,n3,n4,n5);
return  0;
}
```

程序的运行结果如图 6-29 所示。

```
abcd #$% 689 SFDGH6 !@#
字符串中大写字母5 个，小写字母4 个，空格 4 个，数字 4 个，其他字符 6 个
```

图 6-29　例题 6-19 的运行结果

【融入思政元素】

优秀学长工作经验分享：树立正确的技能观，努力提高自己的技能，为社会和人民造福；通过类和对象解决生活中的实际问题，加深学生对专业知识技能学习的认可度与专注度。

本章小结

数组是具有相同数据类型的多个数据的有序集合，是程序设计中常用的数据结构。根据定义数组时下标个数的不同，数组可分为一维数组、二维数组和多维数组。数组同普通变量一样，必须先定义后使用，对数组引用时只能引用数组元素，不能整体引用数组名。在 C 语言中，同一个数组的不同元素通过数组下标来指定。规定 C 语言中的数组元素下标从 0 开始，最大下标为数组长度减 1。在使用数组时，注意不能越界。数组在内存中按照线性方式存储，在内存中占据连续的一片内存空间，按照数组元素下标从小到大顺序存储。二维数组按照行优先原则存储。

若数组类型是字符型的，则该数组是字符型数组。字符数组的初始化有两种方式：字符初始化和字符串初始化。同理，字符数组的输入输出也有两种方式：逐个字符输入输出和整个字符串输入输出。C 语言提供了丰富的字符串处理函数，可对字符串进行输入、输出、连接、比较、大小写转换、复制、求字符串长度等。使用这些函数可大大减轻编程的负担。在使用字符串输入、输出函数前，应包含头文件"stdio.h"，使用其他字符串函数则应包含头文件"string.h"。

习题 6

一、选择题

1. 以下对一维整型数组 a 的正确说明是(　　)。

```
scanf("%d",&n);  int a[SIZE];
int  a[n];
```

A. int　a(10);　　B. int n=10, a[n];

C. int n;　　D. #define SIZE　10

2. 若有定义 int　a[10]，则对数组 a 元素的正确引用是(　　)。

A. a[10]　　B. a[3.5]　　C. a(5)　　D. a[10−10]

3. 以下能对一维数组 a 进行正确初始化的语句是(　　)。

A. int　a[10]={0,0,0,0,0};　　B. int　a[10]={};

C. int　a[]={str};　　D. int　a[10]={10*1};

4. 若有定义 int a[3][4]，则对数组 a 元素的正确引用是(　　)。

A. a[2][4]　　B. a[1,3]　　C. a(5)　　D. a[10−10]

5. 以下能对二维数组 a 进行正确初始化的语句是(　　)。

A. int　a[2][]={{1,0,1},{5,2,3}};　　B. int　a[][3]={{1,2,3},{4,5,5}};

C. int　a[2][4]={{1,2,3},{4,5},{6}};　　D. int　a[][3]={{1,0,1},{},{1,1}};

6. 以下对一维整型数组 a 进行正确初始化的语句是(　　)。

A. int　a[10]=(0,0,0,0,0);　　B. int　a[10]={};

C. int　a[]={0};　　D. int　a[10]={10*1};

7. 以下对二维整型数组 a 的正确说明是(　　)。

A. int　a[3][];　　B. float a(3,4);

C. double a[1][4];　　D. float a(3)(4);

8. 若有说明“int　a[3][4];”，则对 a 数组元素的正确引用是(　　)。

A. a[2][4]　　B. a[1,3]

C. a[1+1][0]　　D. a(2)(1)

9. 以下对二维整型数组 a 进行正确初始化的语句是(　　)。

A. int　a[2][]={{1,01},{5,2,3}};　　B. int　a[][3]={{1,2,3},{4,5,6}};

C. int　a[2][3]={{1,2,3},{4,5},{6}};　　D. int　a[][3]={{1,0,1},{},{1,1}};

10. 以下不能对二维整型数组 a 进行正确初始化的语句是(　　)。

A. int　a[2][3]={0};　　B. int　a[][3]={{1,2},{0}};

C. int　a[2][3]={{1,2},{3,4},{5,6}};　　D. int　a[][3]={1,2,3,4,5,6};

11. 下面是对 s 的初始化，其中不正确的是(　　)。

A. char　s[5]={ " abc " };　　B. char　s[5]={a,b,c,d,e,\0};

C. char　s[5]= "　" ;　　D. char　s[5]= " abcd " ;

12. 若二维数组 a 有 m 列，则在 a[i][j]前面的元素个数为(　　)。

A. j*m+i　　B. i*m+j　　C. i*m+j−1　　D. i*m+j+1

13. 定义如下变量和数组:

```
int  k;
int  a[3][3]={1,2,3,4,5,6,7,8,9};
```

则下面语句的输出结果是(　　)。

```
for (k=0;k<3;k++)  printf("%d",a[k][2- k]);
```

A. 357　　B. 369　　C. 159　　D. 147

14. 以下正确的定义语句是(　　)。

A. int　a[1][4]={1,2,3,4,5};　　B. float x[3][]={{1},{2},{3}};

C. long　b[2][3]={{1},{1,2},{1,2,3}};　　D. double y[][3]={0};

15. 有以下程序:

```
int  main()
{ int  m[][3]={1,4,7,2,5,8,3,6,9};
int  i,j,k=2;
for(i=0;i<3;i++)
printf("%d ",m[k][i]);
return 0;
}
```

执行后的输出结果是(　　)。

A. 456　　B. 258　　C. 369　　D. 789

16. 以下程序的输出结果是(　　)。

```
main()
{int a[4][4]={{1,3,5},{2,4,6},{3,5,7}};
printf("%d%d%d%d\n",a[0][3],a[1][2],a[2][1],a[3][0]);}
```

A. 0650　　B. 1470　　C. 5430　　D. 输出值不定

17. 以下程序的输出结果是(　　)。

```
int main()
{ int i,a[10];
for(i=9;i>=0;i--)
a[i]=10-i;
printf("%d%d%d",a[2],a[5],a[8]);
return 0;}
```

A. 258　　B. 741　　C. 852　　D. 369

18. 有以下程序:

```
int main()
{int  aa[4][4]={{1,2,3,4},{5,6,7,8},{3,9,10,2},{4,2,9,6}};
  int i,s=0;
  for(i=0;i<4;i++)
    s+=aa[i][1];
printf("%d\n",s);
return 0;
}
```

程序运行后的输出结果是(　　)。

A. 11　　B. 19　　C. 13　　D. 20

19. 有如下程序:

```
int main()
{int  a[3][3]={{1,2},{3,4},{5,6}},i,j,s=0;
for(i=1;i<3;i++)
for(j=0;j<=i;j++)
     s+=a[i][j];
printf("%d\n",s);
return 0;
}
```

该程序的输出结果是(　　)。

A. 18　　B. 19　　C. 20　　D. 21

20. 以下程序的输出结果是(　　)。

```
int main()
{char  ch[3][5]={"AAAA","BBB","CC"};
printf("%s\n",ch[1]);
return 0;}
```

A. "AAAA"　　B. "BBB"　　C. "BBBCC"　　D. "CC"

21. 以下程序的输出结果是(　　)。

```
int main()
{ int  b[3][3]={0,1,2,0,1,2,0,1,2},i,j,t=1;
for(i=0;i<3;i++)
for(j=i;j<=i;j++)
t=t+b[i][b[j][j]];
printf("%d\n",t);
return 0;}
```

A. 3　　B. 4　　C. 1　　D. 9

二、填空题

1. 下面程序的功能是：将字符数组 a 中下标值为偶数的元素从小到大排列，其他元素不变。请填空。

```
#include <stdio.h>
#include <string.h>
int main()
{  char a[]="clanguage",t;
   int i,j,k;
   k=strlen(a);
   for(i=0;i<=k-2;i+=2)
  for(j=i+2;j<=k;(______))
if((________))
{ t=a[i];a[i]=a[j];a[j]=t; }
    puts(a);
    printf("\n");
return 0;}
```

2. 以下程序的功能是：将字符串 s 中的数字字符放入 d 数组中，最后输出 d 中的字符串。例如，输入字符串 abc123edf456gh，执行程序后输出 123456，请填空。

```
int main()
{  char  s[80],d[80];int i,j;
   gets(s);
   for(i=j=0;s[i]! ='\0';i++)
   if(_________ )
  { d[j]=s[i];j++; }
    d[j]='\0';
    puts(d);
return 0;}
```

三、编程题

1. 输入一个 4 × 6 的二维数组，然后输出该数组。

2. 输入一个 4 × 6 的整型二维数组，求数组中的最大值、最小值及平均值。

3. 利用字符串处理函数，输入一个非空字符串，然后复制这个字符串，最后输出两个字符串。

4. 假设 10 个整数存储在数组 a[10]中，要求把其中能被 9 整除的数标记为 T，其他标记为 F。标记存储在字符数组 b[10]中。编写程序，实现以上功能，并输出两个数组。

5. 利用冒泡排序法，对数组 a[10]={10,9,6,7,4,8,1,2,3,5}中的数按升序排序。

6. 假设已有 9 个整数按降序存放在数组 a 中，要求编程实现从键盘输入一个任意的整数 n，将它存放到数组 a 中，使数组中的 10 个整数仍按降序存放。

7. 编写程序，找出 4 × 5 矩阵中最小元素的值及其所在的行号和列号。

8. 输入 10 名同学的英文姓名，并按字母的前后顺序输出 10 名同学的姓名。

第7章 模块化程序设计——函数

模块化程序设计的思想是将比较复杂的问题分解为若干相对简单的子问题，然后分别求解，以降低解决问题的复杂度。一个 C 语言程序由一个或多个程序模块组成，每个程序模块由一个或多个函数组成。通过函数的思想，引导学生掌握模块化思想。模块之间的互相调用协作，能加强读者的团队精神及合作能力。函数是程序的基本单位，是程序设计的重要手段。本章介绍系统提供的主函数(main)、库函数和用户定义函数。

本章教学内容：

◎ 模块化程序设计与函数
◎ 函数定义、调用和声明
◎ 数组作为函数参数
◎ 函数的嵌套调用和递归调用
◎ 变量的作用域与存储方式

本章教学目标：

◎ 理解函数的概念，建立模块化程序设计的思想
◎ 熟练掌握函数定义、调用和声明的用法
◎ 掌握函数参数的两种传递方式
◎ 熟练掌握函数的嵌套调用和递归调用
◎ 理解变量存储类型的概念及各种存储类型变量的生存期和有效范围

7.1 函数概述

7.1.1 为什么需要函数

如果程序的功能比较多，规模比较大，用以前学的知识，把所有代码都写在 main 函数中，就会使主函数变得庞杂、头绪不清，使读者阅读和维护变得很困难。有时程序中要多次实现某一功能，就需要重复编写实现此功能的程序代码，就会使程序变得冗长，不精练。

若不用函数的观点编程，那么读者在需要的时候就要在 main 函数中插入同样的一段代码，也就是敲上同样的或者仅有几个参数差别的代码。如例题 7-1 中，通过循环语句块 for (fact=1,i=2;i<=m;i++) fact = fact * i; 求解出 m！；同理，类似的循环语句块还有两块，分别求 n!和(m−n)!。这样是好理解了，但是代码太长了，冗杂又占用空间。

【例题 7-1】不用函数的观点编写程序，实现求 $C_n^m=\dfrac{m!}{n!(m-n)!}$。

```
#include <stdio.h>
main()
{ int i, m, n;
  long fact, c;
  scanf("%d%d",&m , &n);
  for (fact=1,i=2;i<=m;i++)        //循环语句块求m!
    fact = fact * i;
    c = fact;
  for (fact=1,i=2;i<=n;i++)        //循环语句块求n!
    fact = fact * i;
    c = c / fact;
  for (fact=1,i=2;i<=m-n;i++)     //循环语句块求(m-n)!
    fact = fact * i;
    c = c / fact;
  printf("%d!/(%d!*%d!)=%ld\n",m,n,m-n,c);
}
```

程序运行结果如图 7-1 所示。

图 7-1　例题 7-1 的运行结果

若用函数的观点编程，读者可以将多次使用的功能单独编写成一个函数，如自定义函数 factorial 求 n!。例题 7-2 是利用函数 factorial 改写例题 7-1。

【例题 7-2】用函数的观点编写程序，实现求 $C_n^m=\dfrac{m!}{n!(m-n)!}$。

```
#include <stdio.h>
long factorial(int n)         //自定义函数求n!
{  long fact;
```

```
    int  i;
    for (fact=1, i=2; i<=n; i++)
      fact *= i ;
    return ( fact );
}
int main()
{ int m,n;
  long c;
  scanf("%d%d", &m, &n);
  c=factorial(m)/factorial(n);    //求m!/n!
  c=c/factorial(m-n);             //求(m!/n!)/(m-n)!
  printf("%d!/(%d!*%d!)=%ld\n",m,n,m-n,c);
  return 0;
}
```

程序运行结果如图 7-2 所示。

图 7-2　例题 7-2 的运行结果

教学中所编写的程序一般都比较简单，主要是练习语法，基本看不出函数编程的优越性。以后编写相对大型的程序代码或者课程设计大作业，多次需要使用同一种功能时，读者可以发现用函数的观点编程可以大大减少重复编写程序段的工作量，更方便地实现模块化的程序设计。

7.1.2　模块化程序设计的思想

通过前 6 章的学习，我们已经能编写一些简单的程序，解决日常生活中的简单问题。随着信息技术的发展，要计算机解决的问题越来越复杂，如果还用以前逐条编写计算机语句的方法，解决比较大的问题需要成千上万条代码。

用计算机解决较大的问题时，由于问题复杂，涉及许多方面，每一方面又可能包含许多小问题。在生活中，最有效的方法是将较大的问题按性质不同分割成若干小的工作模块，再将这些小的模块分配给适当的人执行，达到分工合作的效果。对于规模较大的程序，设计工作一般需要多个人甚至若干小组分工完成。因此如何组织程序再设计，如何将程序分模块，需要遵循什么样的原则，才能将各个程序模块组合成一个功能完善的系统，这就不能简单地采用以前编写小程序的方法了，而必须采用一种新的方法——模块化程序设计方法来设计程序。

模块化程序设计的思想，是指将复杂问题分解成若干子问题——模块，逐个解决每个子问题。即将整个软件系统分解为功能独立，可单独命名、单独设计、单独编程的程序单元。例如绘制一个动物图案，需要分成用圆形画头、用菱形画躯干、用长方形画四肢三个模块完成；例如建立一个学生信息管理系统，需要分成录入学生信息、显示学生信息、修改学生信息、查询学生信息、删除学生信息五个模块完成。

【例题 7-3】用 C 语言开发一个简单的学生信息管理系统。

```
#include <stdio.h>
#include "stdlib.h"
void Menu() //实现系统主菜单模块
{printf("\n\n");
printf("\t\t|-----------------------------------|\n");
printf("\t\t|   学生信息管理系统     |\n");
printf("\t\t|-----------------------------------|\n");
printf("\t\t|    1.录入学生信息      |\n");
printf("\t\t|    2.显示学生信息      |\n");
printf("\t\t|    3.修改学生信息      |\n");
printf("\t\t|    4.查询学生信息      |\n");
printf("\t\t|    5.删除学生信息      |\n");
printf("\t\t|----------------------------------|\n");
}
void create()                    //实现录入学生信息模块
 { printf("请录入学生信息:\n");}
void display()                   //实现显示学生信息模块
 { printf("请显示学生信息:\n");}
void modify()                    //实现修改学生信息模块
 {printf("请修改学生信息:\n");}
void query()                     //实现查询学生信息模块
 {printf("请查询学生信息\n");}
void del()                       //实现删除学生信息模块
 {printf("请删除学生信息:\n");}
int main()
{int choose,flag=1;
while(flag)
{Menu();  //显示系统主菜单
scanf("%d",&choose);
system("cls");
switch(choose)
{case 1:create();break;      //录入学生信息
 case 2:display();break;     //显示学生信息
 case 3:modify();break;      //修改学生信息
 case 4:query();break;       //查询学生信息
 case 5:del();break;         //删除学生信息
 case 0:flag=0;}
}
return 0;
}
```

程序说明:

(1) 函数是实现模块化设计的重要机制，在编写大程序时，可以将程序分割成几个小程序，每个小程序用一段 C 程序代码来描述，如学生信息管理系统的五个模块可用以下五段代码来实现。

实现录入学生信息模块 void create(void) {……}

实现显示学生信息模块 void display(void){……}

实现修改学生信息模块 void modify(void){……}

实现查询学生信息模块 void query(void){……}

实现删除学生信息模块 void del(void){……}

(2) C 语言是通过函数来实现模块化程序设计的，所以较大的 C 语言应用程序往往是由多个函数组成的，每个函数分别对应各自的功能模块。以上每个功能模块各用一个函数表示，其函数体只用了简单的打印语句，均简略实现了五个模块的功能。

(3) 前面我们学过，C 程序必须有且只能有一个名为 main 的主函数，C 程序的执行总是从 main 函数开始，在 main 中结束。因此，这个学生信息管理系统还需要一个主函数 main 来调用和测试各模块。

【融入思政元素】

我们在生活工作中，会碰到许许多多复杂的事情，要学会用计算机模块化设计理念，分块处理，不断修正，来提高处理事情的效率。

7.1.3 函数的概念

函数是从英文 function 翻译过来的，其实，function 在英文中的意思既是“函数”，也是“功能”。从本质上来说，每个函数都是一段独立的 C 程序代码，可以实现具体的、明确的功能，如前面章节用到的输出函数 printf()和输入函数 scanf()。

根据模块化程序设计的思想，一个 C 程序由一个或多个源程序文件组成，一个源程序文件由一个或多个函数组成，一个源文件可以为多个 C 程序公用。如图 7-3 所示为 C 程序的组成。在 C 语言中，一个源程序文件是一个编译单位，即以源程序为单位进行编译，而不是以函数为单位进行编译。对较大的程序，一般不希望全放在一个文件中，而将函数和其他内容(如预编译命令)分别放在若干源文件中，再由若干源文件组成一个 C 程序。这样可以分别编写、分别编译，提高调度效率。

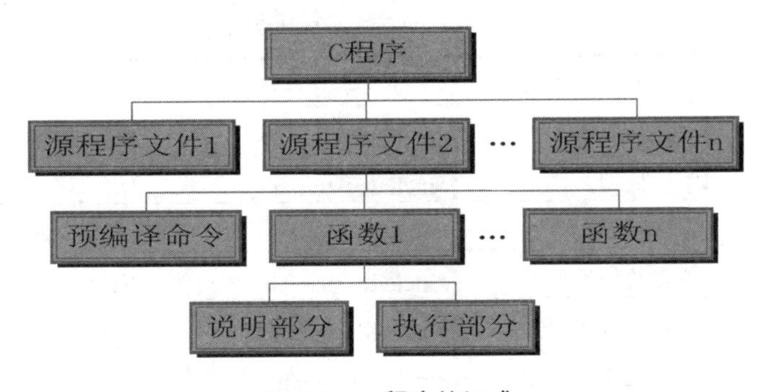

图 7-3 C 程序的组成

函数是 C 语言的基本单位，是程序设计的重要手段。C 程序是一系列函数的集合。一个较大的程序一般可分为若干程序模块，每一个模块用来实现一个特定的功能。在 C 语言中，每个程序模块均由不同的函数来实现。

从用户使用的角度看，函数有标准函数和用户自定义函数两种。

(1) 标准函数，即库函数，由系统提供，用户不必自己定义这些函数，可以直接使用它们，如前面章节用到的输出函数 printf()和输入函数 scanf()。

(2) 用户自定义函数，即需用户自己定义的函数，用以解决用户的专门需要，必须先定义后使用，如例题 7-2 所用的自定义函数——求阶乘函数 factorial()。

【融入思政元素】

通过函数结构化的程序分析，培养学生的工程项目分析能力和管理能力，引导学生掌握结构化思维，学会在结构里面思考和做事。我们人类所生活的世界、宇宙以及我们人体本身就是一个结构，结构化思维要体现出解决问题的思想或原理，同时包含关键元素及关系。结构是人类思考的重要手段，直接参与人类的认知过程。

7.1.4 函数的分类

1. 标准函数库介绍

不像 COBOL、Fortran 和 PL/I 等编程语言，在 C 语言的工作任务里不会包含嵌入的关键字，所以几乎所有的 C 语言程序都是由标准函数库的函数来创建的。在 C 语言程序设计里，C 标准函数库是所有符合标准的头文件(head file)的集合，以及常用函数库的实现程序。

C 语言的编译系统提供了几百个标准库函数，这些函数所用到的常量、外部变量、函数类型及参数说明，都会被写成一个电脑文件，这个文件就称为头文件，但是实际的函数实现封存在函数库文件里。必须用编译预处理命令把相应的头文件包含到程序中，才能使用这些标准库函数。C 程序中用到标准输入输出函数时，就要包含用于标准输入输出的头文件 stdio.h。如语句 printf("%d",x); scanf("%d",&x);中用到输出函数 printf 和输入函数 scanf，就需在 main()函数之前加上#include <stdio.h>。

头文件的命名和领域是很常见的，但是函数库的组织架构也会因为不同的编译器而有所不同。C 语言所提供的部分头文件如表 7-1 所示，如 stdio.h 头文件为标准输入/输出函数所用；string.h 头文件为字符串操作函数所用；math.h 头文件为数学函数所用。

表 7-1 部分头文件说明

头文件包含	头文件注释(作用)	头文件包含	头文件注释(作用)
#include<assert.h>	设定插入点	#include<math.h>	定义数学函数
#include<ctype.h>	字符处理	#include<stdio.h>	定义输入/输出函数
#include<errno.h>	定义错误码	#include<stdlib.h>	定义杂项函数及内存分配
#include<float.h>	浮点数处理	#include<string.h>	字符串处理
#include<fstream.h>	文件输入/输出	#include<strstrea.h>	基于数组的输入/输出
#include<iomanip.h>	参数化输入/输出	#include<time.h>	定义关于时间的函数
#include<iostream.h>	数据流输入/输出	#include<wchar.h>	宽字符处理及输入/输出
#include<locale.h>	定义本地化函数	#include<wctype.h>	宽字符分类

标准函数库通常会随附在编译器上。因为 C 编译器经常会提供一些额外的非 ANSI C 函数功能，所以某个随附在特定编译器上的标准函数库，对其他不同的编译器来说，是不兼容的。大多数 C 标准函数库在设计上做得相当不错，仅有少部分会为了商业优势和利益，把某些旧函数视同错误或提出警告。

不同的 C 系统提供的库函数的数量和功能不同，可以将一些功能相近的函数编完放到一个文件里，供不同的用户进行调用。调用的时候把它所在的文件名用#include< >加到里面就可以了。

<>与" "的使用说明：

```
include <stdlib.h>
```

代表编译时直接在 Turbo C 软件设置指定的路径(默认是 Turbo C，所在文件夹下的include 文件夹)中寻找是否有 stdlib.h 库文件。如果有，直接加载；如果没有，报错(无法找到库文件)。

```
include "stdlib.h"
```

代表编译时先寻找正在编辑的源代码文件(C 或 CPP 文件)所在的文件夹里是否有stdlib.h 库文件。如果有，优先加载这个文件。如果没有，就会在 Turbo C 软件设置指定的路径(默认是 Turbo C 所在文件夹下的 include 文件夹)中寻找是否有 stdlib.h 库文件。如果有，直接加载；如果没有，报错(无法找到库文件)。

2. 函数的分类

根据模块化程序设计的思路，函数就是功能。每一个函数用来实现一个特定的功能。函数的名字应能反映其代表的功能。在设计一个较大的程序时，往往把它分为若干程序模块，每一个模块包括一个或多个小函数，每个小函数实现一个特定的功能。

在编写 C 程序时，不要指望一个主函数(main)能解决程序所有的问题。每个函数都应该做自己最应该做的事情，即相对独立的功能。一个 C 语言程序可以很大，但通常 C 程序可由一个主函数和若干其他函数构成。从这个意义上说，函数往往就比较短小，故有“小函数大程序”之说。

C 程序可由一个主函数和若干其他函数构成，主函数调用其他函数，其他函数之间也可以互相调用，同一个函数可以被一个或多个函数调用任意多次。main 函数又称为主函数，不管 main 函数在程序的什么地方，一定是从 main 函数开始执行程序，从 main 函数结束程序。其他函数可以使用库函数，也可以使用自己编写的函数。在程序设计中善于利用函数，可以减少重复编写程序段的工作量，同时可以方便地实现模块化的程序设计。

在 C 语言中可以从不同的角度对函数进行分类，这些分类将在后面做详细说明。

(1) 从用户函数定义的角度看，函数可分为标准函数和用户自定义函数。

① 标准函数：由 C 系统提供，用户无须定义，也不必在程序中作类型说明，也称为库函数。

② 用户自定义函数：由用户根据特定需要编写的函数。

(2) 从调用关系看，函数分为主调函数和被调函数。

① 主调函数：调用其他函数的函数。

② 被调函数：被其他函数调用的函数。

(3) 从函数返回值角度看，函数分为有返回值函数和无返回值函数两种。

① 有返回值函数：函数被调用执行完后将向调用函数返回一个执行结果，即函数的返回值。

② 无返回值函数：函数用于完成某项特定的处理任务，函数被调用执行完后不向调用者返回函数值。

(4) 从主调函数和被调函数之间数据传送的角度看，又可分为无参函数和有参函数。

① 无参函数：在函数定义、函数说明及函数调用中均不带参数。主调函数和被调函数

之间不进行参数传送。

② 有参函数：也称为带参函数。在函数定义、函数说明及函数调用中均带参数。主调函数和被调函数之间要进行参数传送。

7.2 函数定义

7.2.1 函数定义的结构

C 语言标准函数只实现最基本、最通用的功能，解决实际问题时需要编程者编写解决问题的程序代码并将其封装成函数，这个过程称为函数定义。按照计算机解决问题的方式，笔者认为函数定义应包括输入、处理过程、输出三个部分。从例题 7-2 编写的自定义函数 factorial 来看，函数输入的参数为整型变量 n，函数输出的参数为长整型变量 fact，封装的程序代码为函数处理，即求得 n!。函数 factorial 的结构如图 7-4 所示。

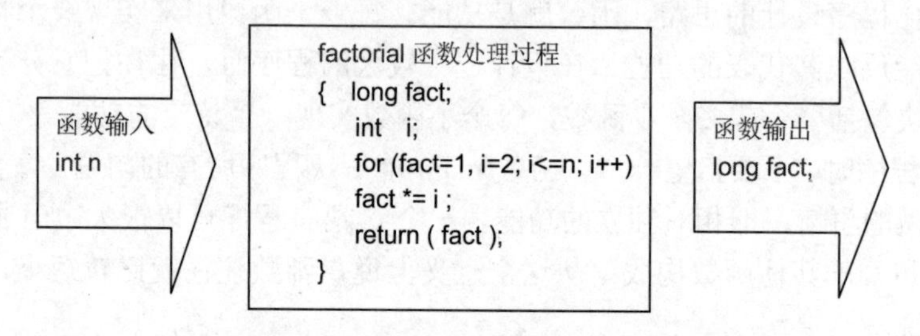

图 7-4 函数 factorial 的结构

在 C 程序中用到的所有函数，与变量一样，也必须“先定义，后使用”。如果事先不定义，编译系统会报错，因为它不能通过函数名字知道函数的功能和用法。C 语言通过函数的定义来指定函数名字、函数返回值类型、函数实现的功能以及参数的个数与类型，并将这些信息通知编译系统。故定义函数应该让编译系统知道以下内容。

(1) 函数的名字，以便以后按名调用。

(2) 函数参数的名字和类型，以便在调用函数时向它们传递数据用。

(3) 函数的功能，这是在函数体中解决的。

(4) 函数类型，即函数返回值的类型，以便以后返回值用。

以例题 7-2 编写的自定义函数 factorial 为例，函数需让编译系统知道的内容如下。

(1) 函数的名字为 factorial，以便主函数和其他函数按名调用。

(2) 用于函数输入的函数参数的名字和类型，名字为 n 和类型为整型(int)，以便通过调用函数语句 factorial(5);向变量 n 传递常量数据 5。

(3) 函数的功能由花括号({ })内的函数体来实现，即用于函数处理的程序代码。

(4) 函数返回值的类型为长整型(long)，用于指定函数输出结果变量 fact 的数据类型。

7.2.2 定义空函数

函数定义有一个特殊的形式，即定义空函数。空函数，就是没有一条语句的函数，调用空函数什么也不做，直接返回。在 C 程序中，先用空函数占一个位置，可以使程序结构清楚，可读性好，以便以后扩充新功能时不会对程序结构造成太大影响。

定义空函数的一般形式为：

```
类型名 函数名( )
 {          }
```

例如：

```
main()
{          }
```

主函数的函数体是空的，主函数 main 什么工作也不做，没有任何实际作用。

例如：

```
void dummy()
{          }
```

用户自定义函数的函数体是空的，通过语句 dummy(); 调用 dummy 函数时，什么工作也不做，没有任何实际作用。

7.2.3　函数定义的形式

从用户函数定义的角度看，函数有标准函数和用户自定义函数两类。标准函数由 C 系统提供，用户无须定义，程序设计者只需用#include 指令把有关的头文件包含到本文件模块中即可。用户自定义函数，是自己想用的而函数库并没有提供，由用户根据特定需要自己编写的函数。对于用户自定义函数，不仅要在程序中定义函数本身，而且还要在调用这个函数的函数中对被调用的函数进行类型说明，然后才能使用。

用户自定义函数的函数定义形式如下：

```
类型标识符 函数名([形式参数 1, 形式参数 2,……])
  { 声明部分
   语句
}
```

函数定义说明：

(1) 函数名命名遵循标识符命名规则，但不能与该函数中其他标识符相同，也不能与本 C 程序中的其他函数名重名。

(2) 圆括号内的形式参数是带进函数定义的输入参数，按照有无形式参数的不同，函数定义的形式可以分为无参函数和有参函数两种。当函数没有形式参数时，函数名后的一对括号不能省略。当函数有形式参数时，函数名后的一对括号内可以有多个形式参数，各形式参数之间用逗号隔开。形式参数可以是变量、数组等，但不能是常量。定义函数后，形式参数没有具体的值，只有当其他函数调用该函数时，各形式参数才会得到具体的值，形式参数只是一个形式上的参数。每个形参的类型必须单独定义，即使形式参数的类型相同，也不能合在一起定义。

如例题 7-4 所示，无参函数 print 没有输入函数的形式参数，输出函数的数据类型也为空(void)，即不做任何运算，只完成一个打印“This is a C program”的任务。

【例题 7-4】编写无参函数 print，打印“This is a C program”。

```
void print()
{ printf("This is a C program\n");
}
```

如例题 7-5 所示，有参函数 max 有输入函数的两个形式参数，即整型变量 x 和整型变量 y。多个形式参数的类型必须单独定义，如 int max(int x, int y) {……}是正确的函数定义形式；即使形式参数的类型相同，也不能合在一起定义，如改成 int max(int x, y) {……}是错误的函数定义形式。

【例题 7-5】编写有参函数 max，求出两个整数中的较大数。

```
int max(int x,int y)
{ int z;
  if (x > y) z = x;
  else z = y;
  return(z);
}
```

(3) 自定义函数的函数体编写方法与主函数类似。花括号内的函数体，包括声明部分和各种语句。除形式参数以外，若定义函数时还要用到其他变量，则必须在函数体内的声明部分进行定义。变量需先定义后使用，如例题 7-5 中，花括号内的语句 int z;即声明定义了整型变量 z。形式参数不必在函数的声明部分进行定义，但可以和函数体内定义的变量一样在语句部分使用。

(4) 圆括号外的类型标识符为函数输出结果的数据类型，即函数值的数据类型，又称函数的类型。如果调用函数后需要返回函数值，则在函数体中用 return 语句将函数值返回，并且在函数首部的最前面给出该函数返回值的类型。如例题 7-5 花括号内的返回语句 return(z);和圆括号外的类型标识符 int，指出返回值 z 为整型变量。如果不需要得到函数值，那么在函数体中不需要出现 return 语句，在函数首部的最前面将函数值的类型定义为 void。如例题 7-4 圆括号外的类型标识符 void，指出返回值为空。

7.3 函数调用

7.3.1 函数调用概述

从函数的调用关系看，有主调函数和被调函数之分。主调函数是调用其他函数的函数，被调函数是被其他函数调用的函数。从主调函数和被调函数之间是否有数据传送来看，有无参函数和有参函数之分。

(1) 无参函数是指在函数定义、函数声明及函数调用中均不带参数，主调函数和被调函数之间不进行参数传送，如例题 7-6 所示。

(2) 有参函数是指在函数定义、函数声明及函数调用中均带参数，主调函数和被调函数之间要进行参数传送，如例题 7-7 所示。

【例题 7-6】编写无参函数 print 和 print_star，完成三行打印。

```
#include <stdio.h>
int main()
{  void print_star();                 //无参函数 print_star 的函数声明
```

```
    void print();                   //无参函数print的函数声明
    print_star();                   //调用无参函数print_star，输出一行*符号
    print();                        //调用无参函数print，输出一行符号
    print_star();                   //调用无参函数print_star，输出一行*符号
    return 0;
}
void print_star()                   //定义无参函数print_star，输出一行*符号
{  printf("********************\n"); }
void print()                        //定义无参函数print，输出一行符号
{  printf("This is a C program\n");  }
```

程序运行结果如图7-5所示。

图7-5　例题7-6的运行结果

程序说明：

函数main是主调函数，用户自定义的无参函数print和print_star是被调函数，函数定义及函数调用中均不带参数，主调函数和被调函数之间不进行参数传送。

【例题7-7】编写有参函数max，求出两个整数中的较大数。

```
#include <stdio.h>
int main()
{ int max(int x,int y);        //有参函数max的函数声明
  int a,b,c;
  scanf("a=%d,b=%d",&a,&b);
  c = max(a,b);                //调用有参函数max，求出a和b两个变量中的较大数
  printf("max=%d\n",c);
  return 0;
}
int max(int x,int y)           //定义有参函数max，求出两个整数中的较大数
{ int z;
  if (x > y) z = x;
  else z = y;
  return(z);
}
```

程序运行结果如图7-6所示。

图7-6　例题7-7的运行结果

程序说明：

函数main是主调函数，用户自定义的有参函数max是被调函数，函数定义及函数调用中均带参数，主调函数和被调函数之间需进行参数传送。

在例题7-6和例题7-7的注释中，出现了函数声明、函数调用和函数定义三个概念。函数定义已在7.2.3节做了详细说明；函数声明将在7.3.2节讲解；函数调用的三大形式也将在7.3.3节详细介绍。

7.3.2　函数的声明

C 程序中所涉变量必须先声明后使用，或者说先定义后使用。同样，函数也必须先声明(定义)后使用，即先声明才可以被调用。函数声明，又称为函数原型，使用函数原型是 ANSI C 的一个重要特点，它的作用主要是利用它在程序的编译阶段对调用函数的合法性进行全面检查。

函数声明与函数定义是有区别的，函数声明可以和函数定义分开，一个函数只可以定义一次，但是可以声明多次。如例题 7-6 和例题 7-7，函数声明在主函数 main()中。函数定义是指对函数功能的确立，包括指定函数名称、函数返回值的类型、形式参数的类型、函数体等，它是一个完整的、独立的函数单位。而函数声明是把函数的名称、函数返回值的类型以及形式参数的类型、个数和顺序通知给编译系统，以便在调用该函数时系统按此进行对照检查，如函数名是否正确，实际参数与形式参数的类型和个数是否一致等。

从例题 7-6 和例题 7-7 程序中可以看到对函数的声明与函数定义中的函数首部基本上是相同的，函数声明由函数返回类型、函数名和形参列表组成。因此可以简单地照写已定义的函数的首部，再加一个分号，就成为对函数的声明。在函数声明中，形式参数列表必须包括形式参数类型，但可以不对形式参数命名。

如例题 7-6 中，可以没有形式参数列表。

```
void print_star()        //无参函数 print_star 的函数声明
void print()             //无参函数 print 的函数声明
```

如例题 7-7 中，形式参数列表中可有可无形式参数命名。

```
int max(int x,int y);    //有参函数 max 的函数声明
int max(int ,int);       //有参函数 max 的函数声明，省略形式参数命名
```

C 语言中，在一个函数中调用另一个函数需要具备如下条件。

(1) 被调用函数必须是已经定义的函数，即是库函数或用户自己定义的函数。

(2) 如果使用库函数，应该在本文件开头加相应的#include 指令。

(3) 如果使用自己定义的函数，而该函数的位置在调用它的函数后面，应该声明。

所以，函数声明适用于调用函数的定义出现在主调函数之后，如例题 7-7 中，调用函数 max 出现在主调函数 main 之后，需要声明。按照程序代码从上往下执行的顺序，编译系统可以通过函数定义中函数首部提供的信息对函数的调用作正确性检查，所以如果被调用函数的定义出现在主调函数之前，是可以不做函数声明的。如例题 7-7，将有参函数 max 的定义放到主函数 main 之前，就可以省略有参函数 max 的函数声明。例题 7-7 有无函数声明的两种改写方案如图 7-7 所示。

<table>
<tr>
<td>方案 1：有函数声明
<code>#include <stdio.h></code>
<code>//以下语句块为主函数</code>
<code>int main()</code>
<code>{ int max(int x,int y);</code>
<code>//上句为函数声明语句</code>
<code>   ……}</code>
<code>//以下语句块为函数定义</code>
<code>int max(int x,int y)</code>
<code>{   ……   }</code></td>
<td>方案 2：无函数声明
<code>#include <stdio.h></code>
<code>//以下语句块为函数定义</code>
<code>int max(int x,int y)</code>
<code>{ …… }</code>

<code>//以下语句块为主函数</code>
<code>int main()</code>
<code>{ ……</code>
<code>}</code></td>
</tr>
</table>

图 7-7　有、无函数声明的两种改写方案

7.3.3 函数调用的形式

在程序中，是通过对函数的调用来执行被调函数的函数定义中函数体内的代码，来实现函数的功能。程序中定义了自定义函数后，在调用它的函数中如何能够调用自定义函数的代码呢？ C语言中，函数调用的过程与其他语言的子程序调用相似，函数调用的一般形式如下。

```
函数名([实际参数1, 实际参数2,……]);
```

实际参数列表中的参数可以是常数、变量或其他构造类型数据及表达式，且各实参之间用逗号分隔。实际参数列表中也可以没有实际参数。

如例题7-6中，对无参函数调用时实际参数列表中可以没有实际参数。

```
print_star();          //调用无参函数print_star()，输出一行*符号
print();               //调用无参函数print()，输出一行符号
```

如例题7-7中，对有参函数调用时有实际参数列表。

```
max(a,b);              //调用有参函数max()，求出a和b两个变量中的较大数
max(3,5);              //调用有参函数max()，求出3和5两个常数中的较大数
```

按照函数调用在程序中出现的形式与位置来分，函数调用的形式分为函数语句调用、函数表达式调用和函数参数调用三种形式。

【例题7-8】编写函数max，练习函数调用的各种形式。

```
#include <stdio.h>
int main()
{ int max(int x,int y) ;      //有参函数max的函数声明
  int a,b,c,c1,c2,c3,c4,c5;
  scanf("a=%d,b=%d,c=%d",&a,&b,&c);
  c1=max(a,b);
  c2=max(3,5);
  c3=2+max(3,5);
  c4=max(a,max(b,c));
  c5=max(6,max(3,5));
  printf("c1=max(a,b)=%d\n",c1);
  printf("c2=max(3,5)=%d\n",c2);
  printf("c3=2+max(3,5)=%d\n",c3);
  printf("c4=max(a,max(b,c))=%d\n",c4);
  printf("c5=max(6,max(3,5))=%d\n",c5);
      printf("max=%d\n",max(1,max(2,3)));
  return 0;
}
int max(int x,int y)    //定义有参函数max，求出两个整数中的较大数
{ int z;
  if (x > y) z = x;
  else z = y;
  return(z);
}
```

例题7-8 练习函数调用的各种形式.mp4

程序运行结果如图 7-8 所示。

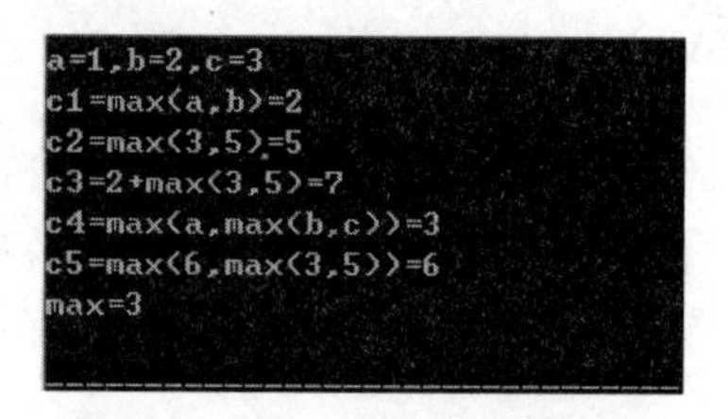

图 7-8 例题 7-8 的运行结果

1. 函数调用语句

函数调用语句是将函数作为独立语句，函数没有返回值，只完成相应操作。例如 funsum(n,m);，printf_star();，max(a,b);，max(3,5);等。

2. 函数表达式

函数表达式是指被调用函数的调用语句作为一个表达式出现，要求函数返回一个确定的值，并且可参加表达式的运算。

如例题 7-8 中，函数调用语句 max(a,b)返回 a 和 b 两个变量中的较大数值。

(1) 语句 c1=max(a,b);调用函数 max，返回 a 和 b 两个变量中的较大数值 2，并赋给变量 c1，即输出 c1=max(a,b)=2。

(2) 语句 c2=max(3,5);调用函数 max，返回 3 和 5 两个常量中的较大数值 5，并赋给变量 c2，即输出 c2=max(3,5)=5。

(3) 语句 c3 =2+max(3,5);调用函数 max，返回 3 和 5 两个常量中的较大数值 5 后加 2 等于 7，并将常量 7 赋给变量 c3，即输出 c3 =2+max(3,5)=7。

3. 函数参数

若已定义的函数有返回值，被调用函数可作为另一个函数的参数。例如 m=max(a,max(b,c)); n=max(3,max(5,6)); printf("1+2+3+...+100=%d\n",funsum(n,m));等。

如例题 7-8 中，函数调用语句 max(a,b)返回 a 和 b 两个变量中的较大数值。

(1) 语句 c4=max(a,max(b,c));第 1 次调用函数 max(b,c)，返回 b 和 c 两个变量中的较大数值 3，第 2 次调用函数 max(a,3)，返回变量 a 和第 1 次函数调用的返回值常量 3 中的较大数值 3，并将常量 3 赋给变量 c4，即输出 c4=max(a,max(b,c))=3。

(2) 语句 c5 = max(6,max(3,5)); 第 1 次调用函数 max(3,5)，返回 3 和 5 两个常量中的较大数值 5，第 2 次调用函数 max(6,5)，返回常量 6 和第 1 次函数调用的返回值常量 5 中的较大数值 6，并将常量 6 赋给变量 c5，即输出 c5 = max(6,max(3,5))=6。

(3) 语句 printf("max=%d\n",max(1,max(2,3))); 第 1 次调用函数 max(2,3)，返回 2 和 3 两个常量中的较大数值 3，第 2 次调用函数 max(1,3)，返回常量 1 和第 1 次函数调用的返回值常量 3 中的较大数值 3，第 3 次调用函数 printf，将第 2 次函数调用的返回值常量 3 输出，即输出 max=3。

7.3.4 函数调用时的数据传递

在调用有参函数时，主调函数与被调函数之间有数据传递。主调函数向被调函数的数据传递是通过实际参数和形式参数实现；被调函数向主调函数的数据传递是通过返回语句实现。

1. 函数的参数

主调函数向被调函数的数据传递是通过实际参数和形式参数实现，即将函数调用时的实际参数传递给函数定义中的形式参数。

(1) 形式参数，简称形参。在定义函数时函数名后面括号中的变量称为“形式参数”。

如前面讲到函数定义的形式：

```
类型标识符 函数名([形式参数1,形式参数2,……]);
```

圆括号(……)中是由各种形式参数组成的形式参数列表。

(2) 实际参数，简称实参。在调用函数时，即在主调函数调用一个函数时，函数名后面括号中的参数称为“实际参数”。

如前面讲到函数调用的形式：

```
函数名([实际参数1,实际参数2,……]);
```

圆括号(……)中是由各种实际参数组成的实际参数列表。

例题 7-7 如图 7-9 所示，右侧为定义函数，定义函数 max 的函数头部 int max(int x,int y)中的变量 x 和变量 y 是形参；左侧为主函数，调用语句 c=max(a,b);中的变量 a 和变量 b 是实参。

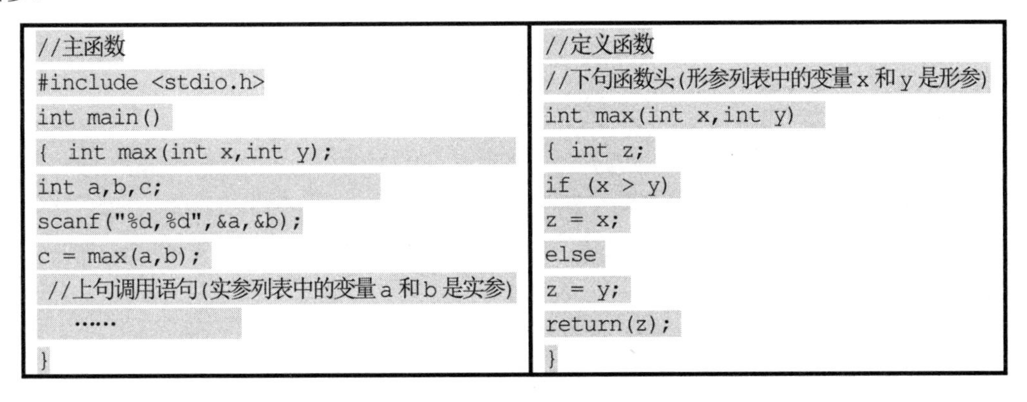

```
//主函数
#include <stdio.h>
int main()
{  int max(int x,int y);
int a,b,c;
scanf("%d,%d",&a,&b);
c = max(a,b);
 //上句调用语句(实参列表中的变量 a 和 b 是实参)
   ……
}
```

```
//定义函数
//下句函数头(形参列表中的变量 x 和 y 是形参)
int max(int x,int y)
{ int z;
if (x > y)
z = x;
else
z = y;
return(z);
}
```

图 7-9 例题 7-7 中的形参与实参

2. 函数的返回值

通过函数调用使主调函数能得到一个确定的值，这个值就是函数的返回值，也称函数值。例题 7-8 中的函数调用语句 c=max(3, 5); 使主调函数 main 得到一个确定的值，此时函数的返回值是 5，则 c=5。

被调函数向主调函数的数据传递是通过返回语句实现的，即函数的返回值是通过 return 语句获得的。return 语句将被调用函数的一个确定的值带回主调函数中去。

return 语句的一般形式：

```
return(函数的返回值);
```

或

```
return  函数的返回值;
```

return 语句后面的括号可以省略，函数的返回值是有确定值的常量、变量或表达式。使用 return 语句应注意以下几点。

(1) return 后面的值可以是一个表达式。如语句

```
z=x>y? x:y;  return(z);
```

可合并为语句

```
return (x>y? x:y);
```

(2) 一个函数中可以有一个以上的 return 语句，执行到哪一个 return 语句，哪一个就起作用。但是一次函数执行只能执行其中的一个，当执行到某个 return 语句时，则终止函数执行，并带回函数值。如语句

```
return (x>y? x:y);
```

改写成语句

```
if (x>y) then return (x); else return (y);
```

(3) return 后面可以无返回值，即语句 return;中无返回值，则该 return 语句只起到终止函数执行、返回主调函数的作用。

(4) 在定义函数时指定的函数类型一般应该和 return 语句中的表达式类型一致，如果函数值的类型和 return 语句中表达式的值不一致，则以定义函数时指定的函数类型为准。

【例题 7-9】将例题 7-7 稍作改动，将 max 函数定义中的变量 z 改为 float 型，即使函数返回值的类型与定义函数时指定的函数类型不同。

```
#include <stdio.h>
int main()
 {  int max(float x,float y);
    float a,b;  int c;
    scanf("a=%f,b=%f,",&a,&b);
    c=max(a,b);
    printf("max is %d\n",c);
    return 0;
 }
int max(float x,float y)    //求两个 float 型数据的大者，指定的函数类型为 int
 {   float z;       //此处修改，将 max 函数定义中的变量 z 改为 float 型
     z=x>y?x:y;
     return( z ) ;   //函数返回值的类型 z 为 float 型
}
```

程序运行结果如图 7-10 所示。

图 7-10　例题 7-9 的运行结果

程序说明：

(1) 自定义函数 max 的形参是 float 型，调用语句 c=max(a,b); 中的实参也是 float 型。

在主函数 main()中输入 a=2.3，b=4.5 后，在调用 max(a,b); 时，把实参 a 和 b 的值 2.3 和 4.5 分别传递给形参 x 和 y。执行函数 max 中的函数体，使得变量 z 得到的值为 4.5。现在出现矛盾，函数定义语句 int max(float x,float y) {……} 中的函数值的类型为 int 型，返回语句 return(z);中变量 z 为 float 型。调用语句 c=max(a,b);后传递给变量 c 的值应该是 int 型，还是 float 型呢？

(2) 从程序的运行结果看，返回变量 c 的值为 4，是 int 型的。因此，如果函数值的类型和 return 语句中表达式的值不一致，则以定义函数时指定的函数类型为准。

3. 数据传递的过程

当在主调函数中执行到函数调用语句时，如果有实参，将先求解出各个实参的值，然后将每个实参值对应地传递给形参，之后程序流程转到被调函数，就开始执行被调函数。当被调函数执行到函数体结束标志“}”时，返回到主调函数的位置继续执行主调函数。以例题 7-7 为例，在函数调用时数据传递的过程如图 7-11 所示，分以下 3 步完成。

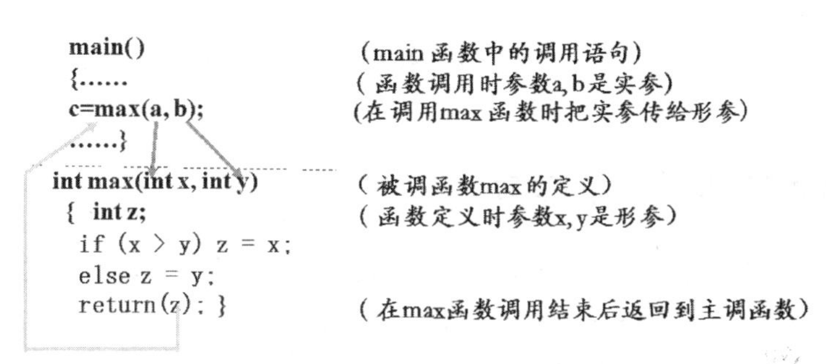

图 7-11　函数调用时数据传递

(1) 当在主调函数(main 函数)中执行到函数调用语句 c=max(a, b); 时，开始调用自定义函数 max，程序流程转到被调函数 max。首先计算实参的值，然后把实参的值赋给形参；如例题 7-7，用户先输入 3 和 5，可知实参 a=3，实参 b=5；然后把实参的值赋给形参，可知形参 x=3，形参 y=5。

(2) 开始执行被调函数 max，求形参 x 和 y 中的最大值。比较形参 x 和 y 中的较大者赋给变量 z，即 z=5；通过语句 return(z); 将变量 z 的值返回到主调函数 main 中，把函数的结果赋给函数名 max。

(3) 调用结束，程序流程返回到主调函数的调用位置，并通过语句 c=max(a, b); 把函数的结果赋给主调函数 main 中的变量 c。最后继续执行主调函数。

7.3.5　函数参数传递的方式

主调函数向被调函数的数据传递是通过参数实现的，使用函数参数传递时有值传递和地址传递两种方式。

(1) 传值方式参数结合的过程是当函数调用时，系统将实参的值复制给形参，实参与形参断开了联系，在函数体内对形参的任何操作都不会影响实参。

(2) 传地址方式参数结合的过程是当函数调用时，将实参的地址传递给形参。实参和形参指向同一地址，因此在被调函数体中对形参的任何操作都变成了对相应实参的操作，实参的值就会随函数体内对形参的改变而改变。

本章节前面学习的例子多是传值方式，传地址方式在后面的章节会进一步学习。

如后面 7.4 节数组作为函数的参数，数组元素作为参数传递是传值方式，数组名作为参数传递是传地址方式。

7.4 数组作为函数的参数

调用有参函数时，需要提供实参，如 max(3,5); 和 max(a,b); sqrt(3);等，且实参可以是常量、变量或表达式。数组中的每个元素相当于变量，既可以用数组元素作为函数参数，也可以用数组名作函数参数，同数组元素或数组名作实参时，使用函数参数传递的方式是不同的。

(1) 用数组元素作实参时，向形参变量传递的是数组元素的值，使用函数参数传递的方式是值传递。

(2) 用数组名作函数实参时，向形参传递的是数组首元素的地址，使用函数参数传递的方式是地址传递。

7.4.1 数组元素作函数的参数

用数组元素作实参时，向形参变量传递的是数组元素的值，如调用语句 max(m,a[i]);表示求变量 m 和 a[i]中值的较大者；调用语句 max(a[i],a[i+1]); 表示求 a[i]和 a[i+1]中值的较大者。数组元素可以作为实参，但不能作为形参。因为数组是一个整体，在内存中需占用一段连续的空间，而形参是在函数调用时临时分配的存储单元，不可能为数组中的某个元素单独分配存储单元。

【例题 7-10】编写程序，利用传值方式求数组 10 个数中最大的元素的值。

```
#include <stdio.h>
int main()
{   int max(int x,int y);
    int a[10],m,n,i;
    printf("10 integer numbers:\n");
    for(i=0;i<10;i++)
    scanf("%d",&a[i]);//从键盘输入的10个数，分别赋给了a[0]~a[9]
    printf("\n");
    m=a[0];
    for(i=1;i<10;i++)// 求数组 a 中的最大值 m
    if (max(m,a[i])>m)
    m=max(m,a[i]);
    printf("largest number is %d\n",m);
    return 0;
    }
int max(int x,int y)          //定义有参函数max，求出两个整数中的较大数
{  int z;
    if (x > y) z = x;
    else z = y;
    return(z);
}
```

例题 7-10 利用传值方式求数组中最大的元素值.mp4

程序运行结果如图 7-12 所示。

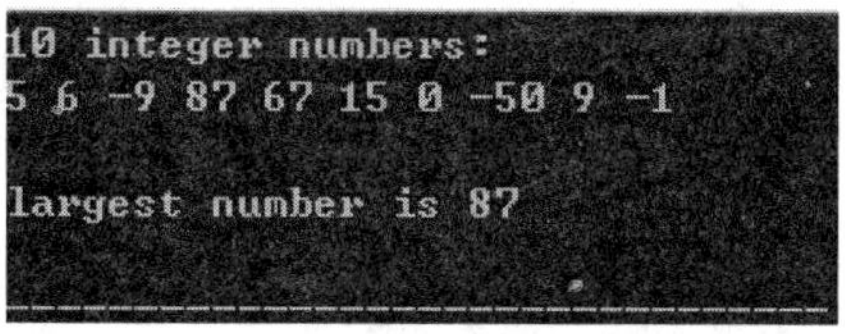

```
10 integer numbers:
5 6 -9 87 67 15 0 -50 9 -1

largest number is 87
```

图 7-12　例题 7-10 的运行结果

程序说明：

(1) 自定义的有参函数 max，函数功能是求出两个整数中的较大数，调用语句 max(m,a[i]);表示求变量 m 和 a[i] 中值的较大者。

(2) 变量 m 用来存放当前已经比较过的各数中的最大者，通过 for(i=1;i<10;i++) if (max(m,a[i])>m) m=max(m,a[i]); 循环语句来逐一比较，求变量 m 和 a[i]中的值大者。

(3) 开始时设 m=a[0]，i=1，然后通过 max(m,a[1]) 将 m 与 a[1]进行比较，若 a[1]>m，则 m 为 m 和 a[1]中的大者，即 m= a[1]，以 a[1]的值取代 m 的原值，下一次以 m 的新值与 a[2]比较，即通过 max(m,a[2])得出 a[0]、a[1]、a[2]中的最大者。同理类推，经过 9 次循环，m 最后是 10 个数中的最大值。

7.4.2　数组名作函数的参数

由于数组名代表的就是数组在内存中存放区域的首地址，把数组名作为函数参数来实现大量数据的传递是一个非常好的数据传递方法。用数组名作为函数实参时，向形参传递的是数组首元素的地址，使用函数参数传递的方式是地址传递。用数组名作函数参数时，不是把数组的值传递给形参，而是把实参数组的起始地址传递给形参数组，这样实参数组和形参数组就占用同一段内存单元，如图 7-13 所示，故形参数组 b[10]各元素的值如果发生变化会使实参数组 a[10]各元素的值发生同样的变化。

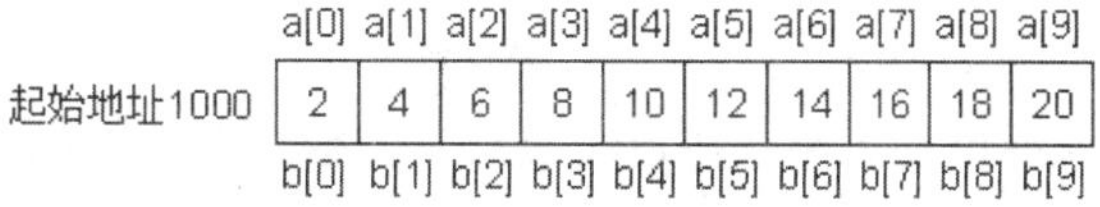

	a[0]	a[1]	a[2]	a[3]	a[4]	a[5]	a[6]	a[7]	a[8]	a[9]
起始地址1000	2	4	6	8	10	12	14	16	18	20
	b[0]	b[1]	b[2]	b[3]	b[4]	b[5]	b[6]	b[7]	b[8]	b[9]

图 7-13　实参数组和形参数组

数组名既可作为实参，也可作为形参。作为函数实参时，要求主调函数实参和被调函数形参分别是类型相同的数组(或地址)。如图 7-13 所示，用数组名做函数的实参，实参数组和形参数组就占用同一段内存单元，若改变形参数组中各元素的值，实参数组中各元素的值也将随之发生变化，故各种排序程序中常利用这一特点来改变实参的值。

【例题 7-11】编写程序，利用传地址方式求数组 10 个数中最大的元素的值。

```
#include <stdio.h>
int main()
{   int largest(int a[],int n); //函数 largest 原型声明
    int a[10],m,i;
    printf("10 integer numbers:\n");
```

```
    for(i=0;i<10;i++)
    scanf("%d",&a[i]);   //从键盘输入的 10 个数，分别赋给了 a[0]～a[9]
printf("\n");
m=largest(a,10);         //调用 largest 函数，求数组 a 中 10 个元素中的最大者
    printf("%d\n",m);
return 0;
}
int largest (int b[],int n) //定义 largest 函数，求数组 b 中 n 个元素中的最大者
{  int i,max;
   for(i=1;i<n;i++)
if (max<b[i]) max=b[i];
   return(max);
 }
```

程序运行结果如图 7-14 所示。

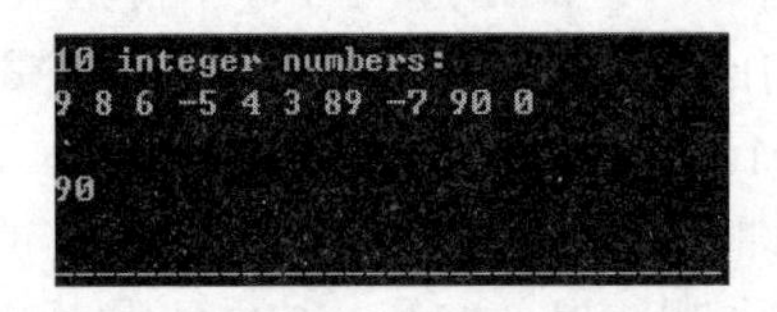

图 7-14　例题 7-11 的运行结果

程序说明：

自定义的有参函数 largest，函数功能是求出数组 a 中 n 个元素中的最大者。在函数 largest 的定义中，变量 max 用来存放当前已经比较过的各数中的最大者，经过 n−1 次循环，max 最后是 n 个数中的最大值。

以例题 7-11 为例，用数组名作函数参数，传地址方式应注意以下 4 点。

(1) 用数组名作函数参数，应该在主调函数和被调用函数中分别定义数组。如被调用函数的函数定义时 b 是形参数组名，主调函数中函数调用时 a 是实参数组名。

(2) 实参数组与形参数组类型应一致，如不一致，结果将出错。如实参数组 int a[10]是整型数组；形参数组 int b[]也是整型数组。

(3) 实参数组和形参数组大小可以一致，也可以不一致，C 编译对形参数组大小不做检查，只是将实参数组的首地址传给形参数组。

(4) 形参数组也可以不指定大小，在定义数组时在数组名后面跟一个空的方括弧，为了在被调用函数中处理数组元素的需要，可以另设一个参数，传递数组元素的个数。如 largest 函数的定义 int largest (int b[],int n)中，n 是传递数组元素的个数。

若需要解决用同一个函数求几个不同长度数组的问题，如例题 7-12 中有 3 个班级，分别有不同数目的学生，调用同一个求平均值的函数，分别求这 3 个班的学生的平均成绩。

【例题 7-12】编写程序，有 3 个班级，分别有 5 名、8 名和 10 名学生，调用一个 average 函数，分别求这 3 个班的学生的平均成绩。

```
#include <stdio.h>
int main()
{ float average(float array[ ],int n);
 float score1[5]={98.5,97,91.5,60,55};                 // 1 班 5 名学生的成绩
 float score2[8]={67.5,89.5 ,77,89.5,76.5,54,60,99.5}; // 2 班 8 名学生的成绩
 float score3[10]={99,69.5,66,99.5,86,54,63,90.5,56,78};//3 班 10 名学生的成绩
 printf("1 班平均分=%6.2f\n",average(score1,5));   //求 1 班 5 名学生的平均分
```

```
 printf("2 班平均分%6.2f\n",average(score2,8));     //求 2 班 8 名学生的平均分
 printf("3 班平均分%6.2f\n",average(score3,10));    //求 3 班 10 名学生的平均分
 return 0;
}
float average(float array[ ],int n)           //求数组 array 中 n 个数的平均值
 { int i;
  float aver,sum=array[0];
  for(i=1;i<n;i++)
    sum=sum+array[i];
  aver=sum/n;
 return(aver);
}
```

程序运行结果如图 7-15 所示。

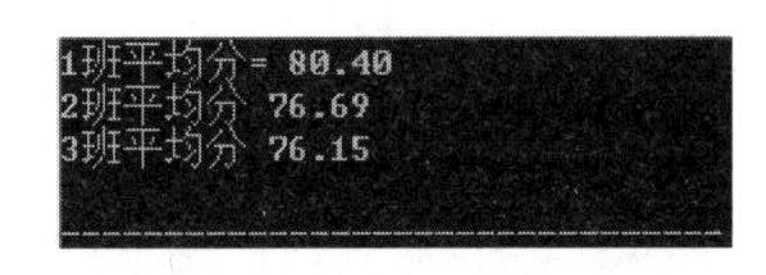

图 7-15 例题 7-12 的运行结果

程序说明：

自定义一个求平均值函数 average 时不指定数组的长度，在形参表中增加一个整型变量 i 表示数组的长度，主函数把数组实际长度从实参传递给形参 i，这个变量 i 用来在 average 函数中控制循环的次数。

7.4.3 多维数组名作函数的参数

用多维数组名作为实参和形参，在被调用函数中对形参数组定义时可以指定每一维的大小，也可以省略第一维的大小说明。例如：int a [3][10];和 int a[ ][10];二者都是合法的而且等价，但是不能把第二维以及其他高维的大小说明省略。因为从实参传送来的是数组起始地址，在内存中各元素是一行接一行地顺序存放的，并不区分行和列，如果在形参中不说明列数，则系统难以决定应为多少行和多少列。

【例题 7-13】有 3 个学生，每个学生四门课程成绩，编写程序求每个同学四门课程的平均成绩。

(1) 程序分析：3 个学生的各课程成绩可以使用二维数组存放，每个学生四门课程成绩存放一行，共存放三行。定义一个 m 行 n+1 列的数组存放学生的成绩，每一行的前 n 列用于存放每个学生的 n 门课程成绩，第 n+1 列用于存放每个学生的平均分。通过函数调用将各个学生成绩数组传递给求平均值的函数 avg，并将学生人数 m、课程门数 n 也通过虚实结合传递给函数。

(2) 编写程序：

```
#include <stdio.h>
void avg(float array[ ][5], int m, int n )  //求 m 个学生每人 n 门课程的平均分
{  int i,j;
  for(i=0;i<m;i++)
  { array[i][n]=0;
```

```
    for(j=0;j<n;j++)
    array[i][n]=array[i][n]+array[i][j];     //累计第 i 个学生 n 门课程的成绩和
    array[i][n]=array[i][n]/n; }             //求第 i 个学生 n 门课程的平均分
}
int main()
{ float a[3][5] = { {90, 78, 82, 94}, {80, 85, 91, 78},{84, 100, 73, 95} };
  int i;
  avg(a, 3, 4);                              //求 3 个学生每人 4 门课程的平均分
  for (i=0; i<3; i++)
  printf("第%d 个学生的平均成绩=%6.2f\n", i, a[i][4]);
  return 0;
}
```

程序运行结果如图 7-16 所示。

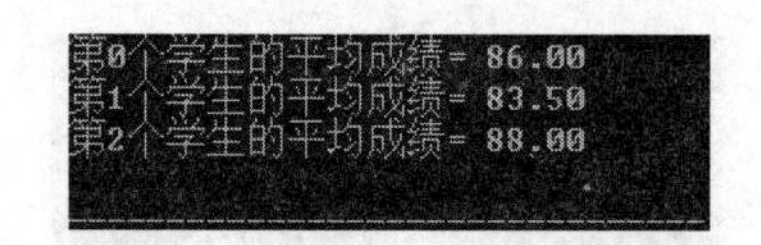

图 7-16　例题 7-13 的运行结果

程序说明：

(1) 函数 avg 通过双重循环求每个学生的平均分，并将结果通过数组传回。数组 array[ ][5]存放 3 个学生的 4 门课程成绩，如 array[0][0]、array[0][1]、array[0][2]、array[0][3]分别用来存放第 0 个学生的 4 门课程成绩，array[0][4]用于存放其平均分。

(2) 外循环 for(i=0;i<m;i++)控制学生序号 i，内循环 for(j=0;j<n;j++)控制课程的序号 j，并通过 array[i][n]=array[i][n]+array[i][j]; 语句累计第 i 个学生的成绩和，从而得到第 i 个学生的平均值并存放于 array[i][n]。

(3) 主函数 main 中调用语句 avg(a, 3, 4);是求 3 个学生 4 门课程的平均成绩，其中 a[i][0]～a[i][3] 分别存放的是第 i 个学生的各门课程成绩，a[i][4]存放的是第 i 个学生的平均成绩。

7.5　函数的嵌套调用

一个 C 程序可以包含多个函数，但必须包含且只能包含一个 main()函数。程序的执行从 main()函数开始，到 main()函数结束。程序中的其他函数必须通过 main()函数直接或者间接地调用才能执行。main()函数可以调用其他函数，但不允许被其他函数调用。main()函数由系统自动调用。

C 语言的函数定义都是互相平行、独立的，一个函数并不从属于另一个函数，也就是说在定义函数时，一个函数内不能包含另一个函数的定义。C 语句不能嵌套定义函数，但可以嵌套调用函数，也就是说，在调用一个函数的过程中，又可以调用另一个函数。如图 7-17 所示，连 main 函数在内，有 3 层函数嵌套调用，即 main 函数中嵌套调用 f1 函数，f1 函数中嵌套调用 f2 函数。

如图 7-17 所示，3 层函数嵌套调用的执行过程有如下 9 步。

第 1 步：执行 main 函数的开头部分。

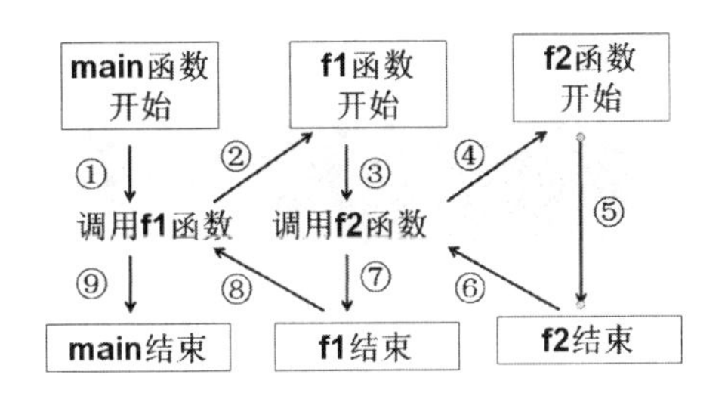

图 7-17 函数的嵌套调用

第 2 步：遇函数调用 f1 的操作语句，流程转去 f1 函数。

第 3 步：执行 f1 函数的开头部分。

第 4 步：遇调用 f2 函数的操作语句，流程转去 f2 函数。

第 5 步：执行 f2 函数，如果再无其他嵌套的函数，则完成 f2 函数的全部操作。

第 6 步：返回调用 f2 函数处，即返回 f1 函数。

第 7 步：继续执行 f1 函数中尚未执行的部分，直到 f1 函数结束。

第 8 步：返回 main 函数中调用 f1 函数处。

第 9 步：继续执行 main 函数的剩余部分直到结束。

如例题 7-14 所示，求 4 个整数中的最大值，这个问题并不复杂，完全可以用以前的知识，只用一个主函数 main 就可以得到结果。为了让大家理解函数的嵌套调用，本例设计了 2 个函数，定义函数 max4 用于求 4 个数中的最大值，定义函数 max2 用于求 2 个数中的最大值；并做了多次函数嵌套调用，函数 main 中调用 max4 函数，函数 max4 中 3 次调用 max2 函数。

【例题 7-14】用函数的嵌套调用来编写程序，求 4 个整数中的最大值。

```
#include <stdio.h>
int main()
{  int max4(int a,int b,int c,int d);   //对 max4 函数声明
   int a,b,c,d,max;
   printf("4 interger numbers:");
   scanf("%d%d%d%d",&a,&b,&c,&d);        //输入 4 个整数
   max=max4(a,b,c,d);                    //调用函数 max4，求出 4 个数中的最大值
   printf("max=%d \n",max);
   return 0;
}
int max4(int a,int b,int c,int d)        //定义函数 max4，求 4 个数中的最大值
{  int max2(int a,int b);                //对 max2 函数声明
   int m;
   m=max2(a,b);        //调用函数 max2，求出 a、b 中的最大值 m
   m=max2(m,c);        //调用函数 max2，求出 m、c 中的最大值，即 a、b、c 中的最大值 m
   m=max2(m,d);        //调用函数 max2,求出 m、d 中的最大值，即 a、b、c、d 中的最大值 m
   return(m);
}
int max2(int a,int b)  //定义函数 max2，求 2 个数中的最大值
{  if(a>=b)
       return a;
    else
       return b;
}
```

程序运行结果如图 7-18 所示。

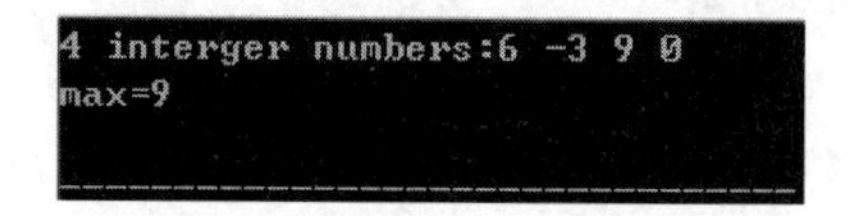

图 7-18　例题 7-14 的运行结果

针对例题 7-14，笔者有以下几点要说明。

(1) 函数嵌套调用中的函数声明。

被调用函数放在调用函数的前面，则在调用函数中可以不进行声明，否则在调用函数中要对被调函数进行声明。如例题 7-14 中，因函数 max4 和函数 max2 的定义在主函数 main 的后面，故在主函数中要调用 max4 函数，则在主函数开头处对函数 max4 作声明；在函数 max4 中要调用 max2 函数，则在函数 max4 开头处对函数 max2 作声明。

(2) 函数嵌套调用的过程。

函数 main 中调用 max4 函数，函数 max4 中 3 次调用 max2 函数 。第 1 次调用 max2 函数，通过调用语句 m=max2(a,b); 求出 a、b 中的最大值赋给 m，此时 m 是 a、b 中的大者；第 2 次调用 max2 函数，通过调用语句 m=max2(m,c); 求出 m、c 中的最大值，也就是 a、b、c 中的最大值赋给 m，此时 m 是 a、b、c 中的大者；第 3 次调用 max2 函数，通过调用语句 m=max2(m,d); 求出 m、d 中的最大值，也就是 a、b、c、d 中的最大值赋给 m，此时 m 是 a、b、c、d 中的大者。本例先求出 a、b 中的最大值赋给 m，再求出 a、b、c 中的最大值赋给 m，最后求出 a、b、c、d 中的最大值赋给 m，通过 m 值的一次次改变，进而求得最终结果。

(3) 程序的改进。

① 可以将 max2 函数的函数体改为只用一个 return 语句，返回一个条件表达式的值。例如：

```
int max2(int a,int b)
{ return(a>b?a:b); }
```

② 可以将函数 max4 中 3 次调用 max2 函数的语句合成一条语句。例如：

```
max2(max2(max2(a,b),c),d);
```

③ 还可以省略变量 m，将 max4 函数的函数体也改为只用一个 return 语句。例如：

```
int max4(int a,int b,int c,int d)
{  int max2(int a,int b);
      return max2(max2(max2(a,b),c),d);
}
```

本例改进的函数嵌套调用语句 max2(max2(max2(a,b),c),d); 更能帮助读者理解函数嵌套调用。函数嵌套调用由内向外，第 1 次调用 max2(a,b)，得 a、b 中的最大值；第 2 次调用 max2(max2(a,b),c)，得 a、b、c 中的最大值；第 3 次调用 max2(max2(max2(a,b),c),d)，得 a、b、c、d 中的最大值。

笔者认为，读者理解函数嵌套调用最好用函数的嵌套调用关系图，如图 7-19 所示，主函数 main 中调用了 fun1、fun2、fun4 三个自定义函数，函数 fun2 又嵌套调用了自定义函数 fun3。

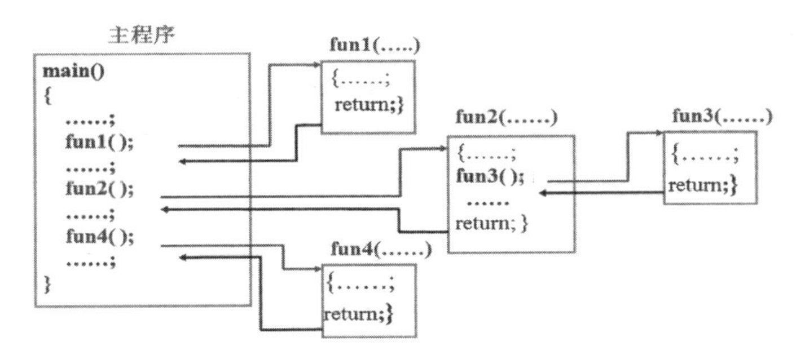

图 7-19　函数的嵌套调用关系

【融入思政元素】

通过函数的应用，引导学生进一步掌握模块化思想、模块之间的调用协作，加强学生的团队精神及合作能力。在团队协作日益频繁的今天，模块化思想的重要性就凸显出来——提高重用性，提高开发效率，降低维护成本，提升代码质量等方面。

7.6 函数的递归调用

7.6.1 递归及递归调用

C 语言的特点之一就是允许函数的递归调用。在调用一个函数的过程中又直接或间接地调用该函数本身，称为函数的递归调用。递归按其调用方式分为直接递归和间接递归。直接递归，即递归过程 f 直接自己调用自己，如图 7-20(a)所示。间接递归，即递归过程 f1 包含另一过程 f2，而 f2 又调用 f1，如图 7-20(b)所示。

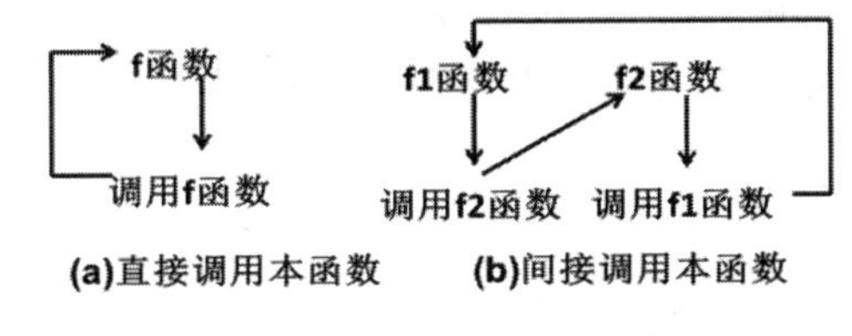

图 7-20　函数的递归调用

关于递归的定义，初学者不易理解，有一个古老的故事可以帮助读者理解。从前有座山，山上有个庙，庙里有个老和尚和小和尚，老和尚给小和尚讲故事，讲的是：从前有座山，山上有个庙，庙里有个老和尚和小和尚，老和尚给小和尚讲故事，讲的是……这是一个典型的“递归”故事，可以无限次递归下去。

我们可把这个故事比喻成递归调用，但在 C 语言程序设计中，程序不可无限地递归下去，必须有递归结束条件，而且每次递归都应该向结束条件迈进，直到满足结束条件而停止递归调用。为此，可将上述“递归”故事修改如下。

从前有座山，山上有个庙，庙里有个老和尚和 3 岁的小和尚，老和尚给小和尚讲故事，讲的是：从前有座山，山上有个庙，庙里有个老和尚和 2 岁的小和尚，老和尚给小和尚讲故事，讲的是：从前有座山，山上有个庙，庙里有个老和尚和 1 岁的小和尚。这里的递归结束条件即小和尚的年龄，因为没有 0 岁的小和尚，所以讲到“庙里有个老和尚和 1 岁的小和尚”时，故事结束。每次递归都使小和尚的年龄减少一岁，所以总有终止递归的时候，不会产生无限递归。

从递归的定义知，编写递归程序有两个要点：一是要找到正确的递归算法，这是编写递归程序的基础；二是要确定递归算法的结束条件，这是决定递归程序能否正常结束的关键。

再用一个通俗的例子来说明递归的定义，有 5 个学生坐成一排，问第 5 个学生多少岁？他说比第 4 个学生大 1 岁；问第 4 个学生多少岁？他说比第 3 个学生大 1 岁；问第 3 个学生多少岁？他说比第 2 个学生大 1 岁；问第 2 个学生多少岁？他说比第 1 个学生大 1 岁；最后问第 1 个学生多少岁？他说是 10 岁。请问第 5 个学生多大年龄？

【例题 7-15】用函数的递归调用来编写程序，求第 5 个学生的年龄。

例题 7-15 函数的递归调用.mp4

(1) 程序分析：

从题意知，第 1 个学生是 10 岁，每个学生的年龄都比其前 1 个学生的年龄大 1 岁。

假设有求第 n 个学生年龄的函数 age(n)，第 1 个学生是 10 岁，即可表示为 age(1)=10。

要求第 5 个学生的年龄，就必须先知道第 4 个学生的年龄，即表示为 age(5)=age(4)+1；
要求第 4 个学生的年龄，就必须先知道第 3 个学生的年龄，即表示为 age(4)=age(3)+1；
要求第 3 个学生的年龄，就必须先知道第 2 个学生的年龄，即表示为 age(3)=age(2)+1；
要求第 2 个学生的年龄，就必须先知道第 1 个学生的年龄，即表示为 age(2)=age(1)+1。

可以看到，当 n=1 时，第 1 个学生的年龄是 10 岁，即可表示为 age(1)=10。当 n>1 时，求第 n 个学生年龄的公式相同，即 age(n)=age(n−1)+1。用数学公式表示递归如下：

$$\begin{cases} age(n)=10 & (n=1) \\ age(n)=age(n-1)+1 & (n>1) \end{cases}$$

从递归公式看，本例题编写递归程序的两个要点：递归算法是每个学生年龄都比其前 1 个学生的年龄大 1 岁，即 age(n)=age(n−1)+1；递归算法的结束条件是第 1 个学生是 10 岁，即 age(1)=10。

这个递归问题可分解成如图 7-21 所示的“回溯”与“递推”两个阶段。第 1 个阶段是“回溯”，将第 n 个学生的年龄表示为第 n−1 个学生年龄的函数，而第 n−1 个学生的年龄仍不知道，还需回溯到第 n−2 个学生的年龄……，向下回溯，直至回溯到第 1 个学生的年龄，age(1)=10。第 2 个阶段是“递推”，按每个学生年龄都比其前 1 个学生的年龄大 1 岁的规律，从第 1 个学生的年龄推算出第 2 个学生的年龄为 age(2)=age(1)+1=11，……，向上递推，直至推算出第 5 个学生的年龄。

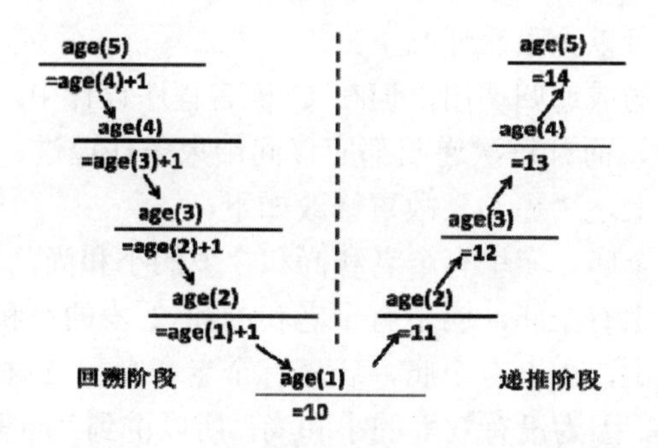

图 7-21 “回溯”与“递推”两个阶段

(2) 编写程序：

```
#include <stdio.h>
int age(int n)                    //定义递归函数
{ int c;
     if(n==1)   c=10;          //表示 age(1)=10
     else    c=age(n-1)+1;   //表示 age(n)=age(n-1)+1
     return(c);
}
int main()
{  printf("第 5 个学生的年龄是%d\n",age(5));    //输出第 5 个学生的年龄
   return 0;
}
```

程序运行结果如图 7-22 所示。

图 7-22　例题 7-15 的运行结果

程序说明：

主函数 main 中只有一句调用语句 age(5)，递归函数 age 却被调用了 5 次，即如图 7-23 所示，有 age(5)、age(4)、age(3)、age(2)、age(1)。只有 age(5)是在主函数 main 中调用，其余 4 次是在 age 函数中调用，即 age 函数自己调用自己，递归调用 4 次。

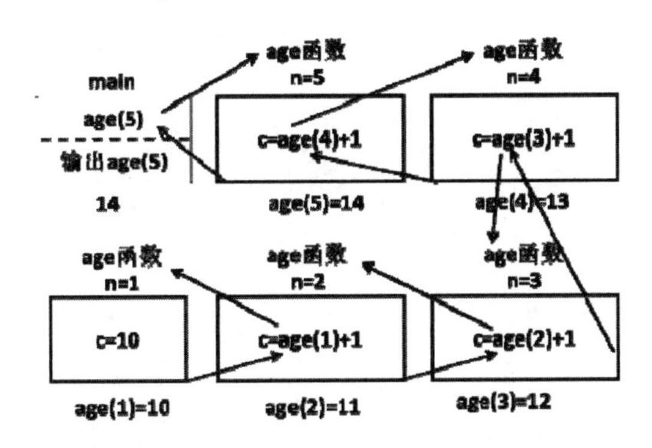

图 7-23　例题 7-15 的调用过程

【融入思政元素】

通过递归函数的定义，说明言传身教的重要性。我们知道，教育是一个影响人的过程，而言传身教，就是一种教育方式。我们用自己的语言教育人，用自己的行动带动人，用自己的做法感动人，用自己的表现启发人。

7.6.2　递归问题的分类及解决方法

从日常需解决的递归问题来看，可分为数值问题和非数值问题两大类。数值问题，即可以表达为数学公式的问题，如求非负整数 n 的阶乘、求斐波那契数列的第 n 项等。非数值问题，即本身难以用数学公式表达的问题，如著名的汉诺塔问题、八皇后问题等。这两

类问题具有不同的性质，所以解决问题的方法也不同。

1. 数值问题

对于数值问题，由于可以表达为数学公式，所以可以从数学公式入手推导出问题的递归定义，然后确定问题的边界条件，从而确定递归的算法和递归结束条件。

【例题 7-16】 用递归方法，编写程序求 $n!$

(1) 程序分析：

求 $n!$ 可以用递推方法，即从 1 开始，乘 2，再乘 3……，一直乘到 n。递推法的特点是从一个已知的事实(如 1!=1)出发，按一定规律推出下一个事实(如 2!=1!*2)，再从这个新的已知事实出发，向下推出一个新的事实(3!=3*2!) ……，直到 $n!=n*(n-1)!$。本例题可用下面的递归公式表示：

$$n!=\begin{cases}1 & (n=0,1)\\ n*(n-1)! & (n>1)\end{cases}$$

从递归公式看，本例题编写递归程序的两个要点：递归算法是 $n!=n*(n-1)!$，递归算法的结束条件是 1! =1 或 0! =1。

(2) 编写程序：

```
#include <stdio.h>
int fac(int n)   //定义递归函数 fac
{   int f;
    if(n<0)
      printf("n<0,data error!");
    else if(n==0||n==1)     //表示 1!=1 或者 0!=1
      f=1;
    else  f=fac(n-1)*n;     //表示 n!=n * (n-1)!
    return(f);
 }
int main()
 {  int n;  int y;
   printf("请输入数字，求阶乘:");
   scanf("%d",&n);
   y=fac(n);                //调用 fac 函数，求 n!
   printf("%d!=%d\n",n,y);
   return 0;
}
```

程序运行结果如图 7-24 所示。

图 7-24　例题 7-16 的运行结果

程序说明：

主函数 main 中只有一句调用语句 fac(5)，递归函数 fac 却被调用了 5 次，即如图 7-25 所示，有 fac (5)、fac (4)、fac (3)、fac (2)、fac (1)。只有 fac (5)是在主函数 main 中调用，其余 4 次是在 fac 函数中调用，即 fac 函数自己调用自己，递归调用 4 次。

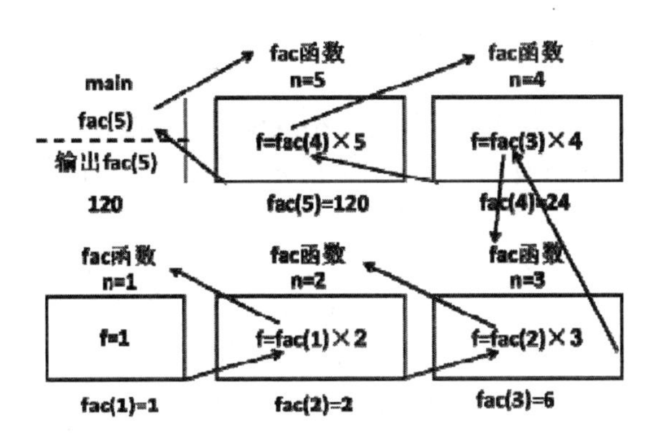

图 7-25　例题 7-16 的调用过程

2. 非数值问题

对于非数值问题，其本身难以用数学公式表达，求解非数值问题的一般方法是要设计一种算法，找到解决问题的一系列操作步骤。如果能够找到解决问题的一系列递归操作步骤，同样可以用递归的方法解决这些非数值问题。

寻找非数值问题的递归算法常从分析问题本身的规律入手，先将问题进行化简，将问题的规模缩到最小，分析问题在最简单情况下的求解方法，将问题的规模缩到最小时的条件就是该递归算法的结束条件；再将问题分解成若干小问题，其中至少有一个小问题具有与原问题相同的性质，得到的算法就是解决原问题的递归算法。

汉诺塔(Hanoit)问题在数学界有很高的研究价值，也是我们喜欢玩的一种益智游戏。相传在很久以前，在中东地区的一个寺庙里，几个和尚整天不停地移动着盘子，日复一日，年复一年，移盘不止。移动盘子的规则是：事先固定三根针，假设分别为 A 针、B 针、C 针，A 针上套有 64 个中间带孔的盘子，盘子大小不等，大的在下，小的在上，要求把这 64 个盘子从 A 针移到 C 针，在移动过程中可以借助于 B 针，每次只允许移动一个盘子，且移动过程中的每一步都必须保证在三根针上都是大盘在下、小盘在上。据说当 64 个盘子全部移完的那一天就是世界的末日，故汉诺塔问题又被称为“世界末日问题”。

按 n 个盘子需要移动 2^n-1 次，把 64 个盘子都移动完毕约需 1.8×10^{19} 次，假设每秒移动一次，约需一万亿年，若用现代电子计算机计算，设一微秒可计算一次移动且不输出，也几乎需要一百万年。目前，由于计算机运算速度的限制，我们仅能找出问题的解决方法并解决较小 n 值的汉诺塔问题。

【例题 7-17】 用递归方法，编写程序解决汉诺塔问题。

(1) 程序分析：

汉诺塔问题属于非数值问题，难以用数学公式表达其算法。对于复杂问题，如何来求解呢？我们可以考虑采用数学归纳法来求解 n 个盘子的汉诺塔问题。

① 假设 $n=1$, 只有一个盘子的汉诺塔问题，直接移动即可。

② 假设 $n-1$ 个盘子的汉诺塔问题已经解决，我们就可以将 n 个盘子的问题转化为只有两个盘子的汉诺塔问题。将“上面 $n-1$ 个盘子”看成一个整体，n 个盘子的汉诺塔问题可以分成两部分，一部分是“上面 $n-1$ 个盘子”,另一部分是最下面的第 n 号盘子。

从分析问题本身的规律入手，分两大步解决。

第 1 大步，将问题化简，当源针 a 上只有一个盘子，即 n=1 时，则只需将 1 号盘从源针 a 移到目标针 c。

第 2 大步，把复杂的问题逐步分解为更小规模的子问题，对于汉诺塔问题而言，相对简单的情形是 n=2，也就是只有两个盘子。将前 n−1 个盘子作为一个整体，和第 n 个盘子当作 2 个盘子来处理。可分为 3 个小步骤操作。

第 2.1 步，将源针 a 上前 n−1 个盘子借助于目标针 c 移到辅助针 b 上暂存。

第 2.2 步，将源针 a 上剩下的一个 n 号盘子移到目标针 c 上。

第 2.3 步，将辅助针 b 上的 n−1 个盘子借助于源针 a 移动到目标针 c 上。

可见，上述 3 步具有与原问题相同的性质，只是在问题的规模上比原问题有所缩小，因此便可用递归实现这一过程。通过这 3 个基本步骤，我们可以将移动 n 个盘子的汉诺塔问题转化为移动 n−1 个盘子的汉诺塔问题，而移动 n−1 个盘子的汉诺塔问题又可以进一步地用同样的方法，转化为移动 n−2 个盘子的汉诺塔问题，依此类推，显然这个问题比较适合用递归的方式来进行求解。

当源针 a 上只有一个盘子，即 n=1 时，则只需将 1 号盘从源针 a 移到目标针 c，这是递归结束的条件。对于有 n 个盘子的汉诺塔，即 n>1 时，则需先把前 n−1 个盘子从源针移动到辅助针暂存，再把 n 号盘子移动到目标针，最后再把前 n−1 个盘子移动到目标针，这是解决原问题的递归算法。整理上述分析结果，可以写出如下完整的算法描述。

定义一个函数 void hanoi(int n,char a,char b,char c)，a 为源针，b 为辅助针，c 为目标针，函数 hanoi 的功能是将源针 a 上的 n 个盘子借助于辅助针 b 移动到目标针 c 上，这样移动 n 个盘子的递归算法描述如下：

```
void hanoi(int n,char a,char b,char c)
{      if (n==1)  当源针 a 上只有一个盘子，即 n=1 时，
           则只需将 1 号盘从源针 a 移到目标针 c 上；
       else
   {   第 2.1 步：将源针 a 上前 n-1 个盘子借助目标针 c 移动到辅助针 b 上；
       第 2.2 步：将源针 a 上剩下的一个 n 号盘子移到目标针 c 上；
       第 2.3 步：将辅助针 b 上的 n-1 个盘子借助于源针 a 移动到目标针 c 上。 }
}
```

以上第 2.1 步、第 2.3 步将源针上的盘子借助于辅助针移动到目标针上，可以用递归算法描述。以上第 2.2 步，将源针上剩下的最后一个盘子移到目标针上，可以定义一个函数 void move(int n,char a,char c)来描述。a 为源针，c 为目标针，函数 move 的功能是将编号为 n 的盘子由源针 a 移动到目标针 c。

(2) 编写程序：

```
#include <stdio.h>
int i=1; //记录步数
void move(int n,char a,char c)  //将编号为 n 的盘子由源针 a 移动到目标针 c
{  printf("第%d 步:将%d 号盘子%c---->%c\n",i++,n,a,c);  }
void hanoi(int n,char a,char b,char c) //将 n 个盘子由源针移动到目标针(利用辅助针)
{  if (n==1)
    move(1,a,c);          //当只有一个盘子时，直接将源针 a 上的盘子移动到目标针 c 上
   else
  { hanoi(n-1,a,c,b); //将源针 a 上的前 n-1 个盘子借助目标针 c 移动到辅助针 b 上
```

```
        move(n,a,c);        //将剩下的一个 n 号盘子从源针 a 移动到目标针 c 上
        hanoi(n-1,b,a,c); //将辅助针 b 上的 n-1 个盘子借助于源针 a 移动到目标针 c 上
    }
}
int main()
{   printf("请输入盘子的个数:\n");
    int n;
    scanf("%d",&n);
    char x='A',y='B',z='C';
    printf("盘子移动情况如下:\n");
    hanoi(n,x,y,z);
    return 0;
}
```

程序运行结果如图 7-26 所示。

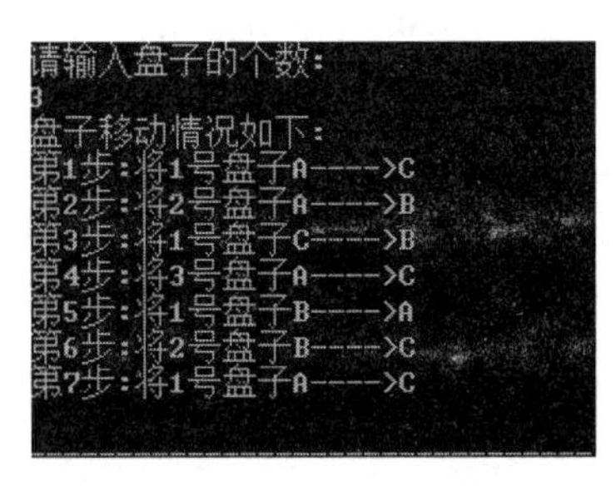

图 7-26　例题 7-17 的运行结果

程序说明：

以 3 个盘子的移动为例，汉诺塔问题的移动分为 7 步完成，如图 7-27 所示。与程序运行结果一致，第 1 步，将 1 号盘子从 A 移到 C；第 2 步，将 2 号盘子从 A 移到 B；第 3 步，将 1 号盘子从 C 移到 B；第 4 步，将 3 号盘子从 A 移到 C；第 5 步，将 1 号盘子从 B 移到 A；第 6 步，将 2 号盘子从 B 移到 C；第 7 步，将 1 号盘子从 A 移到 C。

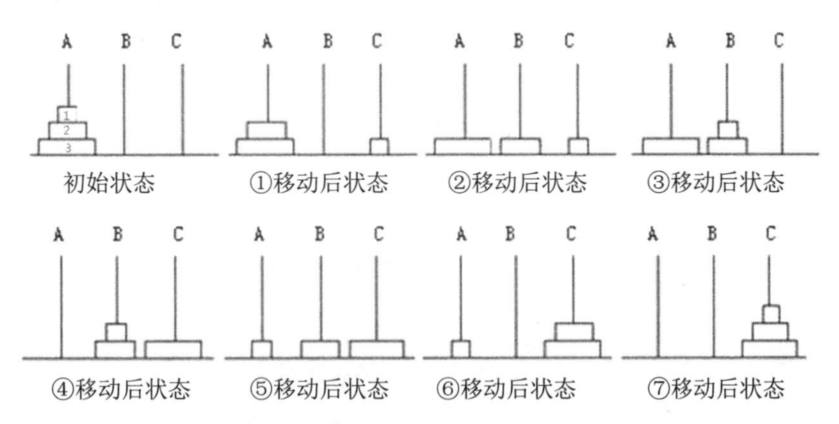

图 7-27　汉诺塔问题 3 个盘子的移动情况

主函数 main 中只有一句调用语句 hanoi(n,x,y,z)，即 hanoi(3,A,B,C) 将源针 A 上的 3 个盘子借助于辅助针 B 移动到目标针 C 上。包括递归算法的“回溯”与“递推”阶段，本例题的调用过程有 14 步，分三层递归，对应运行结果 7 步，如图 7-28 所示。

(1) 递归第一层，执行 hanoi(3,A,B,C) ;语句将源针 A 上的 3 个盘子借助于辅助针 B 移动到目标针 C 上，需执行 hanoi(2,A,C,B);、move(3,A,C);、hanoi(2,B,A,C); 三条语句完成，其中，move(3,A,C);对应运行结果第 4 步，将 3 号盘子从 A 移到 C。

(2) 递归第二层分两步，第一步执行 hanoi(2,A,C,B) ;语句将源针 A 上的 2 个盘子借助于辅助针 C 移动到目标针 B 上，需执行 hanoi(1,A,B,C);、move(2,A,B);、hanoi(1,C,A,B);三条语句完成，其中，move(2,A,B);对应运行结果第 2 步，将 2 号盘子从 A 移到 B。第二步执行 hanoi(2,B,A,C);语句将源针 B 上的 2 个盘子借助于辅助针 A 移动到目标针 C 上，需执行 hanoi(1,B,C,A);、move(2,B,C);、hanoi(1,A,B,C);三条语句完成，其中，move(2,B,C);对应运行结果第 6 步，将 2 号盘子从 B 移到 C。

(3) 递归第三层分四步，第一步执行 hanoi(1,A,B,C);语句将源针 A 上的 1 个盘子借助于辅助针 B 移动到目标针 C 上，仅需执行 move(1,A,C);一条语句完成，对应运行结果第 1 步，将 1 号盘子从 A 移到 C。第二步执行 hanoi(1,C,A,B);语句将源针 C 上的 1 个盘子借助于辅助针 A 移动到目标针 B 上，仅需执行 move(1,C,B);一条语句完成，对应运行结果第 3 步，将 1 号盘子从 C 移到 B。第三步执行 hanoi(1,B,C,A);语句将源针 B 上的 1 个盘子借助于辅助针 C 移动到目标针 A 上，仅需执行 move(1,B,A);一条语句完成，对应运行结果第 5 步，将 1 号盘子从 B 移到 A。第四步执行 hanoi(1,A,B,C);语句将源针 A 上的 1 个盘子借助于辅助针 B 移动到目标针 C 上，仅需执行 move(1,A,C);一条语句完成，对应运行结果第 7 步，将 1 号盘子从 A 移到 C。

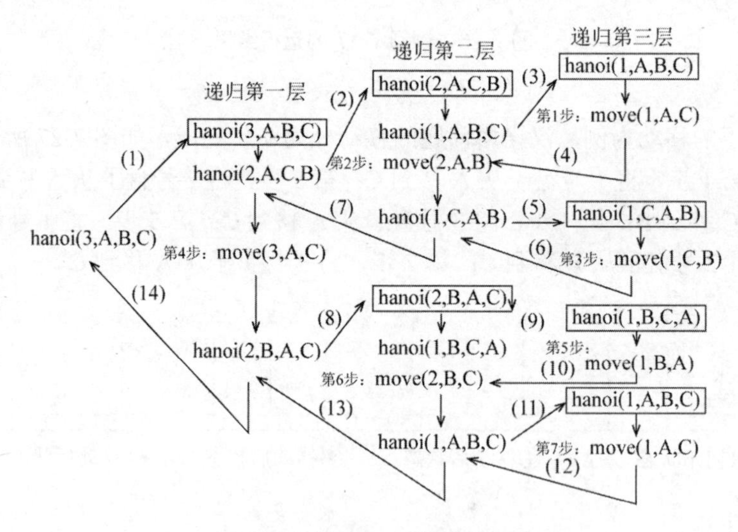

图 7-28　例题 7-17 的调用过程

7.7 变量的作用域与存储方式

在前面的章节，已经知道了变量实际上是程序员可以操纵的一个存储空间，每个变量都有一个特定的数据类型，它决定了变量存储空间的大小。在 C 语言中，每个变量还有作用域表示变量作用的有效范围，生存期决定变量在存储空间中的存储方式。从变量作用域的角度来看，变量可以分为全局变量和局部变量。从变量生存期来看，变量的存储有两种不同的方式，即静态存储方式和动态存储方式。

7.7.1 变量的作用域

变量只能在作用域范围内起作用，而在作用域以外是不能被访问的。变量的有效作用域是从该变量的定义点开始，到和定义变量之前最邻近的开括号({)配对的第一个闭括号(})止。也就是说，作用域由变量所在的最近一对括号确定。我们定义变量可能有三种情况：在函数内的开头定义、在函数内的复合语句中定义、在函数的外部定义。

1. 局部变量

在一个函数内定义的变量只在本函数范围内有效，在复合语句内定义的变量只在本复合语句范围内有效。在函数内或复合语句内定义的变量称为“局部变量”。

【例题 7-18】阅读程序运行结果，进一步掌握局部变量。

```
#include <stdio.h>
void fun1(int a) //定义 fun1 函数
{ int b=1,c=2;   //变量 a、b、c 仅在 fun1 函数内有效
  printf("fun1 函数: a=%d,b=%d,c=%d\n",a,b,c);
}
int main()
{ int a=3,b=4; //变量 a、b 仅在 main 函数内有效
  { int c;   //变量 c 仅在复合语句内有效
    c=a+b;
    printf("复合语句内: a=%d,b=%d,c=%d\n",a,b,c);
  }
 fun1(6);    //调用 fun1 函数
 printf("main 函数: a=%d,b=%d\n",a,b);
 return 0;
}
```

变量 a、b、c 的有效范围

变量 c 的有效范围

变量 a、b 的有效范围

程序运行结果如图 7-29 所示。

图 7-29 例题 7-18 的运行结果

程序说明：

(1) 在一个函数内定义的变量只在本函数范围内有效，如在主函数 main 中定义的变量 a、b 也仅在 main 函数内有效，并不因为是主函数而在整个程序或文件中有效。故由 main 函数中 int a=3,b=4;printf("main 函数：a=%d,b=%d\n",a,b);输出“main 函数：a=3,b=4”。

(2) 形式参数也是局部变量，如 fun1 函数中的形参 a 仅在 fun1 函数内有效。其他函数可以调用 fun1 函数，但不能直接引用 fun1 函数中的形参 a。在 fun1 函数定义中的变量 b、c 也仅在 fun1 函数内有效，故由 fun1 函数定义中的语句 int b=1,c=2;和 main 函数中的调用语句 fun1(6); 输出“fun1 函数：a=6,b=1,c=2”。

(3) 不同函数中可以使用同名变量，如 fun1 函数中有变量 a、b、c，main 函数中也有变

量 a、b、c。它们代表不同的对象，互不干扰，就像不同班有同名的学生一样。如在 fun1 函数定义中的变量 a 与在主函数 main 中定义的变量 a，在内存中占用不同的存储空间，互不干扰。

(4) 在函数内部，由一对花括号括起来的复合语句内定义的变量只在本复合语句范围内有效，如在函数 main 内的复合语句中定义了变量 c，变量 c 仅在该花括号内有效。复合语句中没有定义变量 a、b，但此时在 main 函数内，其 main 函数内部定义的变量 a、b 仍有效，故复合语句中 printf("复合语句内：a=%d,b=%d,c=%d\n",a,b,c); 输出“复合语句内：a=3,b=4,c=7”。

2. 全局变量

在函数内定义的变量是局部变量，而在函数之外定义的变量称为外部变量，外部变量也称“全局变量”。全局变量可以为本文件中其他函数所共用，有效范围为从定义变量的位置开始到本源文件结束。

【例题 7-19】阅读程序运行结果，进一步掌握全局变量。

```
#include <stdio.h>
int a=1,b=2;    //函数外部的变量 a、b 为全局变量
int max (int a,int b) //定义 max 函数
{  int c;     //max 函数内定义的变量 a、b、c 为局部变量
   c=a>b?a:b;
   return(c);
}
int main()
{ int s=0,a=3; //main 函数内定义的变量 a、s 为局部变量
  s=max(a,b); //调用 max 函数
  printf("s=%d\n",s);
  return 0;
}
```

程序运行结果如图 7-30 所示。

图 7-30　例题 7-19 的运行结果

程序说明：

(1) 定义在函数外部的变量 a、b 为全局变量，可以为本程序中的其他函数所共用，有效范围为从定义变量的位置开始到本源文件结束。在 main 函数内定义的变量 a、s 为局部变量，只在本函数范围内有效。在 max 函数内定义的变量 a、b、c 为局部变量，只在本函数范围内有效。

(2) 如果在同一个文件或程序中，全局变量与局部变量同名，则在局部变量作用范围内，全局变量被“屏蔽”，即全局变量不起作用，局部变量有效。在执行调用语句 s=max(a,b); 时，函数外部的全局变量 a (a=1)和 main 函数内定义的局部变量 a(a=3)都有效。此时在局部变量 a 作用范围内，全局变量 a 被“屏蔽”，则调用语句 s=max(a,b);中的 a 为局部变量 a(a=3)，b 仍为函数外部的全局变量 b(b=2)，故运行结果为“s=3”。

7.7.2 变量的存储方式

内存中供用户使用的存储空间分为代码区与数据区两个部分。程序代码存储在代码区，变量存储在数据区，数据区又可分为静态存储区与动态存储区。

变量的存储方式.mp4

静态存储区存放的数据有全局变量和定义为 static 的局部变量。以静态存储方式存储的变量叫作静态存储变量，它们在程序编译时分配存储空间并初始化，整个程序运行完才释放。在程序执行过程中它们占据固定的存储空间，而不动态地进行分配和释放。

动态存储区存放的数据有函数形式参数、自动变量(未加 static 声明的局部变量)和函数调用时的现场保护和返回地址。以动态存储方式存储的变量叫作动态存储变量，它们在函数开始执行时分配动态存储空间，其值在函数执行期间被赋值，函数执行结束时释放这些空间。

1. 动态存储变量

函数中的局部变量，如不声明为 static 存储类别，都是动态地分配存储空间，其数据都存储在动态存储区中。如函数中的形式参数、在函数内定义的变量、在复合语句中定义的变量都属于动态存储变量。这类局部变量称为动态存储变量，又称自动类变量，用关键字 auto 作存储类别的声明。在调用该函数时系统会给它们分配存储空间，在函数调用结束时就自动释放这些存储空间。

例如：函数 fun2 中的动态存储变量如下：

```
int fun2(int a)
{  auto int b,c=3;  …… }
```

在 fun2 函数定义中，形式参数 a，局部变量 b、c 都属于动态存储变量，当执行 fun2 函数时，为变量 a、b、c 在动态存储区分配存储空间，fun2 函数执行结束后，自动释放变量 a、b、c 所占的存储空间。其中，当变量是动态存储变量的情况下，定义时关键字 auto 可以省略。

注意：本教材前面章节的程序都省略了关键字 auto。

2. 用 static 声明的局部静态存储变量

函数中局部变量的值在函数调用结束后会消失，若希望局部变量的值不消失而保留原值，则可以指定局部变量为“静态存储变量”，用关键字 static 进行声明。用 static 声明的局部静态存储变量在程序开始执行时分配存储区，程序运行完毕后才释放。在程序执行过程中它们占据固定的存储空间，而不动态地进行分配和释放。

【例题 7-20】阅读程序运行结果，进一步掌握 static 声明。

```
#include <stdio.h>
void fun3()
{ auto int x=1;        //变量 x 用 auto 声明，是动态存储变量
  static int y=10;     //变量 y 用 static 声明，是静态存储变量
  x=x+1;
  y=y+1;
```

```
  printf("x=%d,y=%d,x+y=%d\n",x,y,x+y);
}
int main()
{ int i;
  for(i=1;i<=2;i++)
  fun3();   //循环语句使函数 fun3 被调用了两次
  return 0;
}
```

程序运行结果如图 7-31 所示。

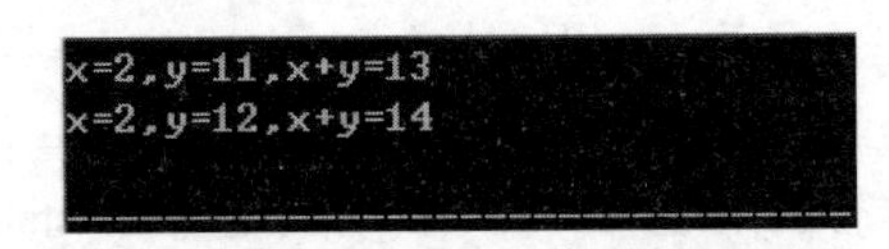

图 7-31　例题 7-20 的运行结果

程序说明：

(1) 动态存储变量用 auto 声明，auto 可省略，故主函数 main 中的变量 i 和函数 fun3 中的变量 x 都是动态存储变量。这些动态存储变量在调用函数时系统给它们分配存储空间，并在函数执行期间被赋值，在函数执行结束时就自动释放这些存储空间。

(2) 函数 fun3 中的变量 y 用 static 声明，是静态存储变量。静态存储变量是在程序编译时得到存储空间并被初始化的，如变量 y 是在程序编译时就得到存储空间并初始化为 10。变量 y 在整个程序执行过程中一直占用同一个存储单元，程序执行结束时才被释放，所以静态变量 y 一直保留前一次的值。

(3) 主函数 main 中的循环语句 for(i=1;i<=2;i++) fun3();使函数 fun3 被调用了两次。第一次调用函数 fun3，动态存储变量 x=1，x+1 后为 2；静态存储变量 y=10，y+1 后为 11；故输出“x=2,y=11,x+y=13”。第二次调用函数 fun3，动态存储变量 x 不保留前一次的值，仍为 x=1，x+1 后为 2；静态存储变量 y 保留前一次的值 y=11，y+1 后为 12；故输出“x=2,y=12,x+y=14”。

关于变量的存储方式，笔者还有以下几点说明。

(1) 静态局部变量在编译时初始化，即赋初值，并只赋一次初值，如果函数被多次调用，静态变量将保留前一次的值。而对动态局部变量赋初值是在函数调用时进行，每调用一次函数重新赋一次初值，因此若函数被多次调用，动态变量将不能保留前一次的值。

(2) 如果在定义局部变量时不赋初值，对静态局部变量来说，编译时自动对数值型变量赋初值为 0，对字符变量赋初值为空字符。而对动态局部变量来说，如果不赋初值则它的值是一个不确定的值。

(3) 在 C 语言中，每个变量和函数都有数据类型和数据的存储类别两个属性。变量的存储类型除了上述使用的 auto 和 static 外，还包括 register、extern。

本章小结

函数是 C 语言的基本单位，是程序设计的重要手段，C 程序可以包含一个主函数和多个其他函数。C 程序必须有且只能有一个名为 main 的主函数，其执行总是从 main 函数开始，在 main 函数结束。

函数，与变量一样，也必须“先定义，后使用”。函数定义包括函数首部和函数体两部分：函数首部包括返回数据类型、函数名和形式参数列表；函数体由一对花括号和其中的语句(声明部分和执行部分)组成。

函数声明与函数定义是有区别的，函数声明可以和函数定义分开，一个函数只可以定义一次，但是可以声明多次。函数声明适用于调用函数的定义出现在主调函数之后。

在 C 程序中，是通过对函数的调用来执行被调函数的函数定义中函数体内的代码，来实现函数的功能。按照函数调用在程序中出现的形式与位置来分，函数调用的形式分为函数语句调用、函数表达式调用和函数参数调用三种形式。

主调函数向被调函数的数据传递是通过参数实现的，使用函数参数传递有值传递和地址传递两种方式。以数组作为函数的参数为例，数组元素作为参数传递是传值方式，数组名作为参数传递是传地址方式。

C 语言的函数定义都是互相平行、独立的，一个函数并不从属于另一个函数，也就是说在定义函数时，一个函数内不能包含另一个函数的定义。C 语句不能嵌套定义函数，但可以嵌套调用函数。

C 语言的特点之一就在于允许函数的递归调用。在调用一个函数的过程中又出现直接或间接地调用该函数本身，称为函数的递归调用。编写递归程序有两个要点：一是要找到正确的递归算法，这是编写递归程序的基础；二是要确定递归算法的结束条件，这是决定递归程序能否正常结束的关键。

每一个变量都有一个特定的数据类型决定变量的存储空间大小，还有作用域表示变量作用的有效范围，生存期决定变量在存储空间中的存储方式。从变量作用域的角度来看，变量可以分为全局变量和局部变量。从变量生存期来看，变量的存储有两种不同的方式，即静态存储方式和动态存储方式。

通过本章的学习，要求读者能够理解函数的概念，建立模块化程序设计的思想。

习题 7

一、选择题

1. 以下叙述正确的是(　　)。
   A. C 语言程序是由过程和函数组成的
   B. C 语言函数可以嵌套调用，例如：fun(fun(x))
   C. C 语言函数不可以单独编译
   D. C 语言中除了 main 函数，其他函数不可以作为单独文件形式存在
2. 下列叙述中正确的是(　　)。
   A. C 语言程序将从源程序中的第一个函数开始执行
   B. 可以在程序中由用户指定任意一个函数作为主函数，程序将从此开始执行
   C. C 语言规定必须用 main 作为主函数名，程序将从此开始执行，在此结束
   D. main 可作为用户标识符，用以命名任意一个函数作为主函数。
3. 以下正确的函数定义形式是(　　)。

A. double　fun(int x,int y);{　}　　B. double　fun(int x ;int y){ }

C. double　fun(int x,int y){　}　　D. double　fun(int x, y);{ }

4. 以下关于 return 语句叙述正确的是(　　)。

A. 一个自定义函数中必须有一条 return 语句

B. 一个自定义函数中可以根据不同情况设置多条 return 语句

C. 定义 void 类型的函数中可以有带返回值的 return 语句

D. 没有 return 语句的自定义函数在执行结束时不能返回到调用处

5. 有以下程序:

```
#include <stdio.h>
int f(int x);
int main()
{ int n=1,m;  m=f(f(f(n)));  printf("%d\n",m);return 0;}
int f(int x)
{ return x*2;}
```

程序运行的输出结果是(　　)。

A. 1　　B. 2　　C. 4　　D. 8

6. 设有如下函数定义:

```
int fun(int k)
{  if (k<1) return 0;
else if(k==1) return 1;
else return fun(k-1)+1;}
```

若执行调用语句 n=fun(3);，则函数 fun 总共被调用的次数是(　　)。

A. 2　　B. 3　　C. 4　　D. 5

7. 在一个 C 语言源程序文件中所定义的全局变量，其作用域为(　　)。

A. 所在文件的全部范围　　B. 所在程序的全部范围

C. 所在函数的全部范围　　D. 由具体定义位置和 extern 说明来决定范围

8. 在 C 语言中，只有在使用时才占用内存单元的变量，其存储类型是(　　)。

A. auto 和 register　　B. extern 和 register

C. auto 和 static　　D. static 和 register

9. 以下说法不正确的是(　　)。

A. 标准库函数按分类在不同的头文件中声明

B. 用户可以重新定义标准库函数

C. 系统不允许用户重新定义标准库函数

D. 用户若需要调用标准库函数，调用前必须使用预编译命令将该函数所在文件包括到用户源文件中

10. 以下程序的主函数中调用了在其前面定义的 fun 函数:

```
#include <stdio.h>
int main()
{double a[15],k;k=fun(a);return 0;}
```

则以下选项中错误的 fun 函数首部是(　　)。

A. double fun(double a[15])　　B. double fun(double *a)
C. double fun(double a[])　　D. double fun(double a)

二、程序阅读题

1. 以下程序运行后的输出结果是(　　)。

```
#include <stdio.h>
Void fun(int x)
{ if(x/2>0) fun(x/2);
printf("%d", x); }
int main()
{ fun(6);
printf("\n");
return 0;
}
```

2. 以下程序运行后的输出结果是(　　)。

```
#include <stdio.h>
int a=5;
void fun(int b)
{ int a=10; a+=b;
printf("%d",a);   }
int main()
{ int c=20;fun(c); a+=c;
 printf("%d\n",a);
return 0;
}
```

3. 以下程序运行后的输出结果是(　　)。

```
#include <stdio.h>
int f(int x,int y)
{ return ((y-x)*x);}
int main()
{ int a=3,b=4,c=5,d;
d=f(f(a,b),f(a,c));
printf("%d\n",d);
return 0;
}
```

4. 以下程序运行后的输出结果是(　　)。

```
#include <stdio.h>
int fun()
{ static int x=1;
x*=2;
return x;}
int main()
{ int i,s=1;
for(i=1;i<=3;i++) s*=fun();
printf("%d\n",s);
return 0;
}
```

5. 以下程序运行后的输出结果是(　　)。

```
#include <stdio.h>
void fun(int p)
{ int d=2; p=d++; printf("%d",p); }
int main()
{ int a=1; fun(a);
printf("%d\n",a);
return 0;
}
```

三、编程题

1. 编写一个函数，统计任意一串字符中数字字符的个数，并在主函数中调用此函数。

2. 编写一个函数，对任意 n 个整数排序，并在主函数中输入 10 个整数，调用此函数。

3. 编写一个函数，将任意 $n \times n$ 的矩阵转置，并在主函数中调用此函数将一个 3×3 矩阵进行转置，并输出结果。

4. 编写两个函数，分别求两个整数的最大公约数和最小公倍数，用主函数调用这两个函数，并输出结果。要求两个整数由键盘输入，可求任意两个整数的最大公约数和最小公倍数。

5. 编写一个函数，求任意 n 个整数的最大数及其位置，并在主函数中输入 10 个整数，调用此函数。

6. 编写一个函数，分别统计任意一串字符中字母的个数，并在主函数中调用此函数。

7. 编写一个函数，使输入的一个字符串按反序存放，并在主函数中输入输出字符串。

8. 编写一个函数，由实参传来一个字符串，统计此字符串中字母、数字、空格和其他字符的个数，并在主函数中输入字符串，输出上述统计结果。

9. 某班有 10 个学生五门课的成绩，分别编写 3 个函数实现以下要求：

(1) 每个学生的平均分；

(2) 每门课的平均分；

(3) 找出最高分所对应的学生和课程。

在主函数中输入 10 个学生五门课的成绩，并调用上述函数输出结果。

10. 某班有 10 个学生三门课的成绩，分别编写 2 个函数实现以下要求：

(1) 找出有两门以上不及格的学生，并输出其学号和不及格课程的成绩；

(2) 找出三门课平均成绩在 85～90 分的学生，并输出其学号和姓名。

在主函数中输入 10 个学生三门课的成绩，并调用上述函数输出结果。

第8章 C 语言的精华——指针

指针是 C 语言中的一个重要概念，它能有效地表示和处理复杂的数据结构，特别善于处理动态数据结构。正确而灵活地使用指针可以使程序简洁、紧凑、高效。通过指针的学习，培养学生高效处理问题的能力。C 语言之所以强大且自由，很大程度体现在其指针的灵活运用上，因此，指针是 C 语言的灵魂，不掌握指针就是没有掌握 C 语言的精华。

本章教学内容：

◎ 指针的概念

◎ 指针变量

◎ 指针与数组

◎ 指针与字符串

◎ 指向函数的指针

◎ 返回指针值的函数

◎ 指针数组

本章教学目标：

◎ 理解指针的概念，指针变量的定义、引用

◎ 掌握指针变量的定义、初始化、赋值、引用及运算

◎ 掌握一维数组和二维数组的指针访问方法，会用指针实现数组的输入输出

◎ 掌握字符指针的应用

◎ 掌握指针数组的使用方法及与指向一维数组的指针的区别

◎ 掌握指针数组作为函数的参数、指向函数的指针及指针作为函数返回值，会用指针变量作为函数参数

8.1 指针的概念

前面学习了数组和函数，当程序中需要进行变量复制、函数调用时，那么对于一个占用内存空间很大的结构体来说，需要将其拷贝过去是很浪费资源的，本章将要介绍的指针，就可以很好地解决这个问题，即只拷贝变量的地址而非变量自身。

指针是 C 语言中一个重要的数据类型，也是 C 语言中的一个重要内容，正确理解和使用指针，是 C 语言程序设计的关键之一。使用指针，可以有效地表示复杂数据结构、可以方便地引用字符串、高效地访问数组、动态分配内存地址、直接处理内存单元地址等。

由于指针概念的复杂性及其使用上的灵活性，容易导致指针使用不当，会造成许多意想不到的错误，这也使其成为初学者难以掌握的一个知识点。在学习过程中要多上机编程，通过实践才能尽快掌握指针的内容。

在计算机中，所有的数据都是存放在存储器中的，程序也都是在内存中执行的。在程序执行时，如果定义了一个变量，C 语言的编译系统会根据变量的类型，为其分配一定大小的内存空间。例如在 Visual C++环境中，会为字符型变量分配 1 字节的内存单元，为整型变量分配 4 字节的内存单元。所谓变量，就是指在内存中的某个存储单元。那么计算机是如何存取这些单元里的内容的呢？

计算机的内存是以字节为单位的一片连续的存储空间，每个字节都有一个编号，这个编号称为内存地址。可以把内存比作一栋大楼，而每个内存地址可以比作大楼内的每个房间号，管理员通过房间号来实现对大楼的管理，而计算机的操作系统也就是通过内存地址来管理整个内存空间的。下面对指针和指针变量进行定义。

(1) 指针(pointer)：是一个变量的地址。

(2) 指针变量：是一个变量，其值是另一个变量的地址。

任何变量都在计算机内存中占有一块内存区域，变量的值就存放在这块内存区域中(寄存器变量不在内存中，而是在 CPU 的寄存器中)。

例如，有两条语句：int a = 1; char b ='1';。那么在程序编译时，系统首先会给变量 a 和 b 分配内存单元，如图 8-1 所示。

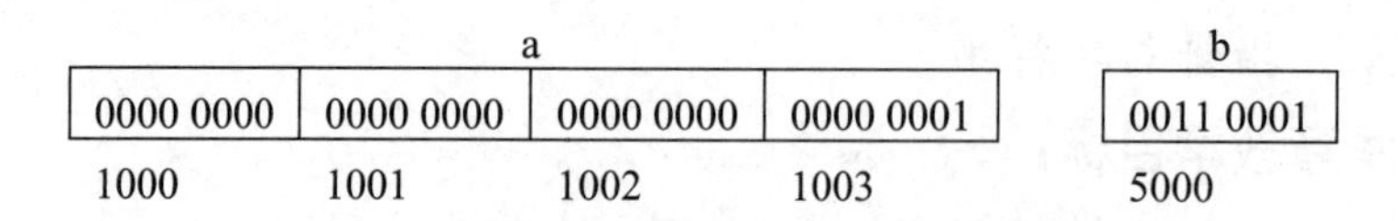

图 8-1 变量在内存中分配的地址示意图

图 8-1 中的最下面一行表示的是内存地址，这里的地址只是起示意作用，可以通过取地址符(&)来查看运行时分配的地址，这个地址就是指它的起始地址。通过起始地址就可以找到变量，因此也可以说，地址指向该变量。所以，在 C 语言中，变量的(起始)地址也被称为变量的指针，意思是通过指针就能找到以它为起始地址的内存单元。

将 a 赋值为 1，系统将会根据变量名 a 查出它相应的地址 1000，然后将整数 1 存放到地址为 1000 的内存单元(从 1000 开始向下分配 4 字节)；将 b 赋值为'1'，系统将会根据变量名 b 查出它相应的地址 5000，然后将字符'1'存放到地址为 5000 的内存单元(从 5000 开始向下分配 1 字节)，如图 8-1 所示。这种直接按变量名、不需要知道其具体分配的内存地址而进行的访问，称为“直接存取”。

在 C 语言中，还有一种特殊的变量，它只是用来存放内存地址的。如图 8-2 所示，可以将 a 的地址 1000 存放到这种变量 pa 中，而后通过 pa 来存取 a，这种存取方式叫作“间接存取”。这种用来存放地址的变量就叫作“指针变量”。

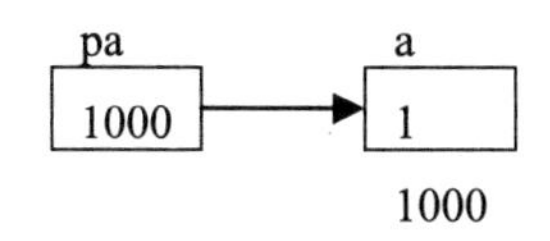

图 8-2 指针变量示意图

图 8-2 中的箭头就表示“指向”，即在 pa 和 a 之间建立一种联系，通过 pa 就能知道 a 的地址，从而找到 a 的内存单元。这里 pa 就是指针变量，而变量 pa 存放的就是变量 a 的指针(地址)。

由此可知，一个变量的访问(访问是指取出其值或向它赋值)方式有两种。

(1) 直接访问：通过变量名访问，如通过变量名 a 直接访问。

(2) 间接访问：通过变量的指针来访问，如通过 pa 访问变量 a。

在深入介绍指针之前，我们先确定以下几个概念。

(1) 地址：内存中每个存储单元的编号。

(2) 变量：内存中某个特定的存储单元。

(3) 变量的地址：某一变量所在的存储单元的地址编号。

(4) 变量的名称：为该存储单元所定义的名称，便于程序设计。

(5) 变量的值：存放在特定存储单元中的数据。

(6) 指针：地址。

(7) 变量的指针：变量的地址。

(8) 指针变量：存放地址的变量。

(9) 指向变量的指针变量：存放某个特定变量地址的指针变量，通过该指针变量可以指向特定的变量。

8.2 指针变量

8.2.1 指针变量的定义

指针变量是专门用来存放内存地址的变量，是一种特殊的变量，其特殊之处在于它的变量值是地址，而不是普通的数据。

如语句 int * i_pointer; i_pointer=&i;，指针变量有三个属性：

(1) 指针变量指向的变量的类型。如 i_pointer 指向的变量 i 是整型。

(2) 指针变量在内存中占多少内存单元。指针变量在内存中要么占 2 个内存单元，要么占 4 个内存单元。

(3) 指针变量指向哪一个变量，即指针变量的值是多少。如 i_pointer 的值是 2000。

在 C 语言中，规定所有的变量都必须先定义后使用，指针变量也不例外，在引用指针变量之前必须先定义。定义指针变量的一般形式如下：

```
类型标识符 * 标识符
```

其中，“*”表示定义指针变量，“标识符”是指针变量名，“类型标识符”表示指针变量所指向的变量类型。

例如：

```
int i,j; /* 定义两个整型变量 */
int *pointer_1, *pointer_2;
float *pointer_3;
char *pointer_4;
void *pointer_5;
```

其中，指针变量*pointer_1 和*pointer_2 指向整型变量，指针*pointer_3 指向 float 型变量。至于指针*pointer 具体指向哪个变量，应该由向*pointer 赋予的地址来决定。当指针变量赋值后，程序就可以通过指针*pointer 访问所指向的变量。

对指针变量的定义应注意两点：

(1) 指针变量名。

a 是整型变量，pa 是指向整型变量的指针变量。与定义普通变量 a 不同，指针变量前面的星号“*”表示该变量为指针型，不能把*pa 当作是整型变量。

(2) 指针的基类型。

pa 是指向整型变量的指针变量，那么整型即被称为指针的基类型，也就是说 pa 只能存放整型变量的地址，而不能是其他类型变量的地址。这是因为在本章后面涉及指针变量的移动和计算时，指针一次移动的是一个内存单元，而每一种数据类型所占的内存单元并不一致，如对整型而言，一次移动 4 字节，而对字符型来说，一次只移动 1 字节。所以为了保证数据的准确性，规定一个指针变量只能指向同类型的变量，如 pa 只能指向整型变量，不能时而指向一个整型变量，时而又指向一个字符变量。

8.2.2 指针变量的赋值

指针变量同普通变量一样，在使用之前不仅要定义说明，而且必须赋予具体的值。未经赋值的指针变量不能使用，否则会造成系统混乱。指针变量的值只能是地址，不能被赋予任何其他数据，否则会引起错误。指针变量可以通过不同的方法获取一个地址值。

1. 通过地址运算符“&”赋值

地址运算符“&”是单目运算符，运算对象放在地址运算符“&”的右边，用于求出运算对象的地址，通过地址运算符“&”可以把一个变量的地址赋给指针变量。

例如：

```
int  a,*p; p=&a;
```

执行后变量 a 的地址赋给指针变量 p，指针变量 p 就指向了变量 a。

2. 指针变量的初始化

同普通变量一样，指针变量在使用之前需要先定义，而且还必须给它赋予具体的值。

如果在定义的同时，赋给其初始值，则称为指针变量的初始化。初始化的一般形式为：

```
数据类型名  *变量名 = 初始地址值;
```

例如：

```
int a; char c; int *pa = &a; char *pc = &c;
```

注意：指针变量中只能存放地址，不能将一个非地址类型的数据(如常数等)赋给一个指针变量。

3. 通过其他指针变量赋值

可以通过赋值运算符，将一个指针变量的地址赋给另一个指针变量。这样两个指针变量指向同一地址。

例如：

```
int a,*p1,*p2; p1=&a; p2=p1;
```

执行后指针变量 p2 和 p1 都指向整型变量 a。

需要注意的是，将一个指针变量的值赋给另一个指针变量时，这两个指针变量的基类型必须相同。当把一个变量的地址作为初始值赋给指针变量时，这个变量必须在指针初始化之前定义过。因为没有定义过的变量，系统没有为其分配过内存空间，所以也就没有地址，就无法让指针指向该变量。

4. 用 NULL 给指针变量赋空值

可以将一个指针变量初始化为“空”值。

例如：

```
int *pa = NULL;
```

或者

```
int *pa = 0;
```

或者

```
int *pa = '\0';
```

这里的 NULL 是头文件 stdio.h 中的预定义符，其含义就为 0。而 pa 也不是指向地址为 0 的内存单元，而是指向一个确定的值——“空”。如果通过一个空指针去访问一个内存单元，将会得到一个出错的信息。

在使用 NULL 时，需要在程序中加上文件包含语句#include <stdio.h>。在 C 语言中，当指针值为 NULL 时，指针不指向任何有效数据，因此在程序中为了防止错误地使用指针来存取数据，常常在指针使用前，先赋初值为 NULL。NULL 可以赋值给任何类型的指针变量。需要注意的是，指针变量赋空值和未对指针变量赋值，两者意义是不同的。

8.2.3　指针变量的引用

有两个运算符可以引用指针变量。

(1) &(取地址运算符)：如

```
pointer_1 = &i;
```

(2) *(指针运算符)：用于访问指针变量所指向的变量。

如果定义：

```
int i,j; int *pointer_1; pointer_1 = &i;
```

指针变量 pointer_1 指向变量 i，现在对变量 i 有两种访问方式：

(1) 直接访问，例如：

```
i = 100; j = i;
```

(2) 通过指针变量间接访问，例如：

```
*pointer_1 = 100; j = *pointer_1;
```

到这里为止，用指针变量间接访问另一个变量，似乎显得多余，但是在复杂程序设计中，这种间接访问可以大大提高程序的效率并使程序简洁。因为只要改变指针变量的值，就可以访问其他变量。

例如：

```
int i,j; int *p;
p = &i;   (p 指向 i )
*p = 100; (*p 访问 i)
p = &j;   (p 指向 j)
*p = 200; (*p 访问 j)
```

【融入思政元素】

通过指针的学习，培养学生高效处理问题的能力。指针存放变量的地址，数据就可以通过变量名或指针来访问。通过使用指针，知道程序对象在内存中的位置，可以使用该地址来访问对象，将更加高效和方便地使用宝贵的内存空间，从而编写出精练而高效的程序。

【例题 8-1】输入两个数，逆序输出。

```
#include <stdio.h>
int main()
{ int a, b, *pa, *pb;
   pa = &a;
   pb = &b;
   scanf("%d%d", &a, &b);
   printf("正序输出：%d %d\n", *pa, *pb);
   pa = &b;
   pb = &a;
   printf("逆序输出：%d %d\n", *pa, *pb);
   return 0;
}
```

例题 8-1 逆序输出.mp4

程序的运行结果如图 8-3 所示。

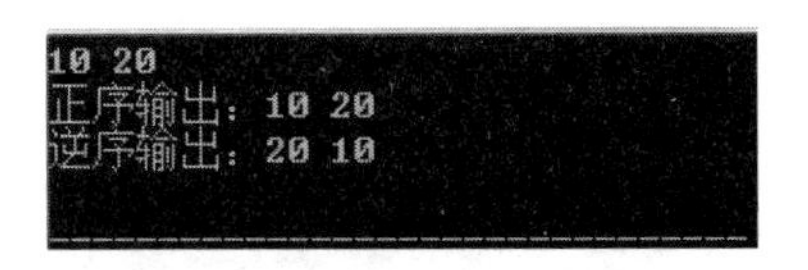

图 8-3　例题 8-1 的运行结果

程序说明：

(1) 在输入语句中，可以用 pa、pb 代替&a、&b。

(2) 这两条输出语句一样，却有不同的结果，是因为正序输出时，pa 指向了 a，pb 指向了 b，而后改变了指向，这时*pa 即为*(&b)，也就是变量 b，同样的原因，*pb 此时即为 a。如图 8-4 所示，只是指针指向发生改变，并没有改变 a 和 b 本身的内容。

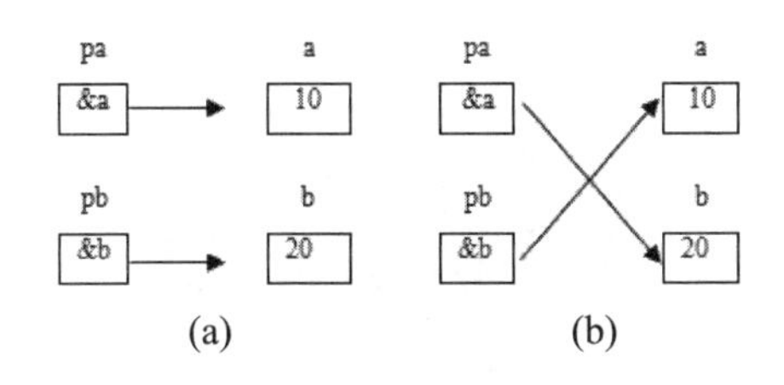

图 8-4　例题 8-1 的示意图

指针变量引用总结：

(1) 在定义指针变量时，还未规定它指向哪一个变量，此时不能用*运算符访问指针。只有在程序中用赋值语句具体规定后，才能用*运算符访问所指向的变量。

(2) 区分*运算符在不同场合的作用，编译器能够根据上下文环境判别*的作用。

int a,b,c; int *p; (*表示定义指针)

p = &a; *p = 100; (*表示指针运算符)

c = a * b; (*表示乘法运算符)

(3) 区分*运算符的以下用法。

```
int a ; int *p = &a; /* 定义指针变量时指定初值，是为 p 指定初值 */
*p = 100; /* 给指针 p 所指向的变量赋值，这里是给变量 a 赋值 */
```

(4) 一个指针可以加减一个整数 n，但其结果不是指针值直接加减 n，其结果与指针所指向变量的数据类型有关，指针变量的值应增加或减少 n*sizeof(指针类型)。

若

```
int a=3;int *p=&a;
```

设变量 a 的起始地址为 3000，则执行 p=p+3;后，指针向下移三个整型的位置，pa 的值应该是 3000+3*sizeof(int)=3000+3*2=3006，不应是 3003。

值得注意的是，同类型的指针可以进行相减，其值是两个指针相距的元素个数，不能进行相加、相乘、相除运算。

(5) 与基本类型变量一样，指针可以进行关系运算。在关系表达式中允许对两个指针进行所有的关系运算。在指针进行关系运算前，指针必须指向确定的变量，即指针必须有初始值。另外，只有相同类型的指针才能进行比较。

【例题 8-2】输入 a 和 b 两个整数，按从大到小的顺序输出 a 和 b。

```
#include <stdio.h>
int  main()
{   int a,b,*p1,*p2,*p;
    scanf("%d%d",&a,&b);
    p1=&a;
    p2=&b;
    if(a<b)
    {  p=p1;p1=p2;p2=p;}
       printf("a=%d,b=%d\n",a,b);
       printf("max=%d,min=%d\n",*p1,*p2);
    return 0;
}
```

例题 8-2 按从大到小的顺序输出.mp4

程序运行结果如图 8-5 所示。

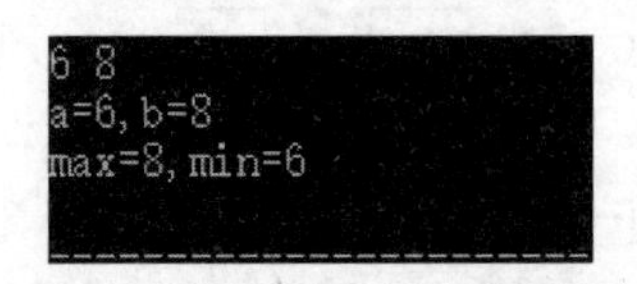

图 8-5　例题 8-2 的运行结果

程序说明：

本题中变量 a 和 b 的值并未交换，它们仍保持原值，但 p1 和 p2 的值改变了。p1 的值原为&a，后来变成&b；p2 原值为&b，后来变成&a。这样在输出*p1 和*p2 时，实际上是输出变量 b 和变量 a 的值，所以先输出 8，再输出 6(注意：*p1 代表 p1 所指向的变量，而 p1 为指针变量)。指针变量值的交换情况如图 8-6 和图 8-7 所示。本题并不交换整型变量的值，而是交换两个指针变量的值。

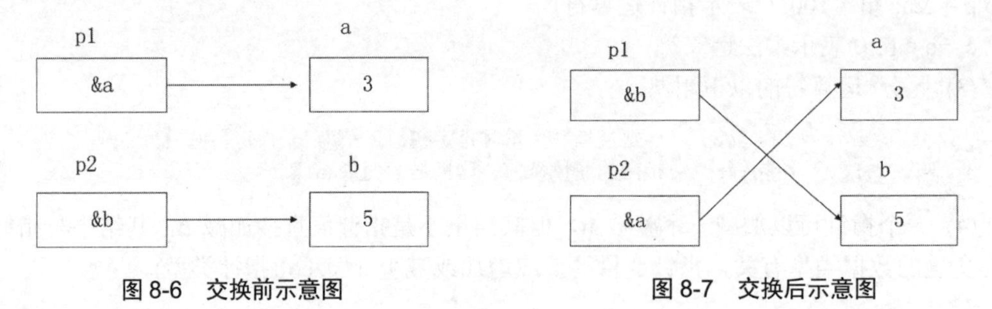

图 8-6　交换前示意图　　　　图 8-7　交换后示意图

8.3 指针与数组

指针可以指向数组和数组元素，当一个指针指向数组后，对数组元素的访问，既可以使用数组下标，也可以使用指针。虽然用下标访问数组元素程序更清晰，但用指针访问数组元素，程序的执行效率更高。

8.3.1　指针与一维数组

一个数组的元素在内存中是连续存放的，数组第一个元素的地址称为数组的首地址。C

语言规定数组名是该数组的首地址，例如有以下语句：

```
int a[10] = {1,2,3,4,5,6,7,8,9,10};
```

其内存分配如图 8-8 所示。

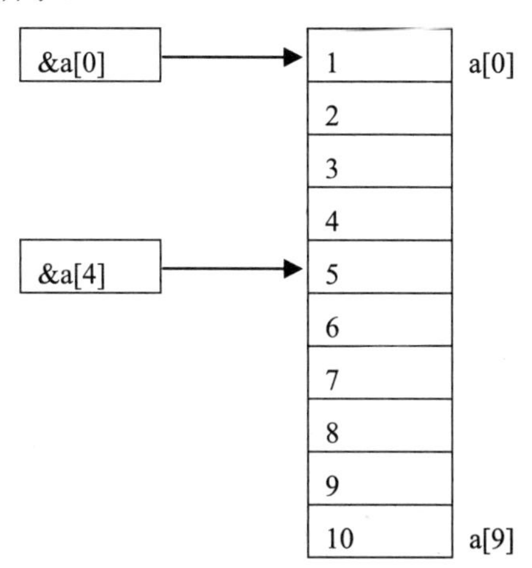

图 8-8　数组在内存中的分配

指针变量既然可以指向变量，那同样也可以指向数组元素。数组元素的指针就是数组元素的地址。除此之外，指针变量还可以指向数组，指向数组的指针变量就是数组的第一个元素的地址——首地址。C 语言规定，一维数组的数组名代表数组的首地址，因此数组名本身就是一个地址。其他数组元素的地址可以通过数组名加上偏移量来取得。例如：

```
int *p = &a[0];     /* 指针 p 指向数组第 1 个元素 */
int *q = &a[4];     /* 指针 q 指向数组第 5 个元素 */
```

对于指针变量 p 来说，它指向的是数组的第一个元素，实际上也就是指向了整个数组。其等价于：

```
int *p = a;         /* 数组名 a 代表数组的首地址 */
```

引用数组可以使用下标法，也可以使用指针法，即通过指向数组元素的指针找到所需要的元素，也就是说任何能由数组下标完成的操作都可以用指针来实现，而且使用指针的程序代码更紧凑、更灵活。

由于 a+i 为 a[i]的地址，因此用指针给出数组元素的地址和内容有以下几种表示形式。

(1) p+i 和 a+i 都表示 a[i]的地址，它们都指向 a[i]。

(2) *(p+i)和*(a+i)都表示 p+i 或者 a+i 所指向对象的内容，即 a[i]。

(3) 指向数组元素的指针，也可以表示成数组的形式，也就是说，指针变量也可以带有下标，如 p[i]与*(p+i)等价。

总结一下：若定义了一维数组 a 和指针变量 p，且 p=a，则等价规则如图 8-9 所示。

以上假设 p 所指向的数据类型与数组 a 元素的数据类型一致，i 为整型表达式。

需要注意的是，虽然 p+i 与 a+i、*(p+i)与*(a+i)意义相同，但仍应注意 p 和 a 的区别：a 代表数组的首地址，是常量，不可变化；p 是一个指针变量，是可以变化的。当使指针 p 指向数组 a 后，可以用指针 p 访问数组的各个元素。

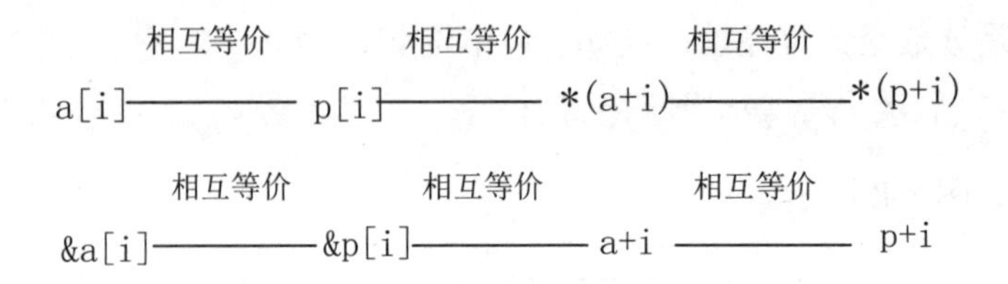

图 8-9　等价形式

【例题 8-3】输出数组的全部元素(设 10 个元素，整型)，练习访问各元素的三种方法。

(1) 方法一：下标法(常用，很直观)。

```
#include <stdio.h>
int  main()
{int a[10];
int i;
for(i=0;i<10;i++) scanf("%d", &a[i]);
printf("\n");
for(i=0;i<10;i++) printf("%d ",a[i]);
return 0;}
```

例题 8-3 练习访问各元素的三种方法.mp4

(2) 方法二：用数组名计算数组元素的地址(效率与下标法相同，不常用)。

```
#include <stdio.h>
int main()
{int a[10];
int i;
for(i=0;i<10;i++) scanf("%d", &a[i]);
printf("\n");
for(i=0;i<10;i++) printf("%d ",*(a+i));
return 0; }
```

(3) 方法三：用指针访问各元素(常用，效率高)。

```
#include <stdio.h>
int main()
{int a[10];
int *p, i;
for(i=0;i<10;i++) scanf("%d", &a[i]);
printf("\n");
for(p=a;p<(a+10);p++) printf("%d ",*p); /* p++使 p 指向下一个元素 */
return 0; }
```

三个程序运行结果均一致，如图 8-10 所示。

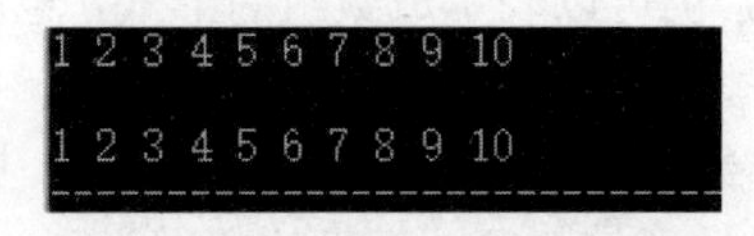

图 8-10　例题 8-3 的运行结果

程序说明：

第三种方法利用指针变量的变化值直接得到数组成员的地址和值，和第二种方法相比较，更加充分地利用了指针，执行效率高，望读者仔细比较体会。

使用指针指向数组应注意以下问题。

(1) 若指针 p 指向数组 a，虽然 p+i 与 a+i*(p+i)与*(a+i)意义相同，但仍应注意 p 与 a 的区别(a 代表数组的首地址，是不变的；p 是一个指针变量，可以指向数组中的任何元素)。例如：

```
for(p=a; a<(p+10); a++)  //此句错误，a 代表数组的首地址，是不变的，a++不合法
printf("%d", *a)
```

(2) 指针变量可以指向数组中的任何元素，注意指针变量的当前值。

(3) 使用指针时，应特别注意避免指针访问越界。避免指针访问越界是程序员的责任。

(4) 指针使用的几个细节。

设指针 p 指向数组 a，p=a，则：

① p++或 p += 1，p 指向下一个元素。

② *p++相当于*(p++)。因为 *和++同优先级，++是右结合运算符。

③ *(p++)与*(++p)的作用不同。

*(p++)先取*p 再使 p 加 1。

*(++p)先使 p 加 1 再取*p。

④ (*p)++表示 p 指向的元素值加 1。

⑤ 如果 p 当前指向数组 a 的第 i 个元素，则：

*(p--)相当于 a[i--]，先取*p 再使 p 减 1。

*(++p)相当于 a[++i]，先使 p 加 1 再取*p。

*(--p)相当于 a[--i]，先使 p 减 1 再取*p。

【例题 8-4】计算并输出一个数组中所有元素的和、最大值、最小值，以及值为奇数的元素个数。

```
#include <stdio.h>
int main()
{ int i,a[10],*p,sum,max,min,count;
  p=a;
  printf("请输入 10 个整数：");
  for(i=0;i<10;i++)  scanf("%d",p+i);
    sum=0;
    max=*p;
    min=*p;
    count=0;
    for(i=0;i<10;i++)
    { sum=sum+*(p+i);/*求和*/
      if(*(p+i)>max) max=*(p+i);/*找最大值*/
      if(*(p+i)<min) min=*(p+i);/*找最小值*/
    }
    for(p=a;p<a+10;p++)          /*统计奇数的个数*/
       if(*p%2==1) count++;
    printf("和=%d,最大值=%d,最小值=%d,奇数个数=%d\n",sum,max,min,count);
    return 0;
}
```

例题 8-4 计算并输出数组中所有元素.mp4

运行结果如图 8-11 所示。

```
请输入10个整数：1 3 5 7 9 10 12 14 16 18
和=95,最大值=18,最小值=1,奇数个数=5
```

图 8-11　例题 8-4 的运行结果

程序说明：

(1) 将数组指针，即数组首地址&a[0]赋给指针变量 p，让其指向 a[0]。

(2) 语句 scanf("%d", p+i);等价于：scanf("%d", &a[i]);。

由于 p 是指针，初始时 p 指向 a[0]，其值为&a[0]，把输入的元素送到这个地址，而后 p 向前移动一个内存单元，即指向 a[1]，其值为&a[1]，接收输入元素时送到该地址，依此类推，直至输入 10 个元素。

【融入思政元素】

通过复杂程序的调试，锻炼学生的耐心和战胜困难的意志力。通过指针案例，融入不忘初心、牢记使命、全心全意为人民服务的政治意识。

8.3.2　指向数组的指针作函数参数

函数的参数不仅可以是整型、实型、结构体类型等，还可以是指针类型，它的作用是将一个变量的地址传送到另一个函数中。

1. 数组名作为函数参数

数组名本身就是一个地址值，与普通变量的地址值一样，它可以作为实参传递，但其对应的形参应该是一个与此数组类型相一致的数组或者指针变量。实际上，C 语言在编译时，将形参中的数组名也是作为指针变量来处理的。通过此指针变量来引用调用函数中对应的数组并操作。

【例题 8-5】将数组逆序存放。

程序分析：可以设两个指针变量 h(ead)和 t(ail)，h 指向数组首元素，t 指向数组末元素，然后将它们所指向的内存单元交换，接着 h 向后移动一位，t 向前移动一位，再进行交换，直至 h 不小于 t 时为止。

```
#include <stdio.h>
void revert(int a[], int num);
int main()
{int a[10] = {1,2,3,4,5,6,7,8,9,0}, i;
revert(a, 10);
printf("\nReverse order: ");
for(i = 0; i < 10; i++)
printf("%d ", a[i]);
return 0;
}
void revert(int a[], int num)
{  int *h, *t, temp;
    h = a;
    t = a + num - 1;
    for(; h<t; h++, t--)
```

例题 8-5 将数组逆序存放.mp4

```
        { temp = *h; *h = *t;  *t = temp; }
}
```

程序运行结果如图 8-12 所示。

```
Reverse order: 0987654321
```

图 8-12　例题 8-5 的运行结果

程序说明：

revert 函数中是以数组为形参，编译系统会把它变成一个指针变量。按上文所述，也可写成下面两种形式：

```
void revert(int a[10], int num)
void revert(int *a, int num)
```

2. 数组元素地址作为函数参数

与数组名作实参一样，它们都是地址值，因此对应的实参也应当是基类型相同的指针变量。

【例题 8-6】将数组中指定下标 k 的元素值复制到剩余的数组元素中，如现有数组 a：1，2，3，4，5，6，7，8，9，10。选择 k = 5，那么最后的结果是：1，2，3，4，5，6，6，6，6，6。

```
#include <stdio.h>
#define N 10
void copy(int *, int);
void print(int *, int);
int main()
{ int a[N] = {1,2,3,4,5,6,7,8,9,10}, k;
  scanf("%d", &k);
  copy(&a[k], N-k);
  print(a, N);
  return 0;
}
 void copy(int a[], int n)
 {  int i;
    for(i = 1; i < n; i++)  a[i] = a[0];
  }
void print(int *a, int n)
  { int i;
    for(i = 0; i < n; i++)printf("%d ", *(a+i));
}
```

程序运行结果如图 8-13 所示。

```
5
1 2 3 4 5 6 6 6 6 6
```

图 8-13　例题 8-6 的运行结果

程序说明：

(1) copy 子函数如果从首地址开始也可以写成：

```
copy(int a[], int n, int k)
```

这样在主函数进行调用时，就要写成下面的形式：

```
copy(a, n, k);
```

相应的 copy 子函数里的程序就得改写，读者请自行练习。

(2) 在 copy 函数中，将从实参过来的地址作为新数组的首地址，这个新数组有 n-k 个元素。由此可见，所谓数组，实际上就是指针从一个地址(首地址)向下或者向上所移动的范围。

【融入思政元素】

通过指针实现的函数之间的共享变量、共享函数名或数据结构，培养学生资源共享，团队合作的意识。

C 语言调用函数时虚实结合的方法都是采用“值传递”方式，当用变量名做函数参数时，传递的是变量的值；当用数组名作为函数参数时，由于数组名代表的是数组首地址，因此传递的值是地址，一般形参要求为指针变量。以变量名和数组名为函数参数的比较如表 8-1 所示。

表 8-1　以变量名和数组名为函数参数的比较

实参类型	变量名	数组名
要求形参的类型	变量名	数组名或指针变量
传递的信息	变量的值	实参数组首元素的地址
通过函数调用是否能改变实参的值	不能改变实参的值	能改变实参数组的值

当用数组作为函数参数时，实参可以是数组名或者指向数组的指针，形参也必须是数组名或指向数组的指针，这样就有 4 种参数传递方式：形参、实参都用数组名；形参、实参都用指针变量；形参用数组名，实参用指针变量；形参用指针变量，实参用数组名。具体如下。

(1) 形参、实参都用数组名。例如：

```
fun(int  x[],int n)
{ …… }
int main()
{ int a[10];
     ……
     fun(a,10);
     ……
}
```

(2) 实参用数组名，形参用指针变量。例如：

```
fun(int *p,int n)
  { …… }
int  main()
{ int a[10];
```

```
    ……
    fun(a,10);
    ……
}
```

(3) 形参和实参都用指针变量。例如：

```
fun(int *pa,int n)
{ …… }
int main()
{ int a[10],*p;
   p=a;
   ……
   fun(p,10);
   ……
}
```

(4) 实参为指针变量，形参为数组名。例如：

```
fun(int  x[ ], int n)
{ …… }
int  main()
{  int a[10],*p;
   p=a;
   ……
   fun(p,10);
   ……
}
```

无论是哪一种组合方式，本质上都是把数组的首地址传递给对应的形参，被调用函数得到了主调函数中相应数组的指针，实现了对主调函数中数组存储空间的访问。若数组名为形参，当它与实参结合时，接收的是实参数组的首地址，而不是整个数组的复制。

8.3.3 指针与二维数组

用指针变量既可以指向一维数组，也可以指向二维数组。二维数组是具有行列结构的数据，二维数组元素地址与一维数组元素地址的表示不一样。二维数组的首地址称为二维数组的指针，存放的这个指针变量称为指向二维数组的指针变量。

1. 二维数组的地址

二维数组在概念上是二维的，即是说其下标在两个方向(行、列)上变化，但是在内存中，它是按一维排列的，也就是说，它为第一行的数组元素分配完空间，再分配下一行，直到全部分配。每个数组元素在内存中都占用存储单元，它们都有相应的地址。例如：

```
int a[3][4] = {{1,2,3,4}, {5,6,7,8}, {9,10,11,12}};
```

如图 8-14 所示，a 为二维数组名。图中的 a[i](i = 0,1,2)是每一行元素构成的一维数组的数组名。

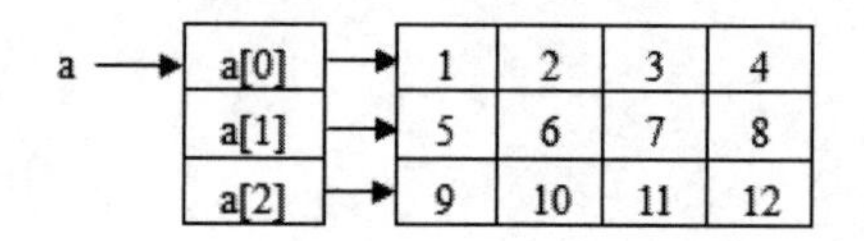

图 8-14　二维数组示意图

每个二维数组也可以看成由多个一维数组构成，如图 8-14 中，它有 3 个元素：a[0]、a[1]、a[2]。这里的 a[i]不是一个普通的数组元素，而是一个一维数组，分别指向每一行。按照数组名是数组元素的首地址来看，a 即 a[0]的地址。那么 a+i 就相当于指向下一个元素，即 a[i]的地址。那么 a[i]的地址应该是多少呢？

由于 a[i]是每一行元素构成的一维数组的数组名，那么 a[i]的值就应该是数组中第一个元素的地址。如 a[1]，它由 a[1][0]、a[1][1]、a[1][2]三个元素构成，a[1]的值就应该是 a[1][0]的地址，即&a[1][0]。a[i]+j 就该指向 a[i]数组的第 j 个元素了，即&a[i][j]。

所以 a 的值就是&a[0][0]，a[i]的值就是&a[i][0]，a+i 指向的是第 i 行，a[i]+j 指向第 i 行的第 j 个元素。

a 是二维数组名，代表整个二维数组的首地址，a[0]、a[1]、a[2]分别代表 3 个一维数组的名。根据 C 语言中数组名代表数组首地址的原则，可知 a[0]、a[1]、a[2]分别是一维数组的名，也代表首地址，即行首地址，如图 8-15 所示。

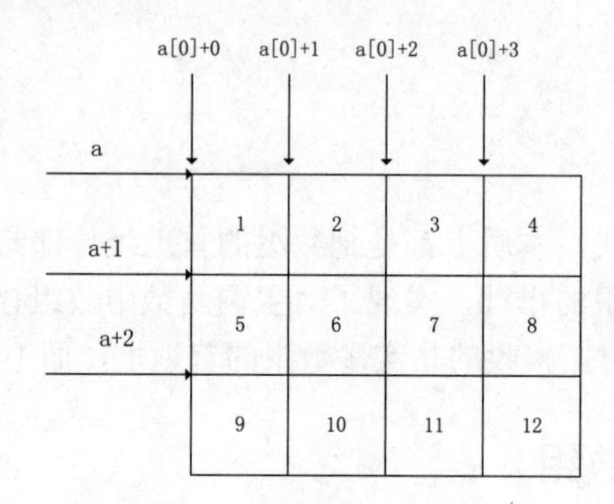

图 8-15　二维数组与指针

a[i]从形式上看是 a 数组中序号为 i 的元素，如果 a 是一维数组名，则 a[i]代表 a 数组序号为 i 的元素所占的内存单元的内容。a[i]是有物理地址的，是占内存单元的。但如果 a 是二维数组，则 a[i]代表一维数组名，它只是一个地址，并不代表某个元素的值(如同一维数组只是一个指针常量一样)。

数组名 a 常称为行指针，a[0]、a[1]、a[2]常称为列指针。为了便于读者理解，打个比方。在军训中排队点名时，班长逐个检查本班战士是否在队列中，班长每移动一步，走过一个战士，而排长只检查本排各班是否到齐，排长从第 0 班的起始位置走到第 1 班的起始位置，看来只走了一步，但实际上他跳过了 4 个战士，这相当于 a+1。班长面对的是战士，排长面对的是行指针。

二维数组名 a 是指向行的，一维数组名 a[0]、a[1]、a[2]是指向列元素的。a[0]+1 中的 1 代表一个元素所占的字节数。在指向行的指针前面加一个*，就转换为指向列的指针，例如 a 和 a+1 是指向行的指针，在它们的前面加一个*就是*a 和*(a+1)，它们就转换为列指针，分别指向 a 数组 0 行 0 列的元素和 1 行 0 列的元素。反之，在指向列的指针前面加&，就称为指向行的指针。例如 a[1]是指向第 1 行第 0 列的指针，在它的前面加一个&，得到&a[1]，由于 a[1]与*(a+1)等价，它指向二维数组的第 1 行。

若有如下定义：

```
int  a[3][4],i,j;
```

当 0<=i<3、0<=j<4 时，a 数组元素可以用以下五种表达式表示。

(1) a[i][j]

(2) *(a[i]+j)

(3) *(*(a+i)+j)

(4) (*(a+i))[j]

(5) *(&a[0][0]+4*i+j)

【例题 8-7】用地址表示法输出二维数组各元素的值。

```
#include <stdio.h>
int main()
{   int a[2][3]={{5,6,7},{8,9,10}};
    int b[3][3]={{11,12,13},{14,15,16},{17,18,19}};
    int i,j;
    printf("a 数组为: \n");
    for(i=0;i<2;i++)
 {  for(j=0;j<3;j++)
       printf("%3d",*(a[i])+j);
        printf("\n");
 }
    printf("b 数组为: \n");
    for(i=0;i<3;i++)
 { for(j=0;j<3;j++)
       printf("%3d",*(*(b+i))+j);
        printf("\n");
 }
    return 0;
}
```

运行结果如图 8-16 所示。

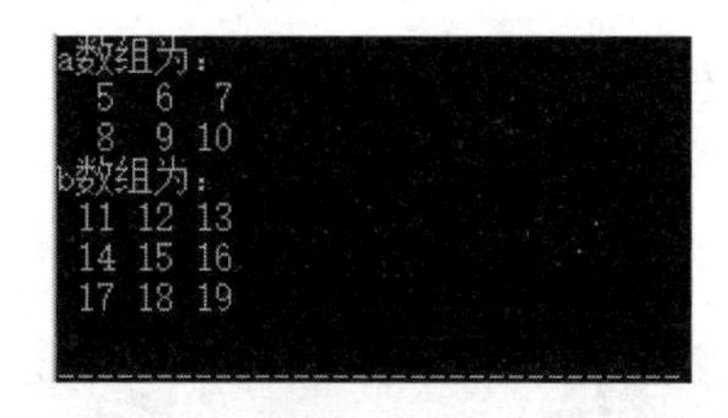

图 8-16　例题 8-7 的运行结果

2．指向二维数组的指针变量

因为在 C 语言中，将二维数组看成一维数组的嵌套，即一个特殊的一维数组。其中，每个元素又是一个一维数组，在内存中按行顺序存放。利用指针访问二维数组可以采用两种方式：指向数组元素的指针和行指针。

1) 指向数组元素的指针变量。

这种指针变量的定义与普通指针变量的定义相同。

【例题 8-8】用指针变量输出二维数组的值。

```
#include <stdio.h>
int main()
{   int a[2][3]={5,6,7,8,9,10};
    int *p;
    for(p=a[0];p<a[0]+6;p++)
 { if((p-a[0])%3==0) printf("\n");
      printf("%3d",*p);
 }
   printf("\n");
   return 0;
}
```

运行结果如图 8-17 所示。

图 8-17　例题 8-8 的运行结果

2) 指向一维数组的指针变量或行指针

行指针的说明形式如下：

```
类型符(*指针变量名)[元素个数]
```

例如：

```
int (*p)[4],a[3][4];
```

定义了一个指针 p，p 指向一个具有 4 个元素的一维数组(二维数组中的行数组)，即 p 用来定义二维数组中的行地址。

引用了行指针 p 后，p++表示指向下一行地址，p 的值应以一行占用的存储字节数为单位进行调整。

【例题 8-9】用指向一维数组的行指针，输出二维数组，并求数组中的最大元素及其行列号。

```
#include <stdio.h>
int main()
{   int i,j,s,t,max;
    int a[3][4]={{1,3,7,9},{23,17,36,38},{73,99,33,112}};
    int(*p)[4];
    p=a;
    max=**p;s=0;t=0;
    for(i=0;i<3;i++)
     {  for(j=0;j<4;j++)
          if(*(*p+j)>max) {  max=*(*p+j);s=i;t=j;   }
          p++;
```

```
    }
    printf("最大值=%d,行号=%d,列号=%d\n",max,s,t);
return 0;
}
```

运行结果如图 8-18 所示。

最大值=112,行号=2,列号=3

图 8-18　例题 8-9 的运行结果

8.4 指针与字符串

8.4.1 字符串的表示形式

字符串是特殊的常量，它一般被存储在一维的字符数组中并以'\0'结束。字符串指针就是指向字符串的字符指针变量。在 C 语言程序中，可以使用两种方法来实现访问一个字符串：一种方法是使用字符数组，另一种方法是使用字符指针。在字符串处理中，使用字符指针往往比使用字符数组更方便。

1. 使用字符数组实现

【例题 8-10】用字符数组存放一个字符串，然后输出该字符串。

```
#include <stdio.h>
int main()
{   char str[]="I love China!";
    printf("%s\n",str);
    return 0;
}
```

运行结果如图 8-19 所示。

图 8-19　例题 8-10 的运行结果

2. 使用字符串指针实现

将字符串的指向数组名赋给一个字符串指针变量，让字符串指针变量指向字符串的首地址，这样就可以通过指向字符串的指针变量操作字符串。

例如：

```
char str[]="I love China!",*p;  p=str;  printf("%s\n",p);
```

也可以不定义字符数组，而定义一个字符指针，用字符指针指向字符串中的字符。

例如：

```
char  *p="I love China!"; printf("%s\n",p);
```

上例中，首先定义 p 是一个字符指针变量，然后把字符串常量"I love China!"的首地址赋值给字符串指针变量 p，还可以按以下形式赋值：

```
char *p; p="I love China!";
```

【例题 8-11】利用字符串指针变量的方法，完成字符串的复制。

```
#include <stdio.h>
int main()
{ char str1[]="I love China!",str2[80];
   char *p1,*p2;
   int i;
   p1=str1;
   p2=str2;
   for(;*p1!='\0';p1++,p2++)  *p2=*p1;
   *p2='\0';
   printf("str1 is %s\n",str1);
   printf("str2 is %s\n",str2);
   return 0;
}
```

运行结果如图 8-20 所示。

```
str1 is I love China!
str2 is I love China!
```

图 8-20　例题 8-11 的运行结果

程序说明：

指向字符型数据的指针变量 p1 和 p2 分别指向字符数组 str1 和 str2。在 for 循环中，首先判断*p1 是否为'\0'。假设不为'\0'，则进行*p2=*p1，它的功能是将字符数组 str1 中的第一个字符赋给 str2 中的第一个字符，然后再利用 p1++和 p2++使 p1 和 p2 都分别指向各自的下一个数组元素，保证 p1 和 p2 同步移动。重复上述动作，直至 str1 中的所有字符全部复制给 str2。最后将'\0'赋值给*p2。

【例题 8-12】输入两个字符串，比较是否相等，相等时输出 Y，不相等则输出 N。

```
#include <stdio.h>
#include <string.h>
int main()
{   char str1[80],str2[80];
   char *p1,*p2;
   int flag;
   printf("Please input str1:");
   gets(str1);
   printf("Please input str2:");
   gets(str2);
   p1=str1;p2=str2;
   flag=1;
   while(*p1!='\0'||*p2!='\0')
    { if(*p1!=*p2)  { flag=0;break; }
      p1++;        p2++;
```

```
    }
   if(flag==1)
      printf("Y\n");
   else
      printf("N\n");
   return 0;
}
```

运行结果如图 8-21 所示。

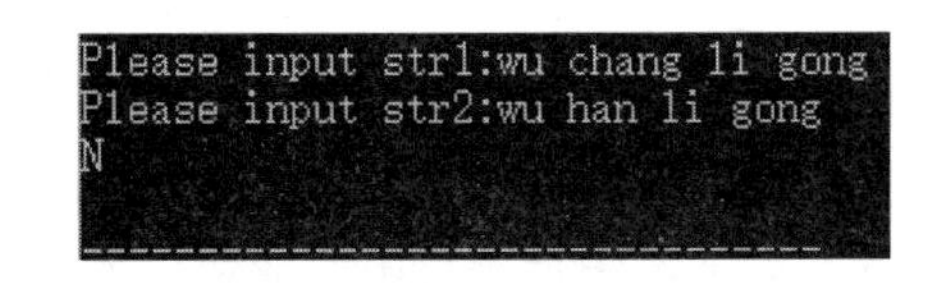

图 8-21 例题 8-12 的运行结果

程序说明：

指向字符型数据的指针变量 p1 和 p2 分别指向字符数组 str1 和 str2。flag 用来表示比较结果，假设比较前结果为 1，首先比较 str1 和 str2 中的第一个字符，若相同，就利用 p1++和 p2++使 p1 和 p2 都分别指向各自的下一个数组元素，保证 p1 和 p2 同步移动；利用循环比较下一个数组元素，若不同，则 str1 和 str2 不相同，可以退出循环，不需要继续比较。直到 str1 或者 str2 中没有数组元素时，结束循环。当循环结束后，若 flag 值为 1，则两个字符串相同；若 flag 值为 0，则两个字符串不同。

通过以上例题应用，可以发现用字符数组和字符指针变量都可实现字符串的存储和运算。但是两者是有区别的，在使用时应注意以下几个问题。

(1) 字符串指针变量本身是一个变量，用于存放字符串的首地址。而字符串本身是存放在以该首地址为首的一块连续的内存空间中并以'\0'作为串的结束。字符数组是由若干数组元素组成的，它可用来存放整个字符串。

(2) 字符串的指针方式

```
char *ps="Hello, world";
```

可以写为：

```
char *ps;  ps=" Hello, world";
```

而字符串的数组方式：

```
char s[]={"Hello, world"};
```

不能写为：

```
char s[20]; s[]={" Hello, world"};
```

字符数组可以在变量定义时整体赋初值，除此之外，只能对字符数组的各元素逐个赋值。

从以上几点可以看出字符串指针变量与字符数组在使用时的区别，同时也可看出使用指针变量更加方便。

(3) 字符指针变量的值是可以改变的，如下列程序：

```
#include <stdio.h>
 int main()
 {   char *s =" Hello, world!" ,
  s += 7;
  printf("%s", s);
  return 0;}
```

输出结果是：

```
world!
```

由此程序可以看出，指针变量的值可以变化。输出字符串时从变化了的指针变量所指向的内存单元开始输出，直到遇上串结束符'\0'为止。而字符数组名虽然代表地址，但它是一个指针常量，其值无法改变，如上例中把字符串改成数组形式：

```
char s[] = " Hello, world!"
```

那么，在运行程序时将会出现错误。

8.4.2　字符指针作函数参数

与指向数组的指针变量一样，字符指针同样可以作为函数参数。在被调用的函数中可以改变字符串的内容，在主调函数中可以得到改变了的字符串。将一个字符串从一个函数传递给另一个函数，可以使用字符数组名作参数，也可以使用指向字符串的指针变量作参数。在被调用的函数中改变字符串的内容，在主调函数中可以得到改变了的字符串。

【例题 8-13】 将 s 所指字符串中下标为偶数的字符删除，串中剩余字符形成的新串放在 t 所指数组中。

```
#include <stdio.h>
void fun(char *, char *);
int main()
{ char s[100], t[100];
   printf(" Enter sring s: " );
   gets(s);
   fun(s, t);
 printf("Stiring t: %s", t);
return 0;
}
void fun(char *s, char *t)
{int i, j;
  for(i = 0, j = 0; s[i] != '\0'; i++)
{ if(i % 2 == 1) t[j++] = s[i];}
  t[j] = '\0';
}
```

运行结果如图 8-22 所示。

```
 Enter sring s: ABCDEFG
Stiring t: BDF
```

图 8-22　例题 8-13 的运行结果

程序说明：

主函数将字符串数组名 str 传递给 fun 函数中的指针变量 char*，通过指针变量改变字符串数组中的值。

【例题 8-14】用字符指针变量将两个字符串首尾连接起来。

```
#include <stdio.h>
void fun(char *, char *);
int main()
{ char s[100] ="Hello ";
 /* 不能写成 char *s = "Hello";，因为这样 s 就没空间容纳串 str2 */
  char *t = "world!";             /* 可以写成 char t[] = "world!"; */
  fun(s,t);
  printf("Stiring t: %s", s);
  return 0;
}
void fun(char *s, char *t)
{    for(; *s; s++);              /* 走到串 str1 的结束位置 */
     for(; *t; s++,t++)  *s=*t;  /* 将串 str2 中的字符依次增加到 s 中 */
     *s = '\0';                   /* 最后给 s 加上串结束符 */
}
```

运行结果如图 8-23 所示。

```
Stiring t: Hello world!
```

图 8-23 例题 8-14 的运行结果

程序说明：

定义指针 p1 和 p2，将指针 p1 指向 str1 字符串首地址，指针 p2 指向 str2 字符串首地址。通过 for 循环指针 p 找到 str1 字符串串尾。通过 do…while 将指针 p2 所指字符串接到 p1 所指字符串后，最后将指针 p1 所指字符赋值'\0'。

8.5 指向函数的指针

C 语言中的指针，既可以指向变量(整型、字符型、实型、数组等)，也可以指向程序的代码(如函数)。

一个函数在编译时被分配一个入口地址(第一条指令的地址)，这个入口地址称为函数的指针。如果一个指针变量的值等于函数的入口地址，称为指向函数的指针变量，简称为函数指针。可以通过函数指针来调用函数。

可以定义一个指针变量，然后将某个函数的入口地址赋给该指针变量，使该指针变量指向该函数，则该指针变量就称为指向函数的指针变量，这样就可以通过指针变量找到并调用该函数。

8.5.1 指向函数的指针变量

函数指针定义的一般形式：

```
函数返回值类型(*指针变量名)(形参类型)
```

即除函数名用(*指针变量名)代替外，函数指针的定义形式与函数的原型相同。(在函数指针定义中加入形参类型是现代程序设计风格)例如：

```
int (*p) (int,int);
```

仅当形参类型是 int 时，可以省略形参类型，一般不要省略。如 int (*p) ();。

【例题 8-15】求 a 和 b 中的大者。

(1) 方法一：用函数名调用函数 max()。

```
#include <stdio.h>
int max(int x, int y); /*原型*/
int main()
{ int a,b,c;
  scanf("%d,%d", &a, &b);
  c = max(a, b);
  printf("a=%d,b=%d,max=%d",a,b,c);
  return 0;
}
int max(int x, int y)
{ return x>y?x:y; }
```

(2) 方法二：用函数指针调用函数 max()。

```
#include <stdio.h>
int max(int x, int y); /*原型*/
int main()
{ int (*p)(int, int);
  int a,b,c;
  p = max;
  scanf("%d,%d", &a, &b);
  c = (*p)(a,b);
  printf("a=%d,b=%d,max=%d",a,b,c);
  return 0;
}
int max(int x, int y)
{ return x>y?x:y; }
```

两种方法的程序运行结果一致，如图 8-24 所示。

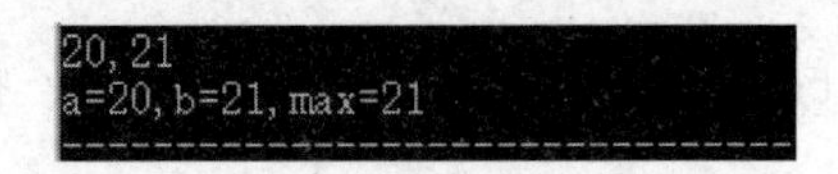

图 8-24　例题 8-15 的运行结果

程序说明：

(1) 语句 p=max，把函数 max 的入口地址赋给函数指针 p，因此 c=(*p)(a,b)中 *p 就是调用函数 max。

注意：语句 p=max 中，函数名代表函数的入口地址，max 后不跟函数参数。用函数指针调用函数时应指定实参。

(2) (*p)()表示一个指向函数的指针变量，它可以先后指向不同的函数。

(3) 指向函数的指针变量 p，像 p++、p--、p+n 等运算是无意义的。

指向函数的指针的使用步骤：

(1) 定义一个指向函数的指针变量，如 int (*p)();。

(2) 为函数指针赋值，格式如下：

```
p=函数名
```

(3) 通过函数指针调用函数，调用格式如下：

```
s-(*p)(实参)
```

8.5.2 指向函数的指针变量作函数参数

变量、数组名、指向数组的指针变量都可以作为函数的参数，同样，指向函数的指针变量也可以作为函数参数。当函数指针每次指向不同的函数时，可以完成不同的功能。

函数名表示该函数在内存区域的入口地址，因此，函数名可以作为实参出现在函数调用的参数表中。

【例题 8-16】设一个函数 process，在调用它的时候，每次实现不同的功能。输入 a 和 b 两个数，第一次调用时找出 a 和 b 中大者，第二次调用时找出 a 和 b 中小者，第三次调用时求 a 与 b 之和。

```
#include <stdio.h>
int max(int x, int y); /* 求大值 */
int min(int x, int y); /* 求小值 */
int add(int x, int y); /* 求和值 */
void process(int x, int y, int(*fun)(int,int) );
int main()
{ int a, b;
  printf("enter a and b:");
  scanf("%d,%d", &a, &b);
  printf("max="); process(a, b, max);
  printf("min="); process(a, b, min);
  printf("sum="); process(a, b, add);
  return 0;
}
int max(int x, int y)
  { return x>y?x:y; }
int min(int x, int y)
  { return x<y?x:y; }
int add(int x, int y)
  { return x + y; }
void process(int x, int y, int(*fun)(int,int) )
{   int result;
    result = (*fun)(x, y);
    printf("%d\n", result);
}
```

运行结果如图 8-25 所示。

```
enter a and b:3,7
max=7
min=3
sum=10
```

图 8-25　例题 8-16 的运行结果

程序说明：

在 main 函数里第一次调用 process 函数时，不仅将 a 和 b 作为实参传递给 process 函数的形参 x 和 y，而且把函数名 max 作为实参将函数的入口地址传递给 process 函数的形参 fun，形参 fun 指向函数 max，此时(*fun)(x,y)就相当于 max(x,y)，指向 process 函数后输出 a 和 b 的最大值。同理，第二次调用 process 函数时，(*fun)(x,y)就相当于 min (x,y)，指向 process 函数后输出 a 和 b 的最小值。第三次调用 process 函数时，(*fun)(x,y)就相当于 add(x,y)，指向 process 函数后输出 a 和 b 的和。

可以看到，无论是调用 add、min 还是 max 函数，只要在每次调用 process 函数时给出不同的函数名作为实参即可，而 process 函数不需要做任何修改，这体现了指向函数的指针变量作为函数参数的优越性。

8.6 返回指针的函数

在 C 语言程序中，一个函数可以返回整型、实型或者字符型值。同样一个函数也可以返回一个指针型的值(即一个地址)。

8.6.1 返回指针型函数的定义形式

在 C 语言中，允许一个函数的返回值是一个指针。有时把返回指针值的函数称为指针型函数。

返回指针型函数的一般定义形式为：

```
类型标识符    *函数名(形参表)
{ 函数体 }
```

其中，函数名前加了*表示这是一个指针型函数，而返回值是一个指针。类型标识符表示返回的指针值所指向的数据类型，例如：

```
int  *a(int x,int y)
```

其中，a 是函数名，指向函数后返回的是一个指向整型数据的指针，由于*的优先级低于( )，所以 a 首先与( )结合成为函数形式，然后再与*结合，说明此函数是指针型函数，函数的返回值是一个指针(即一个地址)。类型标识符 int 表示返回的指针值所指向的数据类型为整型。

注意：不要把返回指针的函数的说明与指向函数的指针变量的说明相混淆。

例如：int (*a)(int x, int y)表示定义 a 为一个指向函数的指针变量。

8.6.2 返回指针的函数的应用

对于返回指针的函数，在通过函数调用后必须把它的返回值赋给指针类型的变量。

【例题 8-17】有若干学生的成绩(每个学生四门课程)，要求用户在输入学生序号(从 0 开始)后，能输出该学生的全部成绩。

```
#include <stdio.h>
```

```
float * search( float (*pointer)[4], int n);
int main()
{ static float score[][4] = {{60,70,80,90},{56,89,67,88},{34,78,90,66} };
  float *p;
  int i, m;
  printf("enter the number of student:");
  scanf("%d",&m);
  printf("The scores of No.%d are:\n", m);
  p = search(score, m); /* 在 score 数组中查询 m 号学生的成绩 */
  /* 查询结果为指向成绩的指针 */
  for(i=0; i<4; i++)
  printf("%5.2f\t",*(p+i));
  return 0;
}
float * search( float (*pointer)[4], int n)
{ float *pt; /* pt 是指向实数的指针，pointer 是指向数组的指针 */
  pt = *(pointer+n); /* pt = (float *)(pointer + n) */
  return pt;
}
```

程序运行结果如图 8-26 所示。

```
enter the number of student:1
The scores of No.1 are:
56.00   89.00   67.00   88.00
```

图 8-26　例题 8-17 的运行结果

程序说明：

pointer 是一个指向一维数组的指针。数组元素个数为 4(四门课程)，pointer+1 指向下一个学生的成绩。输入学生序号后，使 pointer 指向该学生的成绩，然后返回 pointer 指针。

8.7 指针数组

8.7.1 指针数组的概念

指针数组是一个数组，该数组中的每一个元素是指针变量。其定义形式为：

```
类型标识符 *数组名[数组元素个数]
```

例如：

```
int * p[4];
```

定义了一个指针数组，数组名为 p，有 4 个元素，每一个元素是指向整型变量的指针。

注意区分：int (*p)[4] (指向数组的指针)，表示定义一个指针变量，它指向有 4 个元素的一维数组。

指针数组的用途：处理多个字符串。

字符串本身是一维数组，多个字符串可以用二维数组来处理，但会浪费许多内存。用指针数组处理多个字符串，不会浪费内存。

引用指针数组，可以处理一组字符，比较适合于指向若干长度不等的字符串，使字符串处理更方便灵活，而且节省内存空间。

【例题 8-18】将若干字符串按字母顺序由小到大输出。

```
#include <stdio.h>
#include <string.h>
void sort(char *name[], int n); /* 排序函数原型 */
void print(char *name[], int n); /* 输出函数原型 */
int main()
{ static char *name[] =
 {"Follow me", "BASIC", "Great Wall", "FORTRAN", "Computer Design"};
  int n = 5;
  sort(name, n); /* 排序 */
  print(name, n); /* 输出 */
  return 0;
}
void sort(char *name[], int n) /* 冒泡法排序 */
{ char *temp;
  int i, j, k;
  for(i=0; i<n-1; i++) /* n 个字符串，外循环 n-1 次 */
  { k = i;
  for(j=i+1; j<n; j++) /* 内循环 */
  if (strcmp(name[k], name[j]) > 0) k = j;
  /* 比较 name[k]与 name[j]的大小，较小字符串的序号保留在 k 中 */
  if (k != i) /*交换 name[i]与 name[k]的指向 */
  { temp = name[i]; name[i] = name[k]; name[k] = temp; }
 }
}
void print(char *name[], int n)
{ int i;
  for (i=0; i<n; i++)
  printf("%s\n", name[i]);
}
```

运行结果如图 8-27 所示。

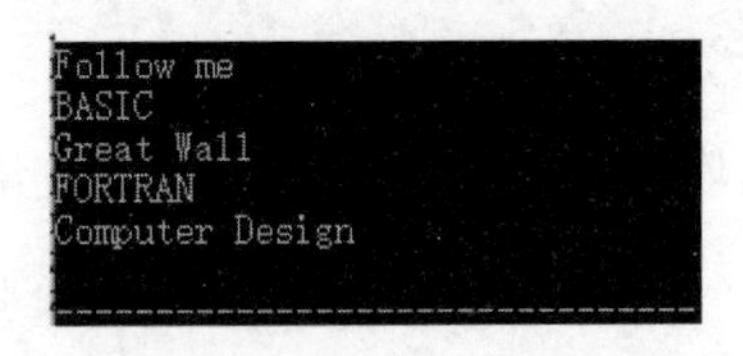

图 8-27　例题 8-18 的运行结果

程序说明：

本例中使用指针数组中的元素指向各个字符串。对多个字符串进行排序，不改动字符串的存储位置，而是改动字符指针数组中各元素的指向。这样，各字符串的长度可以不同，而且交换两个指针变量的值要比交换两个字符串所花的时间少得多。

8.7.2　指针数组作 main 函数的形参

前面介绍的 main 函数都是不带参数的，因此 main 后的圆括号都是空括号。实际上，

main 函数可以带参数，这个参数可以认为是 main 函数的形式参数。C 语言规定 main 函数可以有两个参数，而且只能有两个参数，习惯上这两个参数写为 argc 和 argv。带参数的 main 函数定义如下：

```
int或 void main(int argc,char *argv[])
{ …… }
```

第一个参数 argc 是一个整型数据，第二个参数是一个字符指针数组，每一个指针都指向一个字符串。

当一个 C 源程序经过编译、链接后，会生成扩展名为.exe 的可指向文件，这是可以在操作系统下直接运行的文件。main 函数不能由其他函数调用和传递参数，只能由系统在启动运行时传递参数。

在操作系统环境下，一条完整的运行命令应包括两部分命令与相应的参数。其格式为：

```
可执行文件名 参数1  参数2……参数n
```

当安装可执行文件名(即命令名)执行程序的时候，系统会把参数 1、参数 2……参数 *n* 依次传递给该文件名中 main 函数的形参。

例如：

```
progfile  Beijing  Shanghai  Wuhan
```

命令 progfile 就是可执行文件的文件名，其后所跟参数用空格分隔。参数的个数就是 main 函数的参数 argc 的值，命令也作为一个参数，如以上命令的参数有 4 个，分别是 progfile、Beijing、Shanghai、Wuhan，所以 argc 的值为 4。main 函数的第二个参数 argv 是一个指针数组，该指针数组的大小由参数 argc 的值决定，即为 char *argv[4]，分别指向 4 个字符串。即指向 4 个参数：argv[0]指向“progfile”，argv[1]指向“Beijing”，argv[2]指向“Shanghai”，argv[3]指向“Wuhan”。

本章小结

指针的概念和应用比较复杂，初学者不易掌握。为了帮助读者建立清晰的概念，现将指针的有关概念和应用总结如下。

(1) 准确理解指针。指针就是地址，凡是出现“指针”的地方，都可以用“地址”代替，例如变量的指针就是变量的地址，指针变量就是地址变量。要区别指针和指针变量。指针就是地址本身，而指针变量是用来存放地址的变量，指针变量的值是一个地址。

(2) 理解“指向”的含义。地址就意味着指向，因为通过地址能找到该地址的对象。对于指针变量来说，把谁的地址存放到指针变量中，就说该指针指向谁。需要注意的是，并不是任何类型数据的地址都可以存放在同一个指针变量中，只有与指针变量的基类型相同的数据的地址才能存放在相应的指针变量中。

(3) 掌握在对数组的操作中正确地使用指针。一维数组名代表数组首元素的地址，将数组名赋给指针变量后，指针变量指向数组的首元素，而不是指向整个数组。同理，指针变量指向字符串，应该理解为指针变量指向字符串中的首字符。

(4) 掌握指针变量的定义、类型及含义，如表 8-2 所示。

表 8-2 指针变量的定义、类型及含义

定 义	类型表示	含 义
int i;	int	定义整型变量
int *p	int *	定义 p 为指向整型数据的指针变量
int a[10]	int [10]	定义整型数组，它有 10 个元素
int *p[10]	int *[10]	定义指针数组 p，它由 4 个指向整型数据的指针元素组成
int (*p)[10]	int (*)[10]	p 为指向包含 10 个元素的一维数组的指针变量
int f()	int ()	f 为返回整型函数值的函数
int *p()	int *()	p 为返回一个指针的函数，该指针指向整型数据
int (*p)()	int (*)()	p 为指向函数的指针，该函数返回一个整型数据
int **p	int **	p 是一个指针变量，它指向一个整型数据的指针变量
void *p	void *	p 是一个指针变量，基类型为 void(空类型)，不指向具体的对象

(5) 正确掌握指针的运算。

① 指针变量加(减)一个整数。

指针变量加(减)一个整数是将该指针变量的原值(是一个地址)和它指向的变量所占用的存储单元的字节数相加减。

② 给指针变量赋值。

可以将一个变量地址赋给指针变量，但不能将一个整数赋给指针变量。

③ 两个指针变量可以相减。

若两个指针变量都指向同一个数组中的元素，则两个指针变量值之差是两个指针之间的元素个数。

④ 两个指针变量的比较。

若两个指针变量指向同一个数组中的元素，则可以进行比较，指向前面的元素的指针变量“小于”指向后面元素的指针变量。如果两个指针不指向同一个数组，则比较无意义。

(6) 指针变量可以有空值。

p=NULL，该指针不指向任何变量。在 stdio.h 中对 NULL 进行了定义，NULL 是一个符号常量，代表整数 0，它使 p 指向地址为 0 的单元，系统保证使该单元不作他用(不存放有效数据)。应该注意的是，p 的值为 NULL 与未对 p 赋值是两个不同的概念。前者是有值的，只是值为 0，不指向任何变量。后者未对 p 赋值，但并不等于 p 无值。只是它的值是一个无法预料的值，p 可能指向一个事先未指定的单元，这种情况是很危险的，在引用指针变量前应对指针赋值。

习题 8

一、选择题

1. 若有说明 int a=2, *p=&a, *q=p;，则以下非法的赋值语句是(　　)。

   A. p=q;　　B. *p=*q;　　C. a=*q;　　D. q=a;

2. 若定义 int a=511, *b=&a;，则 printf("%d\n", *b);的输出结果为(　　)。

A. 无确定值　　B. a 的地址　　C. 512　　D. 511

3. 已有定义 int a=2, *p1=&a, *p2=&a;，下面不能正确执行的赋值语句是(　　)。

A. a=*p1+*p2;　　B. p1=a;　　C. p1=p2;　　D. a=*p1*(*p2);

4. 变量的指针，其含义是指该变量的(　　)。

A. 值　　B. 地址　　C. 名　　D. 一个标志

5. 若有说明语句 int a, b, c, *d=&c;，则能正确从键盘读入三个整数分别赋给变量 a、b、c 的语句是(　　)。

A. scanf("%d%d%d", &a, &b, d);　　B. scanf("%d%d%d", a, b, d);

C. scanf("%d%d%d", &a, &b, &d);　　D. scanf("%d%d%d", a, b,*d);

6. 若已定义 int a=5;，下面对(1)、(2)两个语句的正确解释是(　　)。

(1) int *p=&a;　　(2) *p=a;

A. 语句(1)和(2)中的*p 含义相同，都表示给指针变量 p 赋值

B. (1)和(2)语句的执行结果，都是把变量 a 的地址值赋给指针变量 p

C. (1)在对 p 进行说明的同时进行初始化，使 p 指向 a;，(2)将变量 a 的值赋给指针变量 p

D. (1)在对 p 进行说明的同时进行初始化，使 p 指向 a;，(2)将变量 a 的值赋予*p

7. 若有语句 int *p, a=10; p=&a;，下面均代表地址的一组选项是(　　)。

A. a, p, *&a　　B. &*a, &a, *p　　C. *&p, *p, &a　　D. &a, &*p, p

8. 下面判断正确的是(　　)。

A. char *s="girl";等价于 char *s; *s="girl";

B. char s[10]={"girl"};等价于 char s[10]; s[10]={"girl"};

C. char *s="girl";等价于 char *s; s="girl";

D. char s[4]= "boy", t[4]= "boy";等价于 char s[4]=t[4]= "boy"

9. 设 char *s="\ta\017bc";，则指针变量 s 指向的字符串所占的字节数是(　　)。

A. 9　　B. 5　　C. 6　　D. 7

10. 下面程序段的运行结果是(　　)。

```
char *s="abcde";s+=2;printf("%d", s);
```

A. cde　　B. 字符'c'

C. 字符'c'的地址　　D. 无确定的输出结果

11. 设有如下的程序段：char s[]="girl", *t; t=s;，则下列叙述正确的是(　　)。

A. s 和 t 完全相同

B. 数组 s 中的内容和指针变量 t 中的内容相等

C. s 数组长度和 t 所指向的字符串长度相等

D. *t 与 s[0]相等

12. 不合法的 main 函数命令行参数表示形式是(　　)。

A. main(int a, char *c[])　　B. main(int argc, char *argv)

C. main(int arc, char **arv)　　D. main(int argv, char *argc[])

二、填空题

1. 设有定义 int a, *p=&a;，以下语句将利用指针变量 p 读写变量 a 中的内容，请将语句补充完整。scanf("%d",_____________); printf("%d\n",_____________);

2. 下面程序段的运行结果是(　　)。

```
char s[80], *t="EXAMPLE";
t=strcpy(s, t);
s[0]='e';
puts(t);
```

3. 下面程序的运行结果是(　　)。

```
void swap(int *a, int *b)
{ int *t;
  t=a;  a=b;   b=t;
}
int  main()
{ int x=3, y=5, *p=&x, *q=&y;
 swap(p,q);
 printf("%d  %d\n", *p, *q);
 return 0;
}
```

4. 若有定义 int a[]={1,2,3,4,5,6,7,8,9,10,11,12}, *p[3], m;, 则下面程序段的输出是(　　)。

```
for ( m=0; m<3; m++) p[m]=&a[m*4]; printf("%d\n", p[2][2]);
```

5. 若有定义和语句：int a[4]={1,2,3,4}，*p; p=&a[2];，则*--p 的值是(　　)。

6. 若有以下函数首部：int f(int x[10], int n)，请写出针对此函数的声明语句(　　)。

三、编程题

1. 从键盘输入十个整数存放在一维数组中，求出它们的和及平均值并输出(要求用指针访问数组元素)。

2. 用指针法完成输入 3 个整数，按由小到大的顺序输出。

3. 用指针法实现输入 3 个字符串，按由小到大的顺序输出。

4. 编写函数，其功能是从字符串中删除指定的字符。同一字母的大小写按不同字符处理。

5. 将数组中的元素颠倒存放。要求使用子函数和指针。

6. 编写一子函数，完成如下功能：输入若干不同字符，以“#”结束，将其中数字和字母按原有顺序分开存放到两个字符串中，在主函数中将其输出。

如输入 a123b23.26@_@12acdf#，则分成两个字符串：abacdf 123232612。

第三篇

程序设计高级篇

第 9 章 用户自己建立数据类型

前面学习了一种构造类型数据——数组，数组中各元素属于同一种数据类型。在实际应用中，只有数组类型是不够的，有时需要将不同类型的数据组合成一个有机的整体，以便于引用。C 语言允许自己“设计”新的数据类型，这种新的数据类型具有与 int、float、double、char 等同作用，也可用于定义变量。本章将介绍三种用户自己建立的数据类型：结构体、共用体与自定义类型。通过自己建立数据类型的学习，让读者懂得在工作中如何协同工作，充分发挥各成员的特长，提高工作效率。

本章教学内容：

◎ 结构体的概念
◎ 结构体数组
◎ 指向结构体类型数据的指针
◎ 共用体
◎ 用 typedef 定义类型
◎ 链表

本章教学目标：

◎ 掌握结构体类型的定义、结构体变量的定义与初始化、结构体
　体
◎ 掌握变量成员的引用
◎ 掌握结构体数组的定义、初始化及应用
◎ 掌握指向结构体变量的指针及指向结构体数组的指针
◎ 了解共用体类型的定义、共用体变量的定义及引用
◎ 能够熟练用 typedef 定义数据类型
◎ 了解链表的定义及简单应用

9.1 结构体的概念

我们看这样一个实例，想开发一个学生成绩管理系统，对学生的各科成绩进行管理。学生的基本信息包括学号、姓名以及语文、数学、英语三门课程的成绩，如表 9-1 所示。

表 9-1 成绩表

学号	姓名	语文	数学	英语
1	Liming	98	100	85
2	Zhangsan	73	91	69

要求输入学生的基本信息，并进行相应的处理。解决这个问题的关键在于“C 语言中如何表示一个学生的基本信息”。学生的基本信息包括学号等 5 个数据项，可以使用数组来存储吗？显然不行，数组中元素必须具有相同的数据类型，而学号是整型，姓名是字符串类型，语文、数学和英语等课程的成绩是单精度类型，它们的数据类型各不相同，因此不能使用数组。

可以定义 5 个相互独立的简单变量来存储学生的基本信息吗？如果一个班有 30 个学生，那么需要定义 150 个变量来存储所有学生的基本信息吗？显然对于需要存储大量学生信息的学生成绩管理系统来说，这不是一个好的方法。并且我们发现这 5 项数据描述的是一个学生实体，数据之间存在关联，若定义 5 个相互独立的简单变量则不能反映数据之间的内在联系。因此这种方式也不好。

这样原有的基本数据类型和数组是无法解决此类问题的。这时，C 语言提供了结构体来解决上述问题，它可将数据类型不同但相互关联的一组数据，组合成一个有机整体。在这种情况下，结构体类型便应运而生。

9.1.1 结构体类型的定义

如何设计一种新型的数据类型呢？它不是随便设计的，必须基于已有的数据类型(int、float、double、char 等)创造和组装，这种新数据类型称为结构体。注意结构体不是变量，而是一种数据类型。这种数据类型是由我们自己设计的，是一种自定义的类型。

结构体类型是用户在程序中自己定义的一种数据类型。结构体类型必须先定义，然后利用已经定义好的结构体类型来定义变量、数组、指针。

定义结构体类型的一般形式为：

```
struct  结构体类型名
{ 数据类型 1  成员名 1;
  数据类型 2  成员名 2;
  数据类型 3  成员名 3;
  ……
  数据类型 n  成员名 n;
};
```

例如，要反映一个学生的基本情况，需要表示出的数据有学生的学号、姓名、性别、年龄、成绩等数据项，这些数据项相互联系，共同构成一个整体。而这些数据项的数据类型又各不相同，这就要求定义一个结构体 student，如下：

```
struct student
{ int number;
  char name[10] ;
  char sex;
  int age;
  float score;
};
```

以上是结构体类型的定义(注意不是变量的定义)，struct 是关键字，其后面的 student 是我们为新类型所起的名字，然后有一对大括号({})，在其中像定义变量一样定义的几个元素称为结构体的成员，如学生的学号、姓名、性别、年龄和分数，它们都必须基于已有的数据类型，所以这种新类型的设计更像是在“组装”，将各种各样的已有类型组合起来形成新类型，这就是结构体。

结构体类型的“成员列表”也称为“域表”，每一个成员又称为结构体中的一个域。结构体成员的命名规则与变量的命名规则是一致的。

必须注意的是，新类型的名字是 struct student，而不是 student。在 C 语言中，提及结构体的类型名，必须带有 struct 关键字，不能单独说 student。在定义结构体类型时，成员列表后的大括号后的分号必不可少，这对{}与复合语句和 switch 语句的{}都不同。

还有一点要注意的是，结构体仅仅是一种数据类型，相当于一种数据模型，系统不会给结构体成员分配内存空间。只有当用结构体类型定义变量、数组、指针时，系统才会为定义的变量、数组、指针分配对应的内存空间。

上面定义了一个简单的结构体类型，实际上，结构体类型的成员是可以嵌套的，即一个结构体成员的数据类型可以是另一个之前已定义过的结构体。

【例题 9-1】结构体类型嵌套示例。

为了存放一个人的姓名、性别、出生日期、年龄，可以定义以下嵌套结构体类型。

```
struct birthday
{ int y;
  int m;
  int d;
};
struct person
{ char name[10] ;
  char sex;
  struct birthday bir;
  double wage;
};
```

此例中，结构体类型的成员 bir 的类型又是一个结构体类型 birthday，这就要求结构体类型 birthday 必须在结构体类型 person 之前定义。

9.1.2 结构体类型变量的定义及初始化

结构体类型的定义.mp4

前面定义了结构体类型，有了结构体类型后，就可以使用结构体类型来定义变量、数组、指针等，从而可以对结构体类型变量的成员进行各种运算。

结构体类型变量(简称结构体变量)的定义一般有以下三种形式。

(1) 先定义结构体类型，再定义变量。

定义结构体类型变量的一般形式为：

```
结构体类型名 结构体变量名;
```

【例题 9-2】定义描述学生信息(学号、姓名、性别、年龄、成绩)的结构体类型及两个该结构体类型的变量。

```
struct student
{int number;
 char name[10];
 char sex;
 int age;
 float score;
};
```

上面定义了一个结构体类型 struct student，可以用它来定义变量。

```
struct student stu1, stu2;
```

定义 stu1 和 stu2 为 struct student 类型变量，即它们具有 struct student 类型的结构体变量，系统就会为变量分配内存空间。结构体类型变量的存储空间是结构体类型各个成员的长度之和。上例中，变量 stu1、stu2 分别占用的存储空间是 2+10+1+2+4=19 字节。

(2) 在定义类型的同时定义变量并进行初始化。

可以在定义结构体类型的同时定义结构体类型变量及初始化。

```
struct 结构体类型名
{ 数据类型 1  成员名 1;
  数据类型 2  成员名 2;
  数据类型 3  成员名 3;
  ……
  数据类型 n 成员名 n;
}变量名表列及赋初值;
```

例题 9-2 也可以写成下列形式：

```
struct student
{ int number;
  char name[10];
  char sex;
  int age;
  float score;
}stu1={1001,"yang",'F',21,98.5},stu2={1002, "zhang",'M',20,86.0};
```

赋初值后，结构体类型变量 stu1、stu2 各成员的初值如表 9-2 所示。

表 9-2 结构体类型变量 stu1、stu2 各成员的初值

变量	number	name	sex	age	score
stu1	1001	"yang"	'F'	21	98.5
stu2	1002	"zhang"	'M'	20	86.0

(3) 可以省略结构体类型名，定义结构体类型的同时定义变量并赋初值。

这种定义的一般形式为：

```
struct
{  成员说明表列 } 变量名表列;
```

例题 9-2 也可以写成下列形式：

```
struct
{ int number;
  char name[10];
  char sex;
  int age;
  float score;
}stu1={1001, "yang",'F',21,98.5},stu2={1002, "zhang",'M',20,86.0};
```

此时，省略了结构体类型名，定义了结构体类型变量 stu1、stu2 并赋予了初值。

关于结构体类型，有几点需要说明：

(1) 类型与变量是不同的概念，不要混淆。对结构体变量来说，在定义时一般先定义一个结构体类型，然后定义变量为该类型。只能对变量赋值、存取或运算，而不能对一个类型赋值、存取或运算。在编译时，对类型是不分配存储空间的，只对变量分配存储空间。

(2) 对结构体中的成员，可以单独使用，它的作用与地位相当于普通变量。

(3) 成员也可以是一个结构体变量。例如：

```
struct date
{ int month;
  int day;
  int year;
};
struct member
{ int num;
  char name [20];
  char sex;
  int age;
  struct date birthday;     /*成员变量是一个结构体变量*/
  char addr [40];
}stu1,stu2;
```

先定义一个 struct date 结构体类型，它包括 3 个成员：month、day、year，分别代表月、日、年。然后在定义 struct member 结构体类型时，成员 birthday 的类型定义为 struct date 类型。已定义的类型 struct date 与其他类型(如 int、char)一样可以用来定义成员的类型。

(4) 成员名可以与程序中的其他变量名相同，两者不代表同一对象。例如，程序中可以另定义一个变量 num，它与 struct member 中的 num 是两回事，互不干扰。

9.1.3 结构体类型变量成员的引用

结构体类型变量成员的引用.mp4

定义好结构体变量后，就可以使用变量了。一般不能直接使用结构体变量，只能引用结构体变量的成员。引用结构体变量成员的一般形式如下：

```
结构体变量名.成员名
```

其中，“.”称为成员运算符，成员运算符在所有的运算符中优先级是最高的。

【例题 9-3】引用结构体变量成员的示例。

```
#include <stdio.h>
#include <string.h>
int main()
{ struct  student
  { int number;
    char name[10];
    char sex;
    double score[2];
  };
    struct  student s1;
    s1.number=2015001;
    strcpy(s1.name, "yang");
    s1.sex='F';
    s1.score[0]=94.5;
    s1.score[1]=87.5;
    printf("number=%d,name=%s,sex=%c,",s1.number,s1.name,s1.sex);
    printf("score1=%.2lf,score2=%.2lf\n",s1.score[0],s1.score[1]);
    return 0;
}
```

程序的运行结果如图 9-1 所示。

```
number=2015001,name=yang,sex=F,score1=94.50,score2=87.50
```

图 9-1　例题 9-3 的运行结果

本例对结构体变量成员采用逐一赋值的方式。在引用结构体变量的成员时，应注意以下几点。

(1) 不能整体引用结构体变量，只能对结构体变量的成员分别引用。如例题 9-3 中，输出语句若写成下列形式，则是错误的。

```
printf("number=%d,name=%s,sex=%c,score1=%.2lf,score2=%.2lf\n ",s1);
//错误，不能整体引用结构体变量
```

(2) 结构体变量的成员可以像普通的变量一样参加各类运算。例如：

```
s1.score[0]=s1.score[0]+ 10; s1.score[0]=s1.score[1];
```

(3) 可以引用结构体变量的地址，也可以引用结构体变量成员的地址。下列表示都是正确的。

```
scanf("%d",&s1.number);//输入 s1.number(学生的学号)值
printf("%x",&s1);        //输出 s1 的起始地址
```

注意，要输入结构体变量成员的值，应该分别输入各个成员值，不能整体读入结构体变量。下列形式是错误的：

```
scanf("%d,%s,%c,%lf,%lf",s1);
```

(4) 对于嵌套的结构体变量，应用成员运算符时要一级一级引用，直到找到最低一级成员，只能对最低级成员进行各种运算。例如，在例题 9-1 结构体类型嵌套的例子中，若定义一个结构体变量 stu1，则可以用下面的形式访问各成员：

```
stu1.name;
stu1.bir.y;//表示学生 stu1 出生的年份
```

【例题 9-4】嵌套的结构体变量成员引用的例子。

```
#include <stdio.h>
#include <string.h>
struct  birthday
 { int  year;
   int  month;
   int day;
  };
struct  person
  { char name[10];
    char sex;
    struct birthday  bir;
    char address[30];
 } p;
int main()
{  strcpy(p.name,"zhang");
   p.sex='M';
   p.bir.year=1995;
   p.bir.month=10;
   p.bir.day=21;
   strcpy(p.address,"shanghai");
   printf("name=%s,sex=%c,address=%s\n",p.name,p.sex,p.address);
   printf("birthday=%4d 年 2d%月 2d%日\n",
   p.bir.year,p.bir.month,p.bir.day);
  return 0;
}
```

在该例中，要表示变量 p 的 bir 成员，可以表示为 p.bir，因 bir 本身又是一个结构体类型的成员；若表示变量 p 的 year，便可以表示为 p.bir.year，因“.”的运算方向是自左向右的，故先进行 p.bir 结合，再将 p.bir 与 year 结合，即 p.bir.year。

9.2 结构体数组

前面介绍了结构体变量，同定义结构体变量一样，也可以定义结构体数组。结构体数组中的每一个元素相当于一个具有相同结构体类型的变量，结构体数组是具有相同类型的结构体变量的集合。前面介绍了 student 结构体类型，若学生人数较多，就可以定义 student 结构体数组。

9.2.1 结构体数组的定义

与定义结构体变量的方法一样，在结构体变量名之后指定元素个数，就能定义结构体数组。例如：

```
struct student students[30];struct person employees[100];
struct
{ char name [20];
  int num;
  float price;
  float quantity;
}parts[200];
```

以上定义了一个数组 students，它有 30 个元素，每个元素的类型为 struct student 的结构体类型。定义数组 employees，有 100 个元素，每个元素是 struct person 结构体类型。定义数组 parts，有 200 个元素，每个元素也是一个结构体类型。它们都是结构体数组，分别用于表示一个班级的学生、一个部门的职工、一个仓库的产品。

如同元素为标准数据类型的数组一样，结构体数组各元素在内存中也按顺序存放，也可初始化，对结构体数组元素的访问也要利用元素的下标。特别地，访问结构体数组元素的成员的标记方法为：

```
结构体数组名[元素下标].结构体成员名
```

例如，访问 parts 数组元素的成员：

```
parts[10].price=37.5;
scanf("%s",parts[3].name);
```

9.2.2 结构体数组的初始化

在对结构体数组初始化时，要将每个元素的数据分别用花括号括起来。例如：

```
struct student
{ char name[20];
  long num;
  int age;
  char sex;
  float score;
}students [5]={{"Zhu Dongfen",3021101,18,'M',93},
          {"Zhang Fachong",3021102, 19,'M',90.5},
          {"Wang Peng",3021103, 16,'M',85},
          {"Zhan Hong",3021104, 16,'F',95},
          {"Li Linggou", 3021105,20,'F',67} };
```

这样，在编译时将一个花括号中的数据赋给一个元素，即将第一个花括号中的数据送给 students[0]，第二个花括号内的数据送给 students[1]……如果赋初值的数据组的个数与所定义的数组元素相等，则数组元素个数可以省略不写。这和前面有关章节介绍的数组初始化类似。此时系统会根据初始化时提供的数据组的个数自动确定数组的大小。如果提供的初始化数据组的个数少于数组元素的个数，则方括号内的元素个数不能省略，例如：

```
struct student
{……}students[3]={{……},{……},{……}};
```

只对前 3 个元素赋初值，其他元素未赋初值，系统将对数值型成员赋以 0，对字符型数据赋以“空”串，即“\0”。

9.2.3 结构体数组的使用

一个结构体数组的元素相当于一个结构体变量。引用结构体数组元素有如下规则。

(1) 引用某一元素的一个成员。

例如：

```
students[i].num
```

这是序号为 i 的数组元素中的 num 成员。如果数组已如上初始化，且 i=2，则相当于 students[2].num，其值为 3021103。

(2) 可以将一个结构体数组元素赋给同一结构体类型数组中的另一个元素，或赋给同一类型的变量。例如：

```
struct student students [3],student1;
```

现在定义了一个结构体数组 students，它有 3 个元素，又定义了一个结构体变量 student1，则下面的赋值合法。

```
student1=students[0];students[2]=students[1];students[ ]=student1;
```

(3) 不能把结构体数组元素作为一个整体直接进行输入或输出，只能以单个成员对象进行输入输出。

例如：

```
scanf("%s",students[0].name);printf("%ld",&students[0].num);
```

【例题 9-5】设有如下学生信息：学号、姓名、出生年月(包含整型的年、月、日)。编写一程序，输入 5 个学生的信息，输出所有学生的学号和姓名。

```
#define N 5
#include <stdio.h>
int main()
{  int i;
   struct birthday
   { int year;
     int month;
     int day;
   };
    struct date
   { long num;
     char name[10];
```

```
    struct birthday bir;
  }stu[N];
  for(int i=0;i< N;i++)
  { printf("请输入第%d 个学生信息\n",i+1);
    scanf("%ld",&stu[i].num);
    scanf("%s",stu[i].name);
scanf("%d,%d,%d",&stu[i].bir.year,&stu[i].bir.
month,&stu[i].bir.day);
  }
   printf("\n");
   printf("学号          姓名\n");
   for(i=0;i<N;i++)
  {  printf("%-10ld",stu[i].num);
     printf("%-11s\n",stu[i].name);
  }
  return 0;
}
```

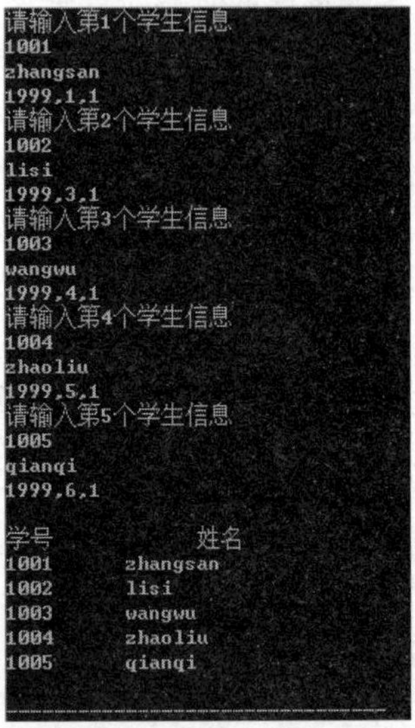

```
请输入第1个学生信息
1001
zhangsan
1999,1,1
请输入第2个学生信息
1002
lisi
1999,3,1
请输入第3个学生信息
1003
wangwu
1999,4,1
请输入第4个学生信息
1004
zhaoliu
1999,5,1
请输入第5个学生信息
1005
qianqi
1999,6,1

学号          姓名
1001      zhangsan
1002      lisi
1003      wangwu
1004      zhaoliu
1005      qianqi
```

图 9-2　例题 9-5 的运行结果

程序运行结果如图 9-2 所示。

【例题 9-6】编写一个程序，输入 5 个学生的学号、姓名、3 门课程的成绩，输出 5 个学生的信息，并查出总分最高的学生姓名然后输出。

思路分析：先定义一个结构体 student 来表示学生的信息(学号、姓名、3 门课程的成绩)，在主函数中用循环的方式输入 5 个学生的信息，再用打擂台算法求出 5 个学生中总分最高的学生姓名并输出。

```
#include <stdio.h>
#define N 5
struct student
{ char num[6];
  char name[8];
  float score[3];
  float sum1;
}stu[N];
int main()
{ int i,j,maxi;
  float sum,max;
  for(i=0;i<N;i++)
  { printf("input No %d student:\n",i+1);
    printf("num:");
    scanf("%s",&stu[i].num);
    printf("name:");
    scanf("%s",&stu[i].name);
    for(j=0;j<3;j++)
    { printf("score %d:",j+1);
      scanf("%f",&stu[i].score[j]);
    }
  }
  max=stu[0].sum1;
  maxi=0;
```

```
  for(i=0;i<N;i++)
  { sum=0;
    for(j=0;j<3;j++)
    sum=sum+stu[i].score[j];
    stu[i].sum1=sum;
    if(sum>max)
    { max=sum;
      maxi=i;
     }
  }
  printf("num   name    score1  score2 score3  sum\n");
  for(i=0;i<N;i++)
  { printf("% 5s% 10s",stu[i].num,stu[i].name);
      for(j=0;j<3;j++)
      printf("%9.2f",stu[i].score[j]);
      printf("%8.2f\n",stu[i].sum1);
    }
  printf("最高分学生的姓名是:%s\n",stu[maxi].name);
  return 0;
}
```

程序的运行结果如图 9-3 所示。

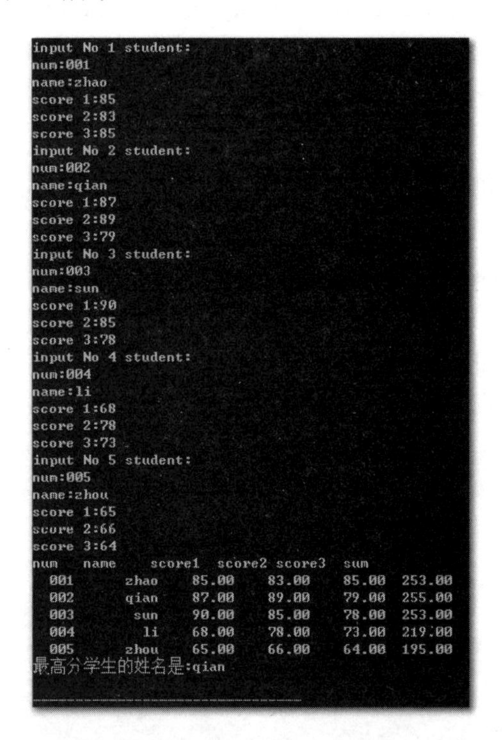

图 9-3 例题 9-6 的运行结果

9.3 指向结构体类型数据的指针

前面学习了结构体变量，当定义一个变量用来存放结构体变量的地址时，该变量就是指向结构体变量的指针。访问一个结构体变量，可以通过变量名访问，即直接访问，也可以通过指向结构体变量的指针访问，即间接访问。同样，也可以定义一个变量来存放结构体数组的首地址，该变量就是指向结构体数组的指针。访问一个结构体数组，也有直接访问和间接访问两种方式。

9.3.1　指向结构体变量的指针

指向结构体变量的指针定义的一般形式为：

```
struct 类型名  *指针变量名;
```

例如：

```
struct date *pd,date3;
```

定义指针变量 pd 和结构体变量 date3。其中，指针变量 pd 能指向类型为 struct date 的结构体。赋值 pd=&date3，可使指针 pd 指向结构体变量 date3。

通过指向结构体的指针变量引用结构体成员的标记方法是：

```
指针变量->结构体成员名
```

例如，通过 pd 引用结构体变量 date3 的 day 成员，写成 pd->day，引用 date3 的 month，写成 pd->month 等。

“*指针变量”表示指针变量所指对象，所以通过指向结构体的指针变量引用结构体成员也可写成以下形式：

```
(*指针变量).结构体成员名
```

这里圆括号是必需的，因为运算符“*”的优先级低于运算符“.”。从表面上看，*pd.day 等价于*(pd.day)，但这两种书写形式都是错误的。采用这种标记方法，通过 pd 引用 date3 的成员可写成(*pd).day、(*pd).month、(*pd).year。但是很少场合采用这种标记方法，习惯都采用运算符“->”来标记。

【例题 9-7】使用指向结构体变量的指针输出学生信息。

```
#include <stdio.h>
#include <string.h>
struct student
{ long num;
  char name[10];
  char sex;
  int age;
  double score;
};
int main()
{ struct student stu1;
  struct student *p;
  p=&stu1;
  stu1.num=20150101;
  strcpy(stu1.name,"Zhang Jun");
  stu1.sex='M';
```

```
    stu1.age=21;
    stu1.score=92.5;
    printf("第一次输出学生信息:\n");
    printf("num:%ld,name:%s,sex:%c,age:%d,score:%ld\n",p->num,p->name,
    p->sex,p->age,p->score);
    printf("第二次输出学生信息:\n");
    printf("num:%ld,name:%s,sex:%c,age:%d,score:%ld\n",(*p).num,(*p).name,
     (* p).sex,(*p).age,(* p).score);
    printf("第三次输出学生信息:\n");
    printf("num:%ld,name:%s,sex:%c,age:%d,score:%ld\n",stu1.num,stu1.name,
    stu1.sex,stu1.age,stu1.score);
    return 0;
}
```

程序的运行结果如图 9-4 所示。

```
第一次输出学生信息:
num:20150101,name:Zhang Jun,sex:M,age:21,score:0
第二次输出学生信息:
num:20150101,name:Zhang Jun,sex:M,age:21,score:0
第三次输出学生信息:
num:20150101,name:Zhang Jun,sex:M,age:21,score:0
```

图 9-4 例题 9-7 的运行结果

结构体成员赋值后，结构体指针的指向关系如图 9-5 所示。

20150101
Zhang Jun
M
21
92.5

图 9-5 结构体指针的指向关系

从程序的运行结果可以看出：

(1) (*指针变量名).结构体成员名

(2) 指针变量名->结构体成员名

(3) 结构体变量.成员名

用这三种形式来访问结构体变量的成员，结果是完全相同的。

需要说明的是，在上例中：

```
struct student stu1; struct student *p; p=&stu1;
```

必须给指针 p 赋值，即“p=&stu1;”，此时指针 p 中存放的是结构体中第一个成员的首地址。如果指针在使用前没有进行初始化或者赋值，则可能会发生内存冲突等严重错误。在没有进行结构体指针变量初始化或者赋值的情况下，需要为结构体指针变量动态分配整个结构体长度的字节空间，可以通过 C 语言提供的 malloc()和 free()函数来进行，如下：

```
p=malloc(sizeof(struct student));//p 指向分配空间的地址
......
free(p);
```

sizeof(struct student)自动求取 student 结构体的字节长度；malloc()函数定义了一个大小为结构体长度的内存区域，然后将其地址作为结构体指针返回；free()函数则是释放由 malloc()函数所分配的内存区域。

这种结构体指针变量分配内存的方法在后面的链表结构中有着广泛的应用。

9.3.2 指向结构体数组的指针

指针变量可以指向一个结构体数组，此时结构体指针变量的值是整个结构体数组的首地址。结构体指针变量也可指向结构体数组中的某一个元素，此时结构体指针变量的值是该数组元素的首地址。

在前面的章节中定义了结构体类型，在此基础上定义结构体数组及指向结构体数组的指针。例如：

```
struct student
{ long num; char name[10];
  char sex;
  int age;
  double score;
};
struct student stu[5],*p;
```

若执行“p=stu;”语句，则此时结构体指针 p 就指向了结构体数组 stu 的首地址。p 是指向一维结构体数组的指针，对数组元素的引用有以下 3 种方法。

(1) 指针法。若 p 指向数组的某一个元素，则 p--表示指针上移，指向前一个元素；p++表示指针下移，指向其后一个元素。例如：

(++p)->name，先使 p 自加 1，指向下一个元素，然后取得它指向元素的 name 成员值。

(p++)->name，先得到 p->name 的值，然后使 p 自加 1，指向下一个元素。

请注意以上二者的区别。

同理，

(--p)->name，先使 p 自减 1，指向上一个元素，然后取得它指向元素的 name 成员值。

(p--)->name，先得到 p->name 的值，然后使 p 自减 1，指向上一个元素。

(2) 地址法。当执行“p=stu;”语句后，stu 和 p 均表示数组的首地址，即第一个元素的地址&stu[0]; stu+i 和 p+i 均表示数组第 i 个元素的地址，即&stu[i]。数组元素各成员的引用形式为(stu+i)->num 和(stu+i)->name，或者(p+i)->num 和(p+i)->name 等。

(3) 指针的数组表示法。

若 p=stu，则指针 p 指向数组 stu，p[i]与 stu[i]含义相同，都表示数组的第 i+1 个元素。对数组成员的引用可表示为 p[i].num、p[i].name 等。

例如：

```
struct student stud[10],*p1;
p1=stud;
```

或者

```
p1=&stud[0];
```

由此可知：

```
p1   &stud[0]
p+1  &stud[1]
p+2  &stud[2]
```

```
……
p+n  &stud[n]
```

同样：

```
p1       stud[0]
*(p+1)  stud[1]
*(p+2)  stud[2]
……
*(p+n)  stud[n]
```

【例题 9-8】指向结构体数组的指针的应用。

```
#include <stdio.h>
struct stu
{ int num;
  char *name;
  char sex;
  float score;
}boy[5]={{101,"Zhou  ping",'M',45},{102,"Zhang  ping",'M',62.5},{103,"Liu
fang",'F',92.5},{104,"Cheng ling",'F',87},{105,"Wang ming",'M',58}};
int main()
{ struct stu *ps;
  for(ps=boy;ps<boy+5;ps++)
  printf("%d,%s,%c,%.2f\n",ps->num,ps->name,ps->sex,ps->score);
  return 0;
}
```

该程序的运行结果如图 9-6 所示。

```
101,Zhou ping,M,45.00
102,Zhang ping,M,62.50
103,Liu fang,F,92.50
104,Cheng ling,F,87.00
105,Wang ming,M,58.00
```

图 9-6　例题 9-8 的运行结果

在程序中，定义了 stu 结构体类型的外部数组 boy 并做了初始化赋值。在 main 函数内定义 ps 为指向 stu 类型的指针。在循环语句 for 的表达式 1 中，ps 被赋予 boy 的首地址，然后循环 5 次，输出 boy 数组中各成员的值。

应该注意，一个结构体指针变量虽然可以用来访问结构体变量或结构体数组元素的成员，但不能使它指向一个成员。也就是说，不允许取一个成员的地址来赋予它。因此，下面的赋值是错误的。

```
ps=&boy[1].sex;
```

而只能是 ps=boy; (赋予数组首地址)，或者 ps=&boy[0]; (赋予 0 号元素首地址)。

9.4 共用体

在程序设计中，有时为了节约内存空间，需要使几种不同类型的变量存放到同一段内存单元中。使用覆盖技术，几个变量互相覆盖，后存储的会覆盖前一次存储的，这些不同的变量分时共享同一段内存单元。这种几个不同的变量共同占用一段内存的结构，在 C 语言中，被称作“共用体”类型结构，简称共用体，也叫联合体。

9.4.1 共用体类型的定义

共用体与结构体一样，必须先定义共用体类型，然后再定义共用体类型的变量。定义共用体的关键字是 union，共用体类型定义的一般形式为：

```
union 共用体名
{ 类型名 1  成员名 1;
  类型名 2  成员名 2;
  ……
  类型名 n  成员名 n;
};
```

其中，union 是关键字，是共用体类型的标志。共用体的成员类型可以是基本数据类型，也可以是数组、指针、结构体或共用体类型等。

共用体的说明仅规定了共用体的一种组织形式，系统并不给共用体类型分配存储空间。共用体是一种数据类型，称为共用体类型。

例如，定义一种共用体类型 data，如下：

```
union data
{ int i;
  char ch;
  float f;
  double d;
};
```

上述代码定义了一种共用体类型 data，该共用体类型有 4 成员，第 1 个整型成员变量 i 占 2 字节的内存空间，第 2 个字符型成员变量 ch 占 1 字节的内存空间，第 3 个单精度成员变量 f 占 4 字节的内存空间，第 4 个双精度成员变量 d 占 8 字节的内存空间。共用体的所有成员共享同一个内存空间，后一个成员变量会覆盖前一个成员变量。共用体长度是所有成员中长度最长的成员长度，共用体 data 的长度是最大成员 d 的长度，为 8 字节。

9.4.2 共用体变量的定义

定义了共用体类型后，就可以定义共用体类型的变量了。共用体变量的定义同结构体变量的定义一样，有如下 3 种形式。

(1) 在定义共用体类型的同时，定义共用体变量。一般形式如下：

```
union 共用体类型名
{ 类型名 1  成员名 1;
  类型名 2  成员名 2;
  ……
  类型名 n  成员名 n;
}变量名表列;
```

例如：

```
union un_type
{ int a;
  float b;
  char c;
  double d;
}u1,u2;
```

该例中，共用体变量 u1、u2 各自有 4 个成员变量，这 4 个成员变量共用同一段存储单元。共用体变量 u1、u2 各自占用 8 字节的内存空间。

(2) 先定义共用体类型，再定义共用体变量。一般形式如下：

```
union 共用体类型名
{ 类型名 1  成员名 1;
  类型名 2  成员名 2;
  ……
  类型名 n  成员名 n;
};
共用体类型名 变量名列表;
```

上例也可改为：

```
union un_type
{ int a; float b; char c; double d;
  };
  un_type u1,u2;
```

(3) 直接定义共用体类型的变量。一般形式如下：

```
union
{ 类型名 1  成员名 1;
  类型名 2  成员名 2;
  ……
  类型名 n  成员名 n;
}变量名表列;
```

这种形式与第(1)种形式相比，省略了共用体类型名，上例也可写为：

```
union
{ int a; float b; char c;double d; }u1,u2;
```

从形式上看，共用体变量的定义与结构体变量的定义非常相似，但它们二者之间有着本质的区别，主要表现在存储空间上的不同。结构体变量的每个成员分别占有自己的内存单元，相互的存储单元不发生重叠，结构体变量所占内存长度是各成员占的内存长度之和。共用体变量各成员共用同一个内存单元，后一个成员覆盖前一个成员，共用体变量所占的内存长度等于最长的成员的长度。

9.4.3 共用体变量的引用

在定义共用体变量后，就可以引用共用体变量了。共用体变量的引用方式与结构体变量的引用方式类似，只能引用共用体变量的成员，不能整体引用共用体。

例如，有下面的共用体：

```
union un_type
{ int a;
  float b;
  char c;
  double d;
}u1,*p;
```

若要表示共用体变量 u1 的各个成员，可以分别表示为：u1.a、u1.b、u1.c、u1.d。但要注意的是，不能同时引用多个成员，在某一时刻只能使用其中的一个成员。

执行语句“u1=&p;”后，指针 p 所指向变量的成员可以表示为 p->a、p->b、p->c、p->d；也可以表示为(*p).a、(*p).b、(*p).c、(*p).d。注意：不能直接使用共用体变量，如语句“scanf("%d"，&u1);”和语句“printf("%d"，u1);”都是错误的。只能分别单独引用共用体变量的每一个成员。

由此可知，引用共用体变量的成员的方法与引用结构体变量的成员的方法一样，有三种形式：

(1) 共用体变量名.共用体成员名；

(2) 共用体指针变量名->共用体成员名；

(3) (*共用体指针变量名)．共用体成员名。

【例题 9-9】共用体变量的引用。

```
#include <stdio.h>
union aa
{ int a;
  char b;
  float c;
  double d;
}x;
int main()
{ x.a= 10;
  printf("% d\n",x.a); x.b= 'H';
  printf("% c\n",x.b); x.c= 87.5;
  x.d=98.5;
  printf("% f,% lf\n",x.c,x.d); printf("\n");
return 0;
}
```

程序的运行结果如图 9-7 所示。

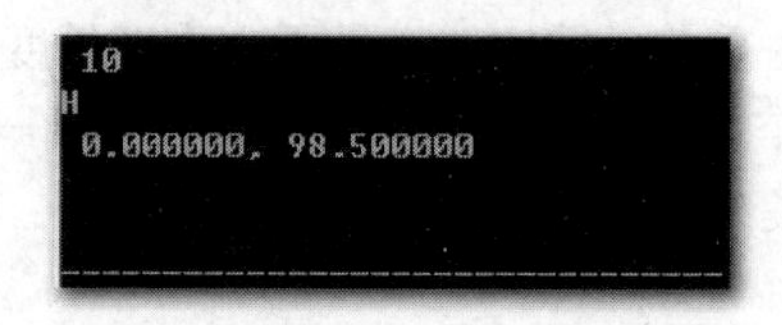

图 9-7　例题 9-9 的运行结果

该例中，第一次输出变量成员 x.a 的值 10，第二次输出变量成员 x.b 的值'H'，第三次同时输出变量成员 x.c 与 x.d 的值，结果显示，x.c 的值为 0.000000，x.d 的值显示正确。读者思考，为什么变量成员 x.c 的值为 0.000000 呢?这是因为，共用体变量成员共用同一段内存空间，当使用下一个变量成员时，该变量成员便覆盖了前一个变量成员的值。由此可知，共用体变量不能同时引用多个成员，在某一时刻只能使用其中的一个成员。

说明：

(1) 在共用体变量中，可以包含若干类型不同的成员，但共用体成员不能同时使用。在每一时刻只有一个成员及一种类型起作用，不能同时引用多个成员及多种类型。

(2) 共用体变量中起作用的成员值是最后一次存放的成员值，即共用体变量所有成员共用同一段内存单元，后来存放的值将原先存放的值覆盖，故只能使用最后一次给定的成员值。

(3) 共用体变量的地址和它的各个成员的地址相同。

(4) 不能对共用体变量初始化和赋值，也不能企图引用共用体变量名来得到某成员的值。

(5) 共用体变量不能做函数参数，函数的返回值也不能是共用体类型。

(6) 共用体类型和结构体类型可以相互嵌套，共用体中的成员可以为数组，甚至还可以定义共用体数组。

9.5 用 typedef 定义数据类型

在前面的章节中，介绍了 C 语言的基本数据类型，如 int、char、float、double、long 等，也介绍了数组、结构体、共用体等构造类型。除此之外，C 语言还允许用 typedef 声明新的类型名来代替已有的类型名。

用户自定义类型的一般格式为：

```
typedef 原类型名 新类型名;  //表示用新类型名来代替原类型名
```

例如，执行“typedef int INTEGER;”后，以后就可以用 INTEGER 代替 int 来定义整型的变量了。

一般地，新类型名用大写字母表示，以便与系统提供的标准数据类型相区分。例如：

```
typedef int INTEGER; INTEGER a,b;
```

这两条语句等价于“int a,b;”。

读者读到这里，对用 typedef 定义的类型大概有了一些了解。下面按照“原类型名”的不同，分情况介绍自定义类型的使用。

1. 自定义基本数据类型

利用自定义类型语句可以将所有系统提供的基本数据类型定义为用户新类型。

一般格式如下：

```
typedef 基本数据类型 新类型名;
```

功能：用新类型来代替已有的基本数据类型。

【例题 9-10】使用简单的自定义基本数据类型。

```
#include <stdio.h>
typedef int INTEGER;
typedef char CHARACTER;
```

```
int main()
{ INTEGER a=15;      //该语句相当于 int a=15;
  CHARACTER b='M';  //该语句相当于 char b='M';
  return 0;
}
```

2. 自定义数组类型

利用自定义类型语句可以将数组类型定义为用户新类型。

一般格式如下：

```
typedef  基本数据类型  新类型名[数组长度];
```

功能：用新类型来定义由基本数据类型符声明的数组，数组的长度为定义时说明的数组长度。

【例题 9-11】自定义数组类型举例。

```
#include <stdio.h>
typedef int I_ARRAY[20];
typedef double D_ARRAY[10];
int main()
{ I_ARRAY a={12,34,45,60},b={10,20,30,40};
  /* 该语句等价于 int a[20]={12,34,45,60},b[10]= {10,20,30,40};*/
D_ARRAY m= {34.5,67.8,89.0};
  /* 该语句等价于 double m[10]= {34.5,67.8,89.0};*/
  return 0;
}
```

3. 自定义结构体类型

利用自定义类型语句可以将程序中需要的结构体类型定义为一个用户新类型。

一般格式如下：

```
typedef struct
{ 数据类型名 1  成员名 1;
  数据类型名 2  成员名 2;
  数据类型名 3  成员名 3;
  ……
  数据类型名 n  成员名 n;
}用户新类型;
```

功能：用用户新类型可以定义含有上述 n 个成员的结构体变量、结构体数组和结构体指针变量等。

【例题 9-12】自定义结构体类型举例。

```
#include <stdio.h>
typedef struct
{ long personID;
  char name[10];
  double salary;
}PERSON;/* 定义 PERSON 为含有 3 个成员的结构体类型的类型名*/
int main()
{  PERSON p1,p2[3];
  /*该语句相当于
```

```
struct
{ long personID;
  char name[10];
  double salary;
  }p1,p2[3]; * /
  return 0;
}
```

4. 自定义指针类型

可以利用自定义类型语句把某种类型的指针定义为一个用户新类型。
一般格式如下：

```
typedef 基本数据类型 *用户新类型;
```

功能：可用用户新类型定义基本数据类型的指针变量或数组。

【例题 9-13】自定义指针类型举例。

```
#include <stdio.h>
typedef int *P1;
typedef char *P1;
int main()
{ P1 a,b;
  P2 c,d;
  return 0;
}
```

9.6 用户自己建立数据类型的程序设计示例

【例题 9-14】结构体指针变量的使用。

```
#include <stdio.h>
struct stu
{ char * name;
  int num;
  char sex;
  float score;
}* pstu,stu1= {"yanglan",1,'F',92.5};
int main()
{ pstu=&stu1;
  printf("Number=%d,Name=%s\n",stu1.num,stu1.name);
  printf("Sex=%c,Score=%f\n\n",stu1.sex,stu1.score);
  printf("Number=%d,Name=%s\n",(*pstu).num,(*pstu).name);
  printf("Sex=%c,Score=%f\n\n",(*pstu).sex,(*pstu).score);
  printf("Number=%d,Name=%s\n",pstu->num,pstu->name);
  printf("Sex=%c,Score=%f\n",pstu->sex,pstu->score);
  return 0;
}
```

程序的运行结果如图 9-8 所示。

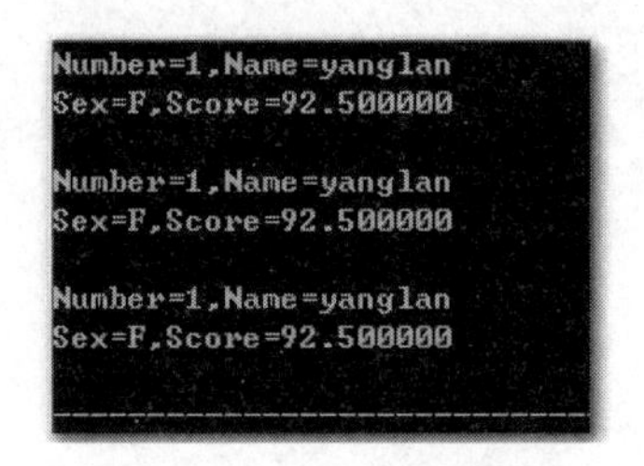

图 9-8　例题 9-14 的运行结果

【例题 9-15】编写程序：从键盘输入 *n* 个学生的六门课程考试成绩，计算每个学生的平均成绩，并按平均成绩从高到低输出每个学生的信息(包括学号、姓名和六门课程考试成绩)。要用到结构体数据类型。

```
#include <stdio.h>
#define N 100
struct student/* 定义一个学生结构体*/
{ char number[10];
  char name[10];
  char sex[4];
    int Chinese;
    int Math;
    int English;
    int Physics;
    int Chemistry;
    int History;
    int Average;
}stu[N];
int main(int argc,char *argv[])
{ int i=0;
  int k=0;
  int j=0;
  while(1)
 { printf("\t\t\t1 继续录入,2 退出并排序\n");
  scanf("%d",&j);
  if(j==2) break;
  else
  {printf("请输入学号:");
    scanf("%s",stu[i].number);
     printf("请输入姓名:");
     scanf("%s",stu[i].name);
     printf("请输入性别:");
     scanf("%s",stu[i].sex);
     printf("请输入 语文、数学、英语、物理、化学、历史:\n");
     scanf("%d%d%d%d%d%d",&stu[i].Chinese,&stu[i].Math,&stu[i].English,
     &stu[i].Physics,&stu[i].Chemistry,&stu[i].History);
     stu[i].Average=(stu[i].Chinese+stu[i].Math+stu[i].English+
     stu[i].Physics+stu[i].Chemistry+stu[i].History)/6;
     i++;
     k=i;
  }
```

```
  }
    /*平均成绩排序*/
    for(i=0;i<k-1;i++)
      for(j=i+1;j<k;j++)
        if(stu[i].Average<stu[j].Average)
        {stu[k]=stu[i];
         stu[i]=stu[j];
         stu[j]=stu[k];}
         printf("平均成绩高到低是:\n");
        for(i=0;i<k;i++)
        { printf("学号:%s,姓名:%s,性别:%s 语文%d 分,数学%d 分,英语%d 分,
          物理%d 分,化学%d 分,历史%d 分\n",stu[i].number,stu[i].name,
          stu[i].sex,stu[i].Chinese,stu[i].Math,stu[i].English,
          stu[i].Physics,stu[i].Chemistry,stu[i].History);
      }
    return 0;
}
```

程序的运行结果如图 9-9 所示。

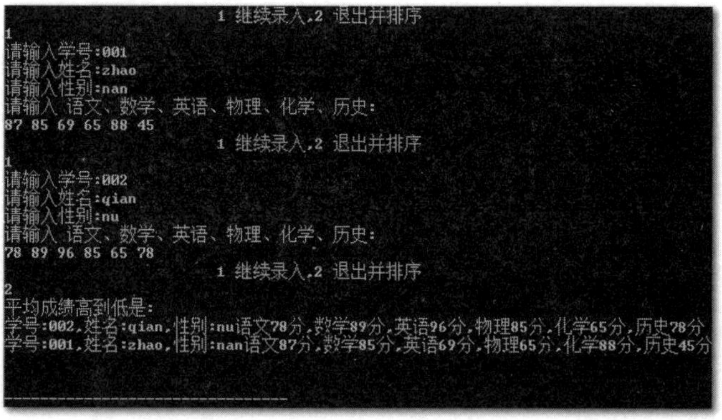

```
                    1 继续录入,2 退出并排序
1
请输入学号:001
请输入姓名:zhao
请输入性别:nan
请输入 语文、数学、英语、物理、化学、历史:
87 85 69 65 88 45
                    1 继续录入,2 退出并排序
1
请输入学号:002
请输入姓名:qian
请输入性别:nu
请输入 语文、数学、英语、物理、化学、历史:
78 89 96 85 65 78
                    1 继续录入,2 退出并排序
2
平均成绩高到低是:
学号:002,姓名:qian,性别:nu语文78分,数学89分,英语96分,物理85分,化学65分,历史78分
学号:001,姓名:zhao,性别:nan语文87分,数学85分,英语69分,物理65分,化学88分,历史45分
```

图 9-9　例题 9-15 的运行结果

【例题 9-16】用结构体数组存储 10 个学生的学号、姓名及 C 语言课程的成绩，按成绩降序输出学生信息。要求通过调用函数完成输入、输出、查找、插入和排序的操作。

```
#include <stdio.h>
#define N 10
void input(int * );          //输入
void sort(int * );           //排序
int search(int * ,int x);    //查找
void insert(int * ,int x);  //插入
void display(int * ,int n);//显示
int main(void)
{   int temp,x,a[11];
    printf("输入 10 个成绩:");
    input(a);
    sort(a);
    printf("输出成绩(大--> 小):");
    display(a,N);
    printf("输入一个成绩:");
```

```
   scanf("%d",&x);//输入一个成绩
 temp=search(a,x);
   if(temp==0)//如果没有找到
 { printf("没有匹配的数,插入后的排序:");
     insert(a,x);
     display(a,N+1);
   }
   getchar();
return 0;
}
void input(int * p)
{ int i;
  for(i=0;i<N;i++)
  scanf("%d,",&p[i]);
}
void sort(int * p)
{ int i,j,temp;
  for(i=N-1;i>0;i--)//冒泡法，小的放后面
   { for(j=i-1;j>=0;j--)
  { if(p[j]<p[i])
   {temp=p[i];
         p[i]=p[j];
         p[j]=temp;
   }
  }
}
}
int search(int * p,int x)
{ int i;
  for(i=0;i<N;i++)
 {if(x==p[i])
   { printf("有匹配的数,位置为:");
      printf("%d\n",i);
     return i;
   }
    else return 0;
    }
}
void insert(int * p,int x)
{ int i,j;
   for(i=0;i<N;i++)
 {if(x>p[i])
    {for(j=N-1;j>i;j--)
   {p[j+1]=p[j];
   }
       break;
     }
 }
   p[j]=x;
}
void display(int * p,int n)
{ int i;
  for(i=0;i<n;i++)
```

```
  printf("%d,",p[i]);
  printf("\n");
}
```

程序的运行结果如图 9-10 所示。

```
输入 10 个成绩:7 89 90 67 56 23 45 98 56 100
输出成绩(大--> 小):100,98,90,89,67,56,56,45,23,7,
输入一个成绩:60
没有匹配的数,插入后的排序:100,98,90,89,67,60,56,56,45,23,7,
```

图 9-10　例题 9-16 的运行结果

9.7 链表

9.7.1 链表概述

链表是一种常见的重要的数据结构，它是动态地进行存储分配的一种结构。由前面的知识可知，用数组存放数据时，必须事先定义固定的数组长。如果有的班级有 100 人，而有的班级只有 30 人，若用同一个数组先后存放不同班级的学生数据，则必须定义长度为 100 的数组。如果事先难以确定各班的最多人数，则必须把数组定义得足够大，以便能存放任何班级的学生数据，显然这将会浪费内存。链表则没有这种缺点，它根据需要开辟内存单元，可以减少内存空间的浪费。

所谓链表，是指若干结构体变量(每个结构体变量称为一个“结点”)按一定的原则连接起来。每个结构体变量都包含若干数据和一个指向下一个结构体变量的指针，依靠这些指针将所有的结构体变量连接成一个链表。

例如：26 个英文字母表的链式存储结构，为最简单的一种链表(单向链表)结构。

逻辑结构为(a, b, … ,y, z)，链式存储结构如图 9-11 所示。

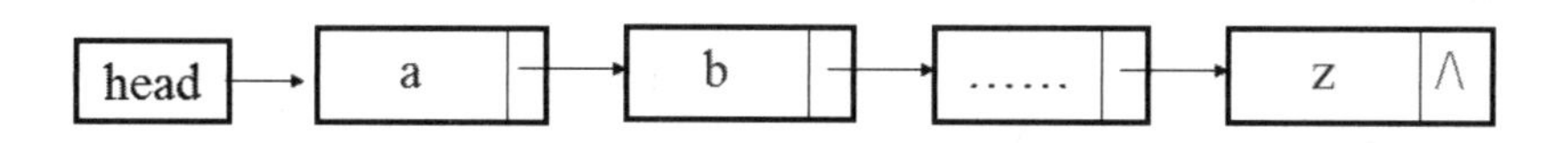

图 9-11　26 个英文字母表的链式存储结构

【例题 9-17】编写程序，建立和输出一个简单链表。

```
#include <stdio.h>
#include <string.h>
struct student
{ long num; char name[20];
struct student *next;
};
int main()
{ struct student a,b,c,*head,*p;
  a.num=2002001;b.num=2002002; c.num=2002003;
  strcpy(a.name,"zhang");
  strcpy(b.name,"sun");
  strcpy(c.name,"li");
  head=&a;
```

```
  a.next=&b;
  b.next=&c;
  c.next=NULL;
  p=head;
do
{ printf("%ld,%s\n",p->num,p->name);
  p=p->next;
}while(p!=NULL);
return 0;
}
```

程序的运行结果如图 9-12 所示。

```
2002001,zhang
2002002,sun
2002003,li
```

图 9-12　例题 9-17 的运行结果

9.7.2　内存管理库函数

链表结构是动态分配存储的，即在需要时才开辟一个结点的存储单元，怎样开辟呢?C 语言编译系统中提供了以下有关的函数。

1. 分配存储空间函数 malloc()

malloc()函数的原型为:

```
void  *malloc (unsigned int size);
```

函数的作用是在内存自由空间开辟一块大小为 size 字节的空间，并将此存储空间的起始地址作为函数值带回。

例如，malloc (10)的结果是分配了一个长度为 10 字节的内存空间，若系统设定的此内存空间的起始地址为 1800，则 malloc(10)的函数返回值就为 1800。

2. 分配存储空间函数 calloc()

函数原型为:

```
void  *calloc(unsigned int num, unsigned int size);
```

函数的作用是分配 num 个 size 字节的空间，并返回一个指向它的指针。malloc 和 calloc 之间的不同点是，malloc 不会设置分配的内存为 0，而 calloc 会设置分配的内存为 0。

3. 重新分配空间函数 realloc()

函数原型为:

```
void *realloc (void * ptr, unsigned int size);
```

函数用于使已分配的空间改变大小，即重新分配。其作用是将 ptr 指向的存储区(是原先用 malloc 函数分配的)大小改为 size 字节，可以使原先的分配区扩大，也可以缩小。它的返回值是一个指针，即新的存储区的首地址。

4. 释放空间函数 free()

函数原型为：

```
void free (void * ptr);
```

函数的作用是将指针 ptr 指向的存储空间释放，交还给系统，系统可以另行分配作他用。必须指出，ptr 值不能是随意的地址，而只能是程序在运行时通过动态申请分配到的存储空间的首地址。

例如：

```
pt = (int *)malloc(10);
……
free (pt);
```

9.7.3 链表的应用

链表的基本操作包括建立动态链表，链表的插入、删除、输出和查找等，这些内容将在后续课程“数据结构”中进一步学习。

【例题 9-18】有一带表头结点的链表，L 为链表的头指针，试编写一算法查找数据域为 x 的结点，并返回其符合条件的结点个数。

(1) 算法分析：本题是遍历该链表的每一个结点，每遇到一个数据域为 x 的结点，结点个数加 1，结点个数存储在变量 *n* 中。

(2) 编写程序：

```
#include <stdio.h>
#include <stdlib.h>
typedef int ElemType;
typedef struct Node
{ ElemType data;
 struct Node *next;
} LNode,*LinkList;
void InitList(LinkList &L)  //初始化链表
{   L=(LinkList)malloc(sizeof(LNode)); //创建头结点
   L->next=NULL;
    L->data=-1;
}
void Build(LinkList &L)    //建立一个带头结点的链表
{int n;
 LinkList p,q;
 p=L;
 printf("请输入数据元素个数 n:\n");
 scanf("%d",&n);
 printf("请输入%d 个数据元素:\n",n);
 while(n--)
 {q=(LinkList)malloc(sizeof(LNode));
  scanf("%d",&q->data);
  q->next=NULL;
```

```
  p->next=q;
  p=q;
 }
}
void count(LinkList L,int x)    //统计表中含有多少个 x
{ LinkList p=L->next;
  int n=0;
  while(p!=NULL)
  { if(p->data==x)n++;
     p=p->next;
  }
  printf("表中含有%d 个%d",n,x);
}
int main()
{  LinkList L ;
   int x;
   InitList(L);
   Build(L);
   printf("请输入要找的数据元素值:");
   scanf("%d",&x);
   count( L,x);
   return 0;
}
```

程序运行结果如图 9-13 所示。

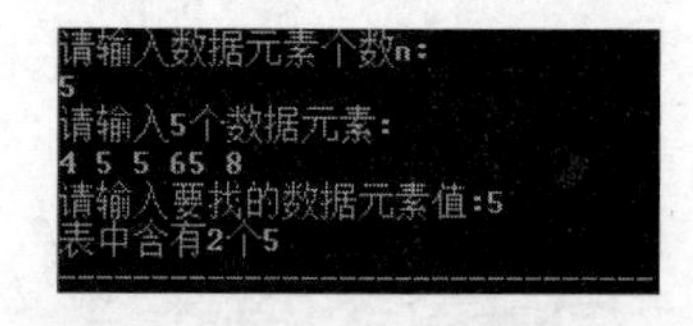

图 9-13　例题 9-18 的运行结果

程序说明：

程序有 3 个自定义函数，在主函数 main()中调用 void InitList(LinkList &L) 函数初始化链表，调用 void Build(LinkList &L) 函数建立一个带头结点的链表，调用 void count(LinkList L,int x)函数统计表中含有多少个 x。

【例题 9-19】编写程序，寻找链表中的奇数并将奇数输出；寻找链表中的偶数并将偶数输出。

(1) 算法分析：根据单链表的结构，写出一个能判断出单链表中所有奇数并将奇数输出的算法 jishu，以及另一个能判断出单链表中所有偶数并将偶数输出的算法 oushu。

(2) 编写程序：

```
#include <stdio.h>
#include "stdlib.h"
typedef int ElemType;
typedef struct Node
{ ElemType data;
 struct Node *next;
} LNode,*LinkList;
void InitList(LinkList &L)  //初始化线性，同上已省略
{……}
void Build(LinkList &L)      //建立一个带头结点的单链表，同上已省略
{……}
void jishu(LinkList &L)      //寻找链表中的奇数并将奇数输出
{ LinkList p=L->next;
```

```
  printf("\n为奇数的元素如下:");
  while(p!=NULL)
  { if(p->data%2!=0)printf("%d ",p->data);   p=p->next; }
}
void oushu(LinkList &L)      //寻找链表中的偶数并将偶数输出
{ LinkList p=L->next;
  printf("\n为偶数的元素如下:");
  while(p!=NULL)
  { if(p->data%2==0)printf("%d ",p->data);
    p=p->next;
  }
}
int main()
{  LinkList L;
   InitList(L);
   Build(L);
   jishu(L);
   oushu(L);
   return 0;
}
```

程序运行结果如图9-14所示。

程序说明：

本程序中有4个自定义函数，在主函数main()中调用void InitList(LinkList &L) 函数初始化链表，调用void Build(LinkList &L) 函数建立一个带头结点的链表，与例题9-18中的相同，已省略。调用void jishu(LinkList &L) 函数寻找链表中的奇数并将奇数输出，调用 void oushu(LinkList &L) 函数寻找链表中的偶数并将偶数输出。请读者思考，jishu函数与oushu函数可以合并成一个函数吗？如何实现？

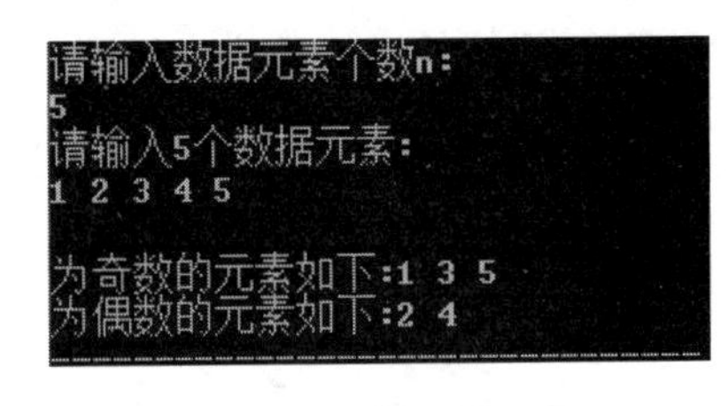

图9-14 例题9-19的运行结果

本章小结

本章介绍了结构体、共用体两种用户自己建立的数据类型。

1. 结构体类型

结构体是一种构造类型，它由若干不同类型的成员组成，每个成员是一个基本数据类型或一个构造类型。结构体能较直观地反映问题域中数据之间的内在联系。结构体变量与普通变量一样，必须先定义后使用。可以分别引用结构体变量中的每一个成员，但不能整体引用结构体变量，这一点读者必须注意。也可以定义一个指针变量来指向结构体变量，这就是结构体指针变量。

(1) 指向结构体变量的指针：

```
STUDENT stu1; STUDENT *pt=&stu1;
```

(2) 指向结构体数组的指针：

```
STUDENT stu[30]; STUDENT *pt=stu;
```

(3) 成员选择运算符:

```
stu1.birthday.year=1991;    //用于访问结构体变量的成员
```

(4) 指向运算符:

```
pt->birthday.year=1991;     //用于访问结构体指针指向的结构体的成员
```

2. 共用体数据类型

共用体是将逻辑相关、情形互斥的不同类型的数据组织在一起形成的数据结构，每一时刻只有一个数据成员起作用。例如:

```
union maritalState
{int single;
struct marriedState married;
struct divorceState divorce;
};
```

共用体数据类型是指在不同时刻在同一个内存单元中存放不同类型的数据。共用体类型数据与结构体类型数据的区别在于：共用体类型各成员在不同时刻占用同一个内存区间，内存区间的长度为各成员长度的最大值；结构体类型数据的每个成员各自占用不同的存储单元，所占空间为各个成员的长度之和。

习题 9

一、选择题

1. 已知 int 类型占 2 字节，若有说明语句:

```
struct person
{ int num; char name[10];double salary; };
```

则 sizeof(struct person)的值为(　　)。

A. 14　　B. 16　　C. 18　　D. 20

2. 以下说法正确的是(　　)。

A. 结构体类型的成员名可以与结构体以外的变量名相同

B. 当在程序中定义了一个结构体类型时，则将为此类型分配存储空间

C. 结构体类型必须有类型名

D. 结构体类型的成员可以作为结构体变量单独使用

3. 以下说法正确的是(　　)。

A. 结构体与共用体没有区别

B. 结构体的定义可以嵌套一个共用体

C. 共用体变量占据的存储空间大小是所有成员所占据的空间大小之和

D. 共用体不能用 typedef 来定义

4. 变量 a 所占内存字节数是(　　)。

```
union U
{charst[4];int i;long l;};
struct A
{ int c;union U u;}a;
```

A．4　　B．5　　C．6　　D．8

5．若要说明一个类型名 STP 使得定义语句“STP s;”等价于“char*s;”，以下选项正确的是(　　)。

A．typedef STP char 为 s;　　B．typedef char STP;

C．typedef STP 为 char;　　D．typedef char* STP;

6．设有以下说明语句：

```
struct ex
{ int x; float y; char z; }example;
```

则下面的叙述中不正确的是(　　)。

A．struct 是结构体类型的关键字　　B．example 是结构体类型名

C．x,y,z 都是结构体成员名　　D．struct ex 是结构体类型

7．以下程序的输出结果是(　　)。

```
typedef union{ long x[2]; int y[4];char z[8];}DEFTYPE;
DEFTYPE data; int main()
{ printf("% d\n",sizeof(data)); return 0;}
```

A．32　　B．16　　C．8　　D．24

8．若有以下定义：

```
struct student
{ int age; int num;
}* p;
```

则下面不正确的引用是(　　)。

A．(p++)->num　B．p++　　C．(p).num　　D．p=&student.Age

9．有以下说明语句和定义语句：

```
struct student
{ int age; charnum[8];};
struct student stu[3]={{20,"200401"},{21,"200402"},{19,"200403"}};
struct student* p= stu;
```

以下选项中引用结构体变量成员的表达式错误的是(　　)。

A．(p++)->num　B．p->num　　C．(*p).num　　D．stu[3].age

二、填空题

1．有以下说明定义和语句：

```
struct{ int day;char month;int year;}a,*b;b=&a;
```

可用 a.day 引用成员 day，请写出引用成员 a.day 的其他两种形式：(　　)、(　　)。

2．若有以下说明定义和语句：

```
struct{ int day;char month;int year;}a,*b=&a;
```

则 sizeof(a)的值是(　　)，sizeof(b)的值是(　　)。

3. 设有定义“struct date{int year,month,day;};”，在下面横线上写出一条定义语句，该语句定义 d 为上述结构变量，并同时为其成员 year、month、day 依次赋初值 2012、6、6。

________________________________。

4. 以下程序的输出结果为(　　)。

```
#include <stdio.h>
struct s
{  int a;
   struct s *next;
};
int main()
{ int i;
  static struct s x[2]= {{5,&x[1]},{3,&x[0]},*ptr;
  ptr=&x[0];
  for(i=0;i<3;i++)
  { printf("%d",ptr->a);
    ptr=ptr->next;
  }
return 0;
}
```

5. 将下列程序段中的 scanf 语句补充完整，使其能正确地将数据读入结构变量 stu 的成员 sno 中。

```
struct students
{ int sno;
  char sname[10];}stu;
  scanf("%d",__________________ );
```

三、编程题

1. 定义一个结构体变量，其成员项包括员工号、姓名、工龄、工资。通过键盘输入所需的具体数据，然后输出。

2. 按照上题的结构体类型定义一个有 n 名职工的结构体数组。编写一个程序，计算这 n 名职工的总工资和平均工资。

3. 定义一个选举结构体变量，编写统计选举候选人选票数量的程序。

4. 已知 head 指向一个带头结点的单向链表，链表中每个结点含数据域 data(字符型)和指针域 next。请编写一个函数，实现在值为 a 的结点前插入值为 key 的结点，若没有，则插在表尾。

5. 试利用指向结构体的指针编制程序，实现输入三个学生的学号，以及语文、数学、英语的成绩，然后计算其平均成绩，并输出成绩表。

第10章 编译预处理

编译预处理是指在对源程序进行编译之前，首先对源程序中的编译预处理命令进行处理。编译预处理命令以“#”开头，一般单独占用一行，预处理命令的末尾没有分号，以示与一般的C语句相区别。预处理命令一般放在源文件的前面。合理地使用预处理功能编写的程序便于阅读、修改、移植和调试，也有利于模块化程序设计，提高编程效率。“凡事预则立，不预则废”，通过编译预处理的学习，大家会理解学习过程中要学会预习。本章要介绍的编译预处理命令主要有宏定义、文件包含和条件编译3种。

本章教学内容：

◎ 宏定义

◎ 文件包含

◎ 条件编译

本章教学目标：

◎ 掌握带参数的宏定义与不带参数的宏定义的使用

◎ 掌握文件包含的使用

◎ 了解条件编译

10.1 宏定义

在 C 语言中所有的预处理命令都以“＃”开头。宏定义是预处理指令的一种，以＃define 开头。在 C 语言源程序中允许用一个标识符来表示一个字符串，称为“宏”。被定义为“宏”的标识符称为“宏名”。在预处理过程中，宏调用会被展开为对应的字符串，这个过程称为“宏代换”或“宏展开”。

宏的使用有很多好处，不仅可以简化程序的书写，而且便于程序的修改和移植，使用宏名来代替一个字符串，可以减少程序中重复书写某些字符串的工作量。

譬如，当需要改变某一个常量的值时，只需改变＃define 行中宏名对应的字符串值，程序中出现宏名处的值就会随之而改变，无须逐个修改程序中的常量。

宏定义是用预处理命令#define 实现的预处理，它分为两种形式：不带参数的宏定义与带参数的宏定义。

10.1.1 不带参数的宏定义

不带参数的宏定义也叫字符串的宏定义，它用来指定一个标识符代表一个字符串常量。一般格式如下：

```
#define 标识符 字符串
```

其中，标识符就是宏的名字，简称宏；字符串是宏的替换正文。通过宏定义，使得标识符等同于字符串。例如：

```
#define PI 3.14
```

其中，PI 是宏名，字符串 3.14 是替换正文。预处理程序将程序中凡以 PI 作为标识符出现的地方都用 3.14 替换，这种替换称为宏替换或宏扩展。

这种替换的优点在于，用一个有意义的标识符代替一个字符串，便于记忆，易于修改，提高了程序的可移植性。

【例题 10-1】求 100 以内所有偶数之和。

```
#include <stdio.h>
#define  N 100
int main()
{ int i, sum=0;
for(i=2; i<=N; i=i+2)
   sum=sum+i;
  printf(" sum=%d\n", sum);
  return 0;
}
//经过编译预处理后将得到如下程序
int main()
{ int i, sum=0;
  for(i=2; i<=100; i=i+2)
   sum=sum+i;
  printf(" sum=%d\n", sum);
```

例题 10-1 不带参数的宏定义示例.mp4

```
  return 0;
}
```

如果要改变处理数的内容，只需要修改宏定义中 N 的替换字符串即可，不需修改其他地方。

在使用宏定义命令时，应注意以下几个问题。

(1) 宏定义在源程序中要单独占一行，通常“#”出现在一行的第一个字符的位置，允许“#”前有若干空格或制表符，但不允许有其他字符。

(2) 每个宏定义以换行符作为结束的标志，这与 C 语言的语句不同，不以“;”作为结束。如果使用了分号，则会将分号作为字符串的一部分一起替换。

例如：

```
#define PI 3.14; area=PI*r*r;
```

在宏扩展后成为：

```
area=3.14;*r*;
```

“;”也作为字符串的一部分参与了替换，结果在编译时出现语法错误。

(3) 宏的名字用大小写字母作为标识符都可以，为了与程序中的变量名或函数名相区别和醒目，习惯用大写字母作为宏名。宏名是一个常量的标识符，它不是变量，不能对它进行赋值。对上面的 PI 进行赋值操作(例如 PI=3.1415926;)是错误的。

(4) 一个宏的作用域是从定义的地方开始到本文件结束。也可以用#undef 命令终止宏定义的作用域。例如在程序中定义宏：

```
#define INTEGER int
```

后来又用下列宏定义撤销：

```
#undef INTEGER
```

那么，之后程序中再出现的 INTEGER 就是未定义的标识符。也就是说，INTEGER 的作用域是从宏定义的地方开始到#undef 之前结束。从上面代码看出可以使用宏定义来表示数据类型。

(5) 宏定义可以嵌套。

例如：

```
#define PI 3.14 #define TWOPI (2.0*PI)
```

若有语句

```
s= TWOPI*r*r;
```

则在编译时被替换为

```
s=(2.0*PI)*r*r;
```

10.1.2　带参数的宏定义

C 语言的预处理命令允许使用带参数的宏。带参数的宏在展开时，不是进行简单的字符串替换，而是进行参数替换。带参数的宏定义的一般形式如下：

```
#define  标识符(参数表)  字符串
```

例如，定义一个计算圆面积的宏：

```
#define S(r) (PI*r*r)
```

则在程序中的

```
printf("%10.4f\n",S(2.0));
```

将被替换为

```
printf("%10.4f\n",(PI*2.0*2.0));
```

【例题 10-2】带参数的宏定义举例。

```
#include <stdio.h>
#define M(x,y,z) x*y+z
int main()
{int a=1,b=2,c=3;
 printf("% d\n",M(a+b,b+c,c+a));
return 0;
}
```

例题 10-2 带参数的宏定义示例.mp4

在该例题中，程序的第 2 行是带参数的宏定义，用宏名 M 代表表达式 x*y+z，形参 x、y、z 均出现在表达式 x*y+z 中。当表达式 M(a+b,b+c,c+a)进行宏展开时，实参 a+b、b+c、c+a 将代替对应的形参 x、y、z。经过宏展开，M(a+b,b+c,c+a)变为 a+b*b+c+c+a，计算得到结果为 12。注意，此处不是(a+b)*(b+c)+c+a。

该例题中，若将第 2 行的宏定义命令改为＃define M(x,y,z) (x)*(y)+(z)，则表达式 M(a+b,b+c,c+a)在宏展开时，变为(a+b)*(b+c)+(c+a)，计算得到结果为 19。

可见，在宏展开时，仅仅只是作了一个简单的替换，不能随意添加括号或删除括号，否则会导致错误的结果。

在使用带参数的宏定义时，需要注意以下几个问题。

(1) 在宏定义中宏名和左括号之间没有空格。

(2) 带参数的宏展开时，用实参字符串替换形参字符串，可能会发生错误。比较好的办法是将宏的各个参数用圆括号括起来。例如，有以下宏定义：

```
#define S(r) PI*r*r
```

若在程序中有语句 area=S(a+b);，则将被替换为 area= PI*a+b*a+b;。显然这不符合程序设计的意图，最好采用下面的形式：

```
#define S(r) PI*(r)*(r)
```

这样对于语句 area=S(a+b);宏展开后为 area=PI*(a+b)*(a+b);，这就达到了程序设计的目的。

(3) 带参数的宏调用和函数调用非常相似，但它们毕竟不是一回事。其主要区别在于：带参数的宏替换只是简单的字符串替换，不存在函数类型、返回值及参数类型的问题；函数调用时，先计算实参表达式的值，再将它的值传给形参，在传递过程中，要检查实参和形参的数据类型是否一致。而带参数的宏替换是用实参表达式原封不动地替换形参，并不进行计算，也不检查参数类型的一致性(在第(2)点中已经说明了该特点)。

10.2 文件包含

“文件包含”是指把指定文件的全部内容包含到本文件中。文件包含控制行的一般形式如下：

```
#include "文件名"
```

或

```
#include <文件名>
```

例如：

```
#include <stdio.h>
```

在编译预处理时，就把 stdio.h 头文件的内容与当前的文件连在一起进行编译。同样，此命令对用户自己编写的文件也适用。

功能：在进行预处理时，把“文件名”所指定的文件内容复制到本文件中，再对两文件合并后的文件进行编译，如图 10-1 所示。

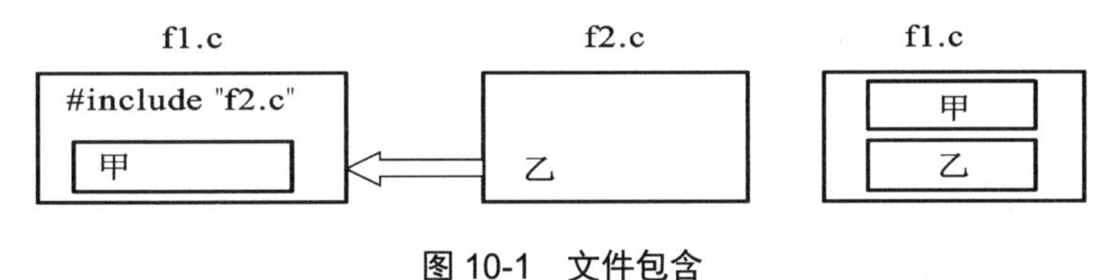

图 10-1 文件包含

使用文件包含命令的优点：在程序设计中常常把一些公用性符号常量、宏、变量和函数的说明等集中起来组成若干文件，使用时可以根据需要将相关文件包含进来，这样可以避免在多个文件中输入相同的内容，也为程序的可移植性、可修改性提供了良好的条件。

【例 10-3】假设有 3 个源文件 f1.c、f2.c 和 f3.c，它们的内容如下所示，利用编译预处理命令实现多个文件的编译和连接。

```
源文件 f1.c:
#include <stdio.h>
int main()
{  int a,b,c,s,m;
   printf("\n a,b,c=?");
   scanf("%d,%d,%d", &a,&b,&c);
   s=sum(a,b,c);
   m=mul(a,b,c);
   printf("The sum is %d\n",s); printf("The mul is %d\n",m);
   return 0;
}
源文件 f2.c:
int sum(int x, int y, int z)
{return (x+y+z);}
源文件 f3.c:
```

```
int mul(int x, int y, int z)
{return (x*y*z);}
```

处理的方法是在含有主函数的源文件中使用预处理命令#include 将其他源文件包含进来即可。这里需要把源文件 f2.c 和 f3.c 包含在源文件 f1.c 中，则修改后源文件 f1.c 的内容如下：

```
#include <stdio.h>
#include "f2.c"
#include "f3.c"
int main()
{   int a,b,c,s,m;
   printf("\n a,b,c=?");
   scanf("%d,%d,%d", &a,&b,&c);
   s=sum(a,b,c);
   m=mul(a,b,c);
   printf("The sum is %d\n",s); printf("The mul is %d\n",m);
   return 0;
}
```

现在文件 f2.c 中的函数 sum 和文件 f3.c 中的函数 mul 都被包含到文件 f1.c 中，如同在文件 f1.c 中定义了这两个函数一样，所以说文件包含处理也是模块化程序设计的一种手段。

下面再分析一个文件包含的例子，将一个宏定义放在头文件中。

【例题 10-4】将宏定义放在头文件 head.h 中，使用文件包含命令将它包含在一个程序中。

```
/*文件 head.h* /
#define MAX(a,b) ((a)>(b)?(a):(b))
/* example10.4.c*/
#include <stdio.h>
#include <head.h>
int main()
{   int x,y,max;
   printf("please input two numbers:");
   scanf("%d,%d",&x,&y);
   max=MAX(x,y);
   printf("max= % d\n",max);
   return 0;
}
```

程序的运行结果如图 10-2 所示。

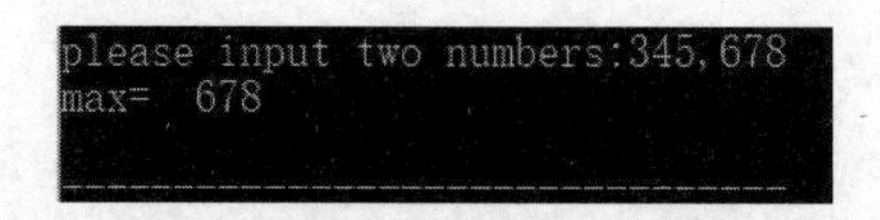

图 10-2　例题 10-4 的运行结果

说明：

(1) 一个＃include 命令只能指定一个被包含文件，如果要包含多个文件，则需用多个＃include 命令。

(2) 被包含文件与其所在文件在预处理后成为一个文件，因此，如果被包含文件定义有全局变量，在其他文件中不必用 extern 关键字来声明。但一般不在被包含文件中定义变量。

(3) 当一个程序中使用#include 命令嵌入一个指定的包含文件时，被嵌入的文件中还可以使用#include 命令，又可以包含另外一个指定的包含文件。例如：

```
f1.h 文件:
#include "f2.h"
int g1()
{……}
f2.h 文件:
int g2()
{……}
f12.c 文件:
#include "f1.h"
int main()
{……}
```

【融入思政元素】

一件事情往往不是一个人能够完成的，通过分工协作友好协商，涓涓细流将汇成大江大海，奔向胜利的远方。

10.3 条件编译

一般情况下，源程序中所有的行都参加编译。但是有时希望对其中一部分内容只在满足一定条件时才进行编译，也就是对一部分内容指定编译的条件，这就是“条件编译”。有时希望当满足某条件时对一组语句进行编译，而当条件不满足时则编译另一组语句。

条件编译命令有以下几种形式。

(1) 使用#ifdef 的形式。

```
#ifdef  标识符
   程序段 1
#else
   程序段 2
#endif
```

此语句的作用是当标识符已经被#define 命令所定义时，条件为真，编译程序段 1；否则为假，编译程序段 2。它与选择结构的 if 语句类似，else 语句可以没有，如下面的形式：

```
#ifdef 标识符
   程序段 1
#endif
```

【例题 10-5】 #ifdef 形式的条件编译。

```
#include <stdio.h>
#define PRICE 8
int main()
{   #ifdef PRICE
     printf("PRICE is %d\n",PRICE);
    #else
```

```
    printf("PRICE is not found! \n");
  #endif
   return 0;
}
```

程序的运行结果如图 10-3 所示。

图 10-3　例题 10-5 的运行结果

在程序的第 5 行给出了条件编译预处理命令，程序根据 PRICE 是否被定义过来决定执行哪一个 printf 语句。在程序的第 2 行，已对 PRICE 做过宏定义，因此对第一个 printf 语句做编译，故运行结果如图 10-3 所示。

在程序第 2 行宏定义中，PRICE 其实也可以为任意的字符串，甚至可以不给出 PRICE 的值，改写为 #define PRICE 也具有同样的意义。只有取消程序的第 2 行才会去执行第二条 printf 语句。

提醒：虽然直接使用 pintf()语句也可以显示调试信息，在程序调试完成后去掉 pintf()语句，同样也达到了目的，但如果程序中有很多处需要调试观察，增删语句既麻烦，又容易出错，而使用条件编译则相当清晰、方便。

(2) 使用#ifndef 的形式。

```
#ifndef 标识符
    程序段 1
#else
    程序段 2
#endif
```

此语句的作用是当标识符未被#define 命令所定义时，条件为真，编译程序段 1；否则为假，编译程序段 2。与上面的条件编译类似，else 语句可以没有，如下面的形式：

```
#ifndef 标识符
    程序段 1
#endif
```

提醒：以上#ifndef 与#ifdef 用法差不多，可根据需要任选一种，视方便而定。

【例题 10-6】＃ifndef 形式的条件编译。

```
#include <stdio.h>
#define PRICE 8
int main()
{ #ifndef PRICE
    printf("PRICE is %d\n",PRICE);
  #else
    printf("PRICE is not found! \n");
  #endif
  return 0;
}
```

程序的运行结果如图 10-4 所示。

```
PRICE is not found!
```

图 10-4　例题 10-6 的运行结果

(3) 使用#if 的形式。

```
#if 表达式
   程序段 1
#else
   程序段 2
#endif
```

它的作用与 if…else 语句类似，当表达式的值为非 0 时，条件为真，编译表达式后的程序段 1；否则条件为假，转至程序段 2 进行编译。

【例题 10-7】输入一行字母字符，根据需要设置条件编译，使之能将字母全改为大写输出或全改为小写输出。

```
#include <stdio.h>
#define LETTER 1
int main()
{char  str[20]="C  Language", c;
int  i;
i=0;
   printf("String  is:%s\n",str);
   printf("Change  String  is:");
   while((c=str[i])!='\0')
{ i++;
  #if LETTER
   if(c>='a'&&c<='z') c=c-32;
  #else
   if(c>='A'&&c<='Z') c=c+32;
  #endif
  printf("%c", c);
}
  printf("\n");
  return 0;
}
```

程序运行结果如图 10-5 所示。

```
String  is:C  Language
Change  String  is:C  LANGUAGE
```

图 10-5　例题 10-7 的运行结果(一)

程序说明：

在程序中 LETTER 通过宏定义值为 1(非 0)，则编译时对第一个 if 语句进行编译，即选择将小写字母转化为大写字母。假如宏定义为：

```
#define  LETTER  0
```

则表达式的值为 0，在编译时编译#else 后的 if 语句，选择将大写字母转化为小写字母。此时程序的运行结果如图 10-6 所示。

```
String is:C Language
Change String is:c language
```

图 10-6 例题 10-7 的运行结果(二)

小结：事实上条件编译可以用 if 语句代替，但使用 if 语句目标代码比较长，因为所有的语句均要参与编译；而使用条件编译，只有一部分参与编译，且编译后的目标代码比较短，所以很多地方使用条件编译。

【融入思政元素】

“鱼和熊掌不可兼得”，树立有所得有所舍的思想，个人利益要服从团队利益，个人的舍是为了集体的多得，只有这样才能战无不胜。

本章小结

预编译处理指令是由符号“#”开头的一些命令。在编译器对源程序进行编译之前，先执行程序中包含的预处理命令，并在处理过程中删除这些命令，从而产生一个新的不再包含预处理命令的 C 源程序，编译器再对该程序进行检查，并将程序翻译为目标代码。C 语言提供的编译预处理命令主要有宏定义、文件包含和条件编译 3 种。具体如下：

(1) #define 与#undef 命令。

(2) #include 命令。

(3) #if…#endif 和#if…#else…#endif 命令。

预编译处理指令可以出现在源程序的任意位置，但一般将预编译处理指令放置于 C 源程序文件的开头，其作用范围从出现的位置直到文件尾。预编译处理指令是专门针对编译器的指令，与 C 语言程序设计的语法规则无关。

#define 命令用于宏定义，按类型可以分为不带参数的宏定义和带参数的宏定义。

不带参数的宏定义通常用于定义程序中所使用的符号常量。

定义格式：

```
#define 符号常量名称  替换文本
```

符号常量名称也称为宏名(习惯上用大写字母表示)；替换文本可以是 C 语言允许的标识符、关键字、数值、字符、字符串、运算符以及各种标点符号。每条宏定义命令要单独占一行，不能在结尾加“;”。

例如：

```
#define PI 3.14160
```

文件包含是指一个源文件可以将另一个源文件的全部内容包含进来。#include 命令用于实现“文件包含”操作。“文件包含”是指将一个源程序文件的全部内容插入到当前源程序文件中。

#include 命令有两种格式：

```
#include <文件名>
```

或

```
#include"文件名"
```

#include 命令的作用是编译预处理时，将“文件名”所指源程序文件的全部内容复制，并插入到#include 命令处，然后进行编译处理。文件名可以包含文件路径。

条件编译是按不同的条件去编译不同的程序部分，从而产生不同的目标代码文件。出于对程序代码优化或可移植性的考虑，希望只对代码的一部分内容进行编译。此时就需要在程序中加上条件，让编译器只对满足条件的代码进行编译，将不满足条件的代码舍弃。

习题 10

一、选择题

1. 在宏定义#define PI 3.14159 中，用宏名代替一个(　　)。

   A．常量　　B. 单精度数　　C. 双精度数　　D. 字符

2. 下面叙述中正确的是(　　)。

   A. 带参数的宏定义中参数是没有类型的
   B. 宏展开将占用程序的运行时间
   C. 宏定义命令是 C 语言中的一种特殊语句
   D. 使用 # include 命令包含的头文件必须以“.h”为后缀

3. 下面叙述中正确的是(　　)。

   A. 宏定义是 C 语句，所以要在行末加分号
   B. 可以使用 # undef 命令来终止宏定义的作用域
   C. 在进行宏定义时，宏定义不能层层嵌套
   D. 对程序中用双引号括起来的字符串内的字符，与宏名相同的要进行置换

4. 下列程序执行后的输出结果是(　　)。

```
#define MA(x) x*(x-1)
int main()
{int a= 1,b= 2;
printf("% d \n",MA(1+ a+ b));
return 0;}
```

   A．6　　B．8　　C．10　　D．12

5. 以下程序执行的输出结果是(　　)。

```
#define MIN(x,y) (x)< (y)? (x):(y)
int main()
{int i,j,k;i= 10;j= 15;
k= 10* MIN(i,j);
printf("% d\n",k);
return 0;}
```

   A．15　　B．100　　C．10　　D．150

6. 程序中头文件 type1.h 的内容是(　　)。

```
#define N 5
#define M1 N*3
```

```
#include "type1.h"
#define M2 N*2
int main()
{int i;
i= M1+ M2;
printf("% d\n",i);
return 0;}
```

程序编译后运行的输出结果是(　　)。

A. 10　　B. 20　　C. 25　　D. 30

7. 以下程序的输出结果是(　　)。

```
# define f(x) x*x
int main()
{int a=6,b=2,c;
c= f(a)/f(b);
printf("% d\n",c);
return 0;}
```

A. 9　　B. 6　　C. 36　　D. 18

8. 有如下程序:

```
#define  N   2
#define  M  N+1
#define NUM 2* M+1 int main()
{int  i;
for(i=1;i<=NUM;i++ )
printf("% d\n",i);
return 0;}
```

该程序中的 for 循环执行的次数是(　　)。

A. 5　　B. 6　　C. 7　　D. 8

9. 执行如下程序后，输出结果为(　　)。

```
#include <stdio.h>
#define  N  4+1
#define M  N*2+N
#define RE 5*M+M*N
int main()
{printf("% d",RE/2);
return 0;}
```

A. 150　　B. 100　　C. 41　　D. 以上结果都不正确

10. C 语言条件编译的基本形式为:

```
# ××× 标识符
程序段 1 # else
程序段 2
# endif
```

这里×××可以是(　　)。

A. define 或 include　　B. ifdef 或 include

C. ifdef 或 ifndef 或 define　　D. ifdef 或 ifndef 或 if

二、填空题

1. 以下程序的输出结果是(　　)。

```
#include<stdio.h>
#define MAX(x,y)  (x)> (y)? (x):(y)
int main()
{int a=5,b=2,c=3,d=3,t;
t= MAX(a+b,c+d)*10;
printf("% d\n",t);
return 0;
}
```

2. 下面程序的运行结果是(　　)。

```
#include <stdio.h>
#define   N   10
#define  s(x)  x*x
#define f(x)  (x*x)
int main()
{int i1,i2;
i1=1000/s(N);
i2=1000/f(N);
printf("% d,% d\n",i1,i2);
return 0;
}
```

3. 下面程序的运行结果是(　　)。

```
#include <stdio.h>
# define DEBUG
int main()
{int a=20,b=10,c;
c=a/b;
#ifdef DEBUG
printf("a= % o,b= % 0,"a,b);
#endif
printf("c= % d\n",c);
return 0;
}
```

4. 下面程序的运行结果是(　　)。

```
#include <stdio.h>
#define LETTER 0
int main()
{char str[20]="C Language",c;
int i;
i=0;
while((c=str[i])!='\0')
{i+ +;
#if  LETTER
if(c>='a'&&c<='z') c= c-32;
```

```
#else
if(c> = 'A'&&c< = 'Z') c= c+32;
# endif
printf("% c",c);}
return 0;
}
```

三、编程题

1. 输入两个整数，求它们相除的余数，用带参数的宏编程实现。

2. 设计一个程序，从3个数中找出最大数，用带参数的宏定义实现。

3. 设计一个程序，交换两个数的值并输出，用带参数的宏定义来实现。

4. 从键盘输入10个整数，求其中的最大数或者最小数并显示，用条件编译实现。

5. 从键盘输入一行字符，按Enter键结束输入，由条件编译控制求其中大写字母的个数或小写字母的个数并显示。

第11章 文件

C 语言文件操作函数有很多，对于数据文件进行操作都是通过系统提供的标准函数实现的。通过文件管理的学习，学生可学会保存资料，学会资源共享，学会温故知新。本章主要介绍文件的打开和关闭函数、文件读写函数、文件定位函数的使用。

本章教学内容：

◎ 文件概述

◎ 文件常用操作

◎ 常用的文件处理函数

本章教学目标：

◎ 熟练掌握文件的概念、分类、处理方法

◎ 熟练掌握文件类型指针

◎ 熟练掌握文件的打开与关闭函数

◎ 熟练掌握文件读写函数

◎ 了解文件定位函数和文件测试结束函数，以及文件其他函数

11.1 文件概述

操作系统对数据进行管理是以文件为单位的，如果想查找存储在外部介质上的数据，必须先按文件名找到所指定的文件，然后再从该文件中读取数据到内存。为标识一个文件，每个文件都必须有一个文件名，其一般结构为：主文件[.扩展名]，如 abc.txt 表示文件名为 abc，文件扩展名为 txt。通过文件名可查找、打开文件，然后读取或写入数据。

11.1.1 为什么需要文件

在前面的学习中，已经使用过多种文件，如 C 源程序文件、目标文件、可执行文件及库文件等，都是程序文件。我们知道程序处理对象是数据，这些数据均以变量的形式存储在计算机内存中，当程序运行结束后，所有变量的值不能被保存下来。本章将介绍如何利用文件把数据存储起来，以便于访问。此外，当处理的问题有大批的数据需要输入/输出时，单纯使用键盘和显示器会受到很多的限制，我们期望使用一种数据处理的方法。这里就需要用到文件的知识。

在本章中将要学习的就是数据文件的相关操作，包括数据文件的打开、关闭、读出、写入和定位。

【例题 11-1】使用数据文件操作函数，读出 d 磁盘根目录下的文件 file.txt 中的数据，并将其显示到屏幕上。

```
#include <stdio.h>
int main()
{  FILE  *fp;             /*用于定义文件指针*/
   char  str[51];          /*用于存储字符串*/
   if((fp=fopen("d:\\file.txt","r"))==NULL)/*打开文件*/
     { printf("cann't open file");
     }
   fgets(str,51,fp);   /*读文件中 50 字节的内容到数组中*/
   printf("%s(from file file.txt)",str);
   if (fclose(fp) )         /*关闭文件*/
   { printf("Can not close the file!\n");
   }
   return 0;
 }
```

例题 11-1 文件函数示例.mp4

程序运行结果如图 11-1 所示。

```
I love C.
(from file file.txt)
```

图 11-1　例题 11-1 的运行结果

说明：程序运行前，使用记事本程序在磁盘 d 的根目录下新建一个 file. txt 文件，并在其中输入数据，其内容如图 11-2 所示。程序实现了将数据由文件读出到字符串变量中，操作中涉及定义文件指针、打开文件、从文件中读出数据和关闭文件等操作。本例中使用了

fopen()、fgets()和 fclose()这三个函数，实现了打开文件、读出文件内容和关闭文件这三个功能。

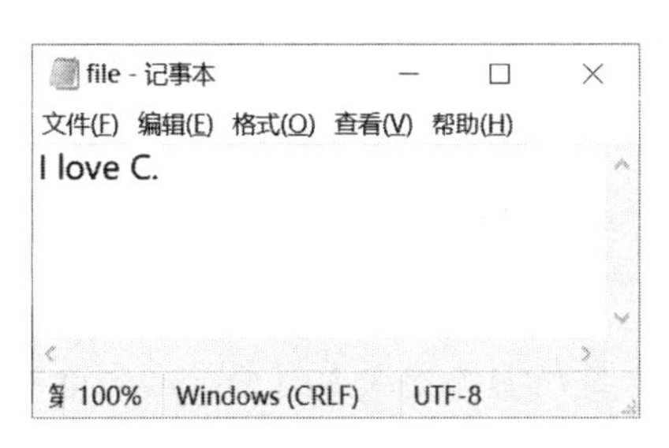

图 11-2　文件 file.txt 的内容

【融入思政元素】

通过文件管理的学习，要求学生学会保存资料，学会资源共享，学会温故知新，培养学生资源共享、团队合作的意识。知识就是力量，告诉学生这种力量需要保存、分享、创新。信息分享得越广泛，其价值就越高，其所能激发出的力量也就越强大。

11.1.2　文件的分类

文件通常是存储在外部介质上的，在使用时才能调入内存。从不同的角度可对文件进行不同的分类。

(1)　根据文件的读写形式，可分为顺序存取文件和随机存取文件。

C 语言中文件的存取方式为：顺序存取和随机存取。

顺序存取文件是对文件进行读写操作时，必须按固定的顺序自头至尾进行读或写，不能跳过文件之前的内容而对文件后面的内容进行访问或操作。

随机存取文件是使用 C 语言的库函数去指定文件开始读或写的位置，这种操作不需要按数据在文件中的物理位置次序进行读或写，而是可以随机访问文件中的任何位置，显然这种方法比顺序存取文件效率高得多。

(2)　从用户的角度看，分为普通文件和设备文件。

普通文件是指驻留在磁盘或其他外部介质上的一个有序数据集。设备文件是与主机相连的各种外部设备，如显示器、打印机、键盘等。在操作系统中，外部设备都被看作一个文件来进行管理，把它们的输入、输出等同于对磁盘文件的读和写。通常把显示器定义为标准输出文件，相关函数有 printf、putchar 等。键盘通常被指定标准输入文件，相关函数有 scanf、getchar 等。

(3)　根据文件的存储形式，可分为 ASCII 码文件和二进制文件。

ASCII 码文件又称为文本(text)文件。这种文件在存放时每字节存放一个 ASCII 码，代表一个字符；一般占用存储空间较多，而且要花费转换时间。例如，ASCII 码文件会将整数 13579 当成是由'1'、'3'、'5'、'7'和'9'五个字符构成的，然后按照 ASCII 码保存到文件中，一共要用 5 字节，每个字节存放对应字符的 ASCII 码，其存储形式如图 11-3 所示。

00110001	00110011	00110101	00110111	00111001

图 11-3　文本文件中 13579 的存储

二进制文件是把内存中的数据原样输出到磁盘文件中，可以节省存储空间和转换时间，但 1 字节并不对应 1 个字符，不能直接输出字符形式。例如，一个整数 13579 在内存中的存储形式为 0011010100001011，则在二进制文件中的存储形式如图 11-4 所示。

00110101	00001011

图 11-4　二进制文件中 13579 的存储

计算机的存储在物理上是二进制的，所以文本文件与二进制文件的区别并不是物理上的，而是逻辑上的。这两者只是在编码层次上有差异。简单来说，文本文件是基于字符编码的文件，其编码方式属于定长编码。二进制文件是基于值编码的文件，其编码方式属于变长编码。文件的存储与读取基本上是个逆过程，而二进制文件与文本文件的存取差不多，只是编码/解码方式不同而已。

无论是文本文件还是二进制文件，C 语言都将其看成一个数据流，即文件是由一串连续的、无间隔的字节数据构成，处理数据时不考虑文件的性质、类型和格式，只是以字节为单位对数据进行存取。

11.1.3　缓冲文件系统

在过去使用 C 语言的版本中，有两种对文件的处理方法：缓冲文件系统和非缓冲文件系统。

1. 缓冲文件系统

在缓冲文件系统中，系统自动在内存中为每个正在使用的文件开辟一个缓冲区。缓冲区相当于一个中转站，缓冲区的大小由各个具体的 C 编译系统确定，其大小一般为 512 字节。

文件的存取都是通过缓冲区进行的，从内存向磁盘输出数据必须先送到内存中的缓冲区，装满缓冲区后才一起送到磁盘。如果从磁盘向计算机读入数据，则一次从磁盘文件将一批数据输入到内存缓冲区(充满缓冲区)，然后再从缓冲区逐个地将数据送到程序数据区(给程序变量)，如图 11-5 所示。设置缓冲区可以减少对磁盘的实际访问(读/写)次数，提高程序执行的速度，但是占用了一块内存空间。

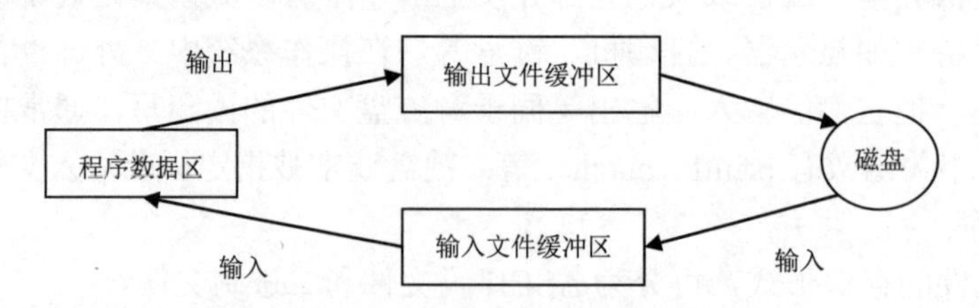

图 11-5　缓冲文件系统对文件的处理方法

2. 非缓冲文件系统

在非缓冲文件系统中，数据存取直接通过磁盘，并不会先将数据放到一个较大的空间。系统不会自动地为所打开的文件开辟缓冲区，缓冲区的开辟是由程序完成的。在老版本的 C 语言中，缓冲文件系统用于处理文本文件，而非缓冲文件系统用于处理二进制文件。

通过扩充缓冲文件系统，ANSI C 使缓冲文件系统既能处理文本文件，又能处理二进制文件。因此，ANSI C 只采用缓冲文件系统，而不再使用非缓冲文件系统。本章中所指的文件系统都默认为缓冲文件系统。

11.1.4 文件类型的指针

缓冲文件系统中，关键的概念是“文件指针”，缓冲文件系统通过文件指针访问文件。每个被使用的文件都在内存中开辟一个缓冲区，用来存放文件的有关信息，如文件名、文件状态和文件当前位置等信息。FILE 是系统定义的一个结构体类型，该结构体中含有文件名、文件状态和文件当前位置等信息。

下面是 FILE 类型在头文件 stdio. h 中的定义：

```
typedef struct
{   short  level;                /*缓冲区的程度*/
   unsigned  flags;              /*文件状态标识*/
   char fd;                      /*文件描述符*/
   unsigned char  hold;          /*若无缓冲区，则不读取字符*/
   short  bsize;                 /*缓冲区的大小*/
   unsigned char  * buffer;      /*缓冲区的首地址*/
   unsigned char  * curp;        /*读写指针或位置指针*/
   unsigned  istemp;             /*临时文件标志*/
   short   token;                /*用于有效性检查*/
}FILE;
```

文件区的结构定义以后，C 语言使用指针来指向该文件结构，通过移动指针实现对文件的操作，该指针就是 FILE 文件类型指针。定义文件结构指针的格式为：

```
FILE 文件指针;
```

如例题 11-1 中的应用：

```
FILE *fp;
```

FILE*类型的变量称为指向一个文件的指针变量，或称为文件类型的指针变量，简称文件指针。fp 就是一个文件类型的指针变量。通过 fp 可以找到存放某个文件信息的结构体变量，然后按结构体变量提供的信息找到该文件，实施对文件的操作。

11.2 文件的打开与关闭

对文件进行读写操作之前，需要打开文件；对文件读写操作完毕之后，需要关闭文件。

11.2.1 文件的打开

通常在使用文件操作的时候，一般都是在打开文件的同时指定一个指针变量指向该文件，实际上就是建立起指针变量与文件之间的联系，接着就可以通过指针变量对文件进行操作了。

打开文件函数 fopen()的使用格式如下：

```
FILE * fopen(文件名, 文件使用模式);
```

其中，文件名代表需要被打开文件的名称，可以是字符串常量或字符数组，如“abc.txt”；文件使用模式则用来指定文件类型和操作要求。

fopen 函数的功能是以“文件使用模式”来确定打开文件的模式，由一个文件指针变量指向它，之后的文件操作直接通过该文件指针操作即可。文件使用模式如表 11-1 所示。

表 11-1　文件使用模式

文件使用模式	文件类型	操作要求
“rt”	打开一个文本文件	对文件进行读操作
“wt”	打开一个文本文件	对文件进行写操作
“at”	打开一个文本文件	在文件末尾追加数据
“rb”	打开一个二进制文件	对文件进行读操作
“wb”	打开一个二进制文件	对文件进行写操作
“ab”	打开一个二进制文件	在文件末尾追加数据
“rt+”	打开一个文本文件	对文件进行读操作
“wt+”	打开一个文本文件	对文件进行读操作
“at+”	打开一个文本文件	对文件进行读操作和末尾追加数据的操作
“rb+”	打开一个二进制文件	对该文件进行读操作
“wb+”	打开一个二进制文件	对该文件进行写操作
“ab+”	打开一个二进制文件	对文件进行读操作和末尾追加数据的操作

说明：

(1) 文件使用方式由操作方式和文件类型组成。

(2) 操作方式有 r、w、a 和+四个可供选择，各字符的含义是：r(read)表示读；w(write)表示写；a(append)表示追加；+表示读和写。

(3) 文件类型有 t 和 b 可供选择，t(text)表示文本文件，可省略不写；b(banary)表示二进制文件。

(4) 用 r 打开一个文件时，只能读取文件内容，并且被打开文件必须已经存在，否则会出错。

(5) 用 w 打开一个文件时，只能向该文件写入；若打开的文件已经存在，则将该文件删去，重建一个新文件；若打开的文件不存在，则以指定的文件名建立该文件。

(6) 若要向一个文件追加新的信息，只能用 a 方式打开文件。此时，若文件存在则打开文件，若文件不存在则新建文件。

(7) 在打开一个文件时，如果出错，fopen 函数将返回一个空指针值 NULL。

【例题 11-2】 fopen 函数的常规用法。

```
#include <stdio.h>
int main()
{  FILE *fp;                                  /*定义文件指针*/
   if((fp=fopen("data1.txt","wt"))==NULL)     /*文件打开不成功，结束程序*/
   printf("Cannot open the file! ");
   return 0;
}
```

11.2.2 文件的关闭

在使用完一个文件之后，需要关闭该文件，以防它再被误用。“关闭”就是撤销文件缓冲区，使文件指针变量不再指向该文件，也就是文件指针变量与文件“脱钩”，此后不能再通过该指针对原来与其联系的文件进行读写操作，除非再次打开，使该指针变量重新指向该文件。

关闭文件函数 fclose()的使用格式如下：

```
fclose(文件指针);
```

说明：

(1) 关闭的文件必须是已经打开过的文件。

(2) 执行本函数时，关闭 fp 所指向的文件流。如果文件流成功关闭，返回 0，否则返回 EOF(符号常量，其值为-1)。

(3) 文件关闭函数 fclose 会将缓冲区的数据直接写入到文件，而不论缓冲区是否装满。因此，应该在文件使用完毕后关闭文件，以免引起文件数据的丢失。

11.3 文件的读写

11.3.1 字符读写函数：fgetc 和 fputc

当文件被打开之后，最常见的操作就是读取和写入。在程序中，当调用输入函数从外部文件中输入数据赋给程序中的变量时，这种操作称为读操作。当调用输出函数把程序中变量的值或程序运行结果输出到外部文件时，这种操作称为写操作。

在 C 语言中提供了两种常用的文件读写函数。

1. fputc 函数

函数调用形式： fputc (ch, fp);

函数功能： 将字符 ch 写到文件指针 fp 所指向文件的当前位置指针处。若成功时返回所写字符，出错时返回 EOF。

说明：

(1) 在文件内部有一个位置指针，用来指定文件当前的读写位置。

(2) 被写入的文件可以用写、读写或追加的方式打开。用写或读写方式打开一个已存在的文件时，将清除原有的文件内容，此时文件位置指针指向文件首，写入字符从文件首开始；如果需保留原有文件内容，希望写入的字符存放在文件的末尾，就必须以追加方式打开文件，此时文件位置指针指向文件尾；被写入的文件若不存在，则创建该文件，文件位置指针指向文件首。

(3) 每写入一个字符，文件内部位置指针向后移动一字节。

(4) fputc 函数有一个返回值，如写入成功，返回写入的字符，否则返回一个 EOF。可用函数的返回值来判断写入是否成功。

【例题 11-3】 从键盘输入一些字符，逐个把它们送到磁盘上去，直到输入一个“#”为止。

```c
#include <stdio.h>
int main()
{  FILE *fp;
   char  ch , filename[10];
   scanf("%s", filename);
   if((fp=fopen(filename,"w"))==NULL)
    printf("cannot open file\n");    /*终止程序*/
   ch=getchar();       /*接收执行 scanf 时最后输入的回车符*/
   ch=getchar();       /*第一个输入的字符被赋给变量 ch*/
   while(ch!='#')
     { fputc(ch,fp);/*字符被写入 filename 表示的文件中*/
       putchar(ch);  /*字符被输出到显示器*/
       ch=getchar();
     }
   putchar(10);        /*向屏幕输出一个换行符*/
   fclose(fp);         /*关闭文件*/
   return 0;
    }
```

例题 11-3 字符读写函数的应用.mp4

程序运行结果如图 11-6 所示。

在程序保存路径下生成该文件，打开文件可查看文件内容，如图 11-7 所示。

图 11-6　例题 11-3 的运行界面

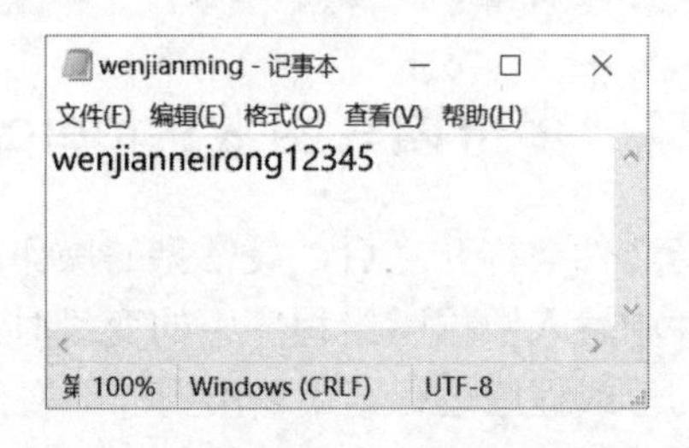

图 11-7　例题 11-3 生成的文件内容

2．fgetc 函数

函数调用形式：字符变量 ch= fgetc(fp);

函数功能：从文件指针 fp 所指向文件的当前位置指针处读取一个字符。若成功则返回所读字符，如果读到文件末尾或者读取出错时返回 EOF。

说明：

(1) 指定文件必须是以读或读写方式打开的。

(2) 在文件打开时，文件位置指针总是指向文件的第一个字节。使用 fgetc 函数后，位置指针就会向后移动一字节。

(3) 读取文件时如何测试文件是否结束呢？文本文件的内部全部是 ASCII 码，其值不可能是 EOF(-1)，所以使用 EOF(-1)确定文件的结束；但是对于二进制文件不能这样做，因为可能在文件中间某字节的值恰好等于-1，如果此时使用-1，判断文件结束是不恰当的。为了解决这个问题，ANSI C 提供了函数 feof(后面介绍)判断文件是否真正结束。

【例题 11-4】将例题 11-3 中建立的文件打开，在显示器上输出该文件的内容。

```c
#include <stdio.h>
int main()
```

```
{  FILE *fp;                       /*定义文件指针*/
   char ch;
   fp=fopen("d:\\wenjianming.txt","r");
    if(fp==NULL)                   /*文件打开不成功，结束程序*/
     printf("Cannot open the file! ");
     else
 {  while((ch=fgetc(fp))!=EOF)   /*测试文件是否结束*/
    putchar(ch);                   /*或用 fputc(ch,stdout)*/
 }
 fclose(fp);
 return 0;
}
```

程序运行结果如图 11-8 所示。

```
wenjianneirong12345
```

图 11-8　例题 11-4 的运行结果

11.3.2　字符串读写函数：fgets 和 fputs

1. 写字符串函数

函数调用形式：fputs(str, fp);

函数功能：向文件指针 fp 所指向文件的当前位置指针处写入起始地址为 str 的字符串(不自动写入字符串结束标记符'\0')。成功写入一个字符串后，文件的位置指针会自动后移，函数返回为一个非负整数，否则返回 EOF。

例如：

```
fputs("Hello",fp);
```

fputs 函数可以实现 puts 函数的功能，读者自己思考下如何使用？

2. 读字符串函数

函数调用形式：fgets(str, n, fp);

函数功能：从文件指针 fp 所指向文件的当前位置指针处读取 n−1 个字符，并且在最后加上字符'\0'，一共是 n 个字符，存入起始地址为 str 的内存空间中。如果文件中的该行不足 n−1 个字符，则读完该行就结束。如果在读出 n−1 个字符之前，就遇到了换行符，则该行读取结束。fgets 函数有返回值，函数读取成功其返回值是字符数组的首地址。函数读取失败或读到文件结尾则返回 NULL。

fgets 函数可以实现 gets 函数的功能，如 fgets(str,n,stdin); 表示将标准输入流文件即键盘上的 n−1 个字符读取到起始地址为 str 的内存单元。

与 gets 相比使用 fgets 的好处是：读取指定大小的数据，避免 gets 函数从 stdin 接收字符串而不检查它所复制的缓存的容积导致的缓存溢出问题。

【例题 11-5】将 D 盘文件 file1.txt 中的内容复制到文件 file2.txt 中，并在屏幕输出文本的内容。

```
#include <stdio.h>
int main()
{  FILE *fp1,*fp2;
   char str[50],ch;  /*数组大小的设定与文件长度相关*/
   fp1=fopen("d:\\file1.txt","r"); /*此处省略了文件打开不成功的检查*/
   fp2=fopen("d:\\file2.txt","w");
   fgets(str,50,fp1);
      while(!feof(fp1) ) /*判断文件结束，用法参考 11-4*/
      {    printf("%s",str);
           fgets(str,50,fp1);
           fputs(str,fp2);
     }
  fclose(fp1);
  fclose(fp2);
  return 0;
}
```

程序运行结果如图 11-9 所示。

图 11-9　例题 11-5 的运行界面

同时，程序将会生成一个新的文本文件，名为 file2，如图 11-10 所示。

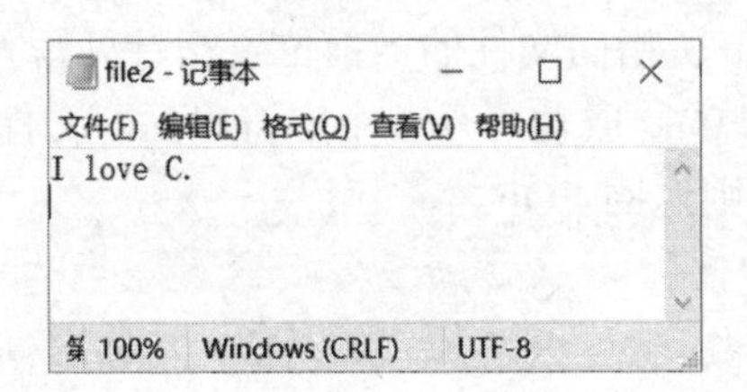

图 11-10　例题 11-5 生成的新文本文件

11.3.3　数据块读写函数：fread 和 fwrite

在程序中不仅需要输入输出一个数据，而且常常需要一次输入输出一组数据，比如一个结构体变量值，这时，以上的读写函数就不再适用了。ANSI C 提供了专门读写数据块的函数。

1. fwrite()函数

函数调用形式：fwrite(buffer, size, count, fp);

函数功能：将 buffer 指向的内存区中长度为 size 的 count 个数据写入 fp 文件中，返回写到 fp 文件中数据块的数目。

例如：

```
fwrite(buf,4,6,fp);
```

表示从首地址为 buf 的内存单元中，每次取 4 字节，连续取 6 次，写到文件指针 fp 所指向文件的当前位置指针处。

2. fread()函数

函数调用形式： fread(buffer, size, count, fp);

函数功能： 从文件指针 fp 所指向文件的当前位置指针处读取长度为 size 的 count 个数据块，放到 buf 所指向的内存区域。成功时返回所读的数据块的个数，遇到文件结束或出错时返回 EOF。

例如：

```
fread(buf,4,6,fp);
```

表示从 fp 所指向的文件中读取 6 次，每次读取 4 字节，将读取的内容存放到首地址为 buf 的内存单元中。

【例题 11-6】 从键盘输入 4 个学生的数据，然后转存到磁盘上，并在屏幕上显示磁盘文件的内容。

```
#include <stdio.h>
#define SIZE 4
struct student_type
{ char name[10];
   int num;
   int age;
   char addr[15];
}stud[SIZE];
int main()
{ int i;
 int save();
  int display();
   for(i=0;i<SIZE;i++)
   scanf("%s%d%d%s",stud[i].name,
      &stud[i].num, &stud[i].age,stud[i].addr);
   save();
   display();
   return 0;
}
int save()
{  FILE *fp;
   int  i;
   if((fp=fopen("d:\\stu_list","wb"))==NULL)
     printf("cannot open file\n");
   for(i=0;i<SIZE;i++)
      if(fwrite(&stud[i],sizeof(struct student_type),1,fp)!=1)
         printf("file write error\n");
   fclose(fp);
   return 0;
}
int display()
{  FILE *fp;
   int  i;
   if((fp=fopen("d:\\stu_list","rb"))==NULL)
     printf("cannot open file\n");
   for(i=0;i<SIZE;i++)
    { fread(&stud[i],sizeof(struct student_type),1,fp);
```

```
        printf("%-10s %4d %4d %-15s\n",stud[i].name,
                    stud[i].num,stud[i].age,stud[i].addr);
    }
  fclose(fp);
 return 0;
}
```

程序运行结果如图 11-11 所示。

同时，程序将会生成一个新的文本文件，名为 stu_list，如图 11-12 所示。

图 11-11　例题 11-6 的运行界面

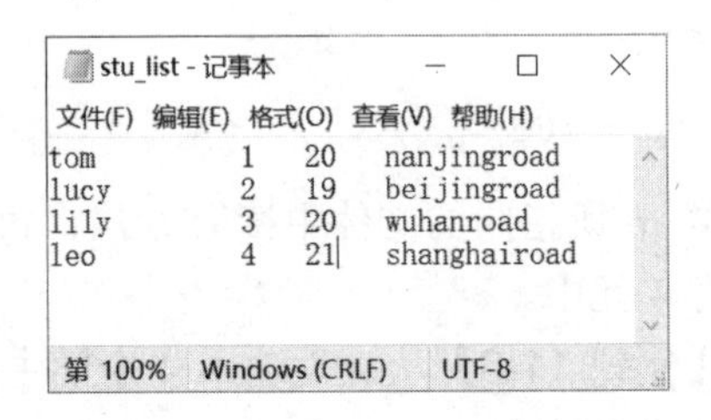

图 11-12　例题 11-6 生成的新文本文件

11.3.4　格式化读写函数：fscanf 和 fprintf

fscanf 函数和 fprintf 函数与格式化输入输出函数 scanf 和 printf 的功能相似，都是格式化读写函数。两者的区别在于 fscanf 函数和 fprintf 函数的读写对象不是键盘和显示器，而是磁盘文件。

1. fprintf()函数

函数调用形式：fprintf(fp, 格式控制字符串, 输出列表项);

函数功能：将格式串中的内容原样输出到指定的文件中，每遇到一个%，就按照规定的格式依次输出一个表达式的值到 fp 所指定的文件中。如果成功就返回输出的项数，如果出错则返回 EOF(-1)。

例如：

```
fprintf(fp,"%d,%6.2f",i,s);
```

表示将整型变量 i 和实型变量 s 分别以%d 和%6.2f 的格式保存到 fp 所指向的文件中，两个数据之间用逗号隔开。若 i 的值为 3，s 的值为 4，则 fp 所指向的文件中保存的是 3，4.00。

2. fscanf()函数

函数调用形式：fscanf (fp, 格式控制字符串, 输入列表项);

函数功能：从 fp 所指的文件中按控制字符串规定的格式提取数据，并把输入的数据依次存入对应的地址中，成功时返回提取数据项数，否则返回 EOF。

fscanf 遇到空格和换行时结束。这与 fgets 有区别，fgets 遇到空格时不结束。

例如：

```
fscanf(fp,"%d,%c",&j,&ch);
```

表示从 fp 所指向的文件中提取两个数据，分别送给变量 j 和 ch；若文件上有数据 40，a，则将 40 送给变量 j，字符 a 送给变量 ch。

【例题 11-7】用 fscanf 和 fprintf 实现例题 11-6。

其中，fwrite();可以用 fprintf()来完成；fread();可以用 fscanf()来完成。

save 函数和 display 函数程序改写如下：

```
int save()
{  FILE *fp;
   int  i;
   if((fp=fopen("d:\\stu_list","w"))==NULL)
      printf("cannot open file\n");
   for(i=0;i<SIZE;i++)
      fprintf(fp,"%s %d %d %s",stud[i].name,
            stud[i].num,stud[i].age,stud[i].addr);
   fclose(fp);
    return 0;
}
int display()
{  FILE *fp;
   int  i;
   if((fp=fopen("d:\\stu_list","r"))==NULL)
   printf("cannot open file\n");
   for(i=0;i<SIZE;i++)
     { fscanf(fp,"%s %d %d %s",stud[i].name,
                    stud[i].num,stud[i].age,stud[i].addr);
       printf("%-10s %4d %4d %-15s\n",stud[i].name,
                    stud[i].num,stud[i].age,stud[i].addr);
     }
  fclose(fp);
 return 0;
}
```

【融入思政元素】

通过文件读写的学习，培养学生学会遵守规则，学会遵守社会的公德。

11.4 文件的定位

文件在使用时，内部有一个位置指针，用来指定文件当前的读写位置。当每次读取或写入数据时，是从位置指针所指向的当前位置开始读取或写入数据的，然后位置指针自动移到读写下一个数据的位置，所以文件内部位置指针的定位非常重要。

在实际问题中，常常需要按要求读写文件中某一指定的部分，这样就需要自由地将文件的位置指针移动到指定的位置，然后再进行读写。这种读写就是前面介绍的随机读写。将文件的位置指针移动到指定位置，就称为文件的定位。可以通过位置指针函数，实现文件的定位读写。文件的位置指针函数主要有三种。

1. 文件头重返函数：rewind

函数调用形式：rewind(fp);

函数功能：将文件内部的位置指针重新指向 fp 所指文件的开头。

【例题 11-8】将 d 盘文件 date1 复制到 date2 中并显示。

```
#include <stdio.h>
int main()
{  FILE *fp1,*fp2;
   fp1=fopen("d:\\date1.txt","r");
   fp2=fopen("d:\\date2.txt","w");
   while(!feof(fp1))  putchar(getc(fp1));
   rewind(fp1);
   while(!feof(fp1))  putc(getc(fp1),fp2);
   fclose(fp1);     fclose(fp2);
   return 0;
}
```

程序运行结果如图 11-13 所示。

图 11-13　例题 11-8 运行界面

同时，程序将会生成一个新的文本文件，名为 date2，如图 11-14 所示。

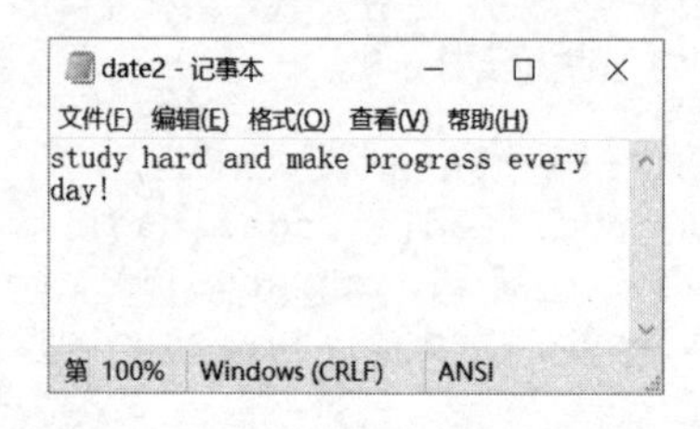

图 11-14　例题 11-8 生成的新文本文件

2. 位置指针移动函数：fseek

函数调用形式：fseek(fp, 偏移量, 起始点);

函数功能：设置文件指针 fp 的位置。如果执行成功，fp 将指向以起始点(偏移起始位置：文件头为 0，当前位置为 1，文件尾为 2)为基准，指针移动偏移量个字节的位置。

成功，返回 0，失败则返回-1。

说明：指针偏移量 offset 为 long 型数据，以便在文件长度大于 64KB 时不会出错。当用常量表示位移量时，要求加字母后缀"L"。偏移起始位置表示从何处开始计算偏移量，规定的起始位置有三种：文件首、当前位置和文件尾，如表 11-2 所示。

表 11-2　文件位置

起始点	表示符号	数字表示
文件头	SEEK—SET	0
当前位置	SEEK—CUR	1
文件末尾	SEEK—END	2

例如，fseek(fp,50L,0); 语句的作用是把文件的位置指针移到离文件首部 50 字节处。

【例题 11-9】将 10 名学生的信息中单数学生数据输入计算机并在屏幕上显示。

```
#include <stdio.h>
```

```
#include <stdlib.h>
struct student_type
{ char name[10];
  int num;
  int age;
  char sex;
}stud[10];
int main()
{  FILE *fp;
   int  i;
   if((fp=fopen("student","rb"))==NULL)
     printf("cannot open file\n");
   for(i=0;i<10;i+=2)
     { fseek(fp,i*sizeof(struct student_type),0);
       fread(&stud[i],sizeof(struct student_type), 1,fp);
       printf("%s %d %d %c\n",stud[i].name,stud[i].num,
                 stud[i].age,stud[i].sex);
       }
   fclose(fp);
    return 0;
}
```

这段程序适用于用 fwrite 函数写入学生信息的 student.txt 文件，如果是用 fprintf 函数写入学生信息的 student.txt 文件，程序需要做修改，读者可以思考下该如何做。

3. 获取当前位置指针函数：ftell

函数调用形式：long ftell(FILE *fp);

函数功能：得到当前位置指针相对于文件头偏移的字节数，出错时返回-1L。

利用函数 ftell()也能方便地知道一个文件的长度。如以下语句序列：

```
fseek(fp,0L,SEEK_END);
len =ftell(fp)+1;
```

首先将文件的当前位置移到文件的末尾，然后调用函数 ftell()获得当前位置相对于文件首的位移，该位移值等于文件所含字节数。

【融入思政元素】

通过文件案例，促进学生储备知识、储备素养、储备能力，在实现中国梦的道路上终有用武之地。穿插对信息资源的认识，提高安全意识。

11.5 文件检测函数

1. 测试文件结束函数：feof

函数调用形式：feof(fp);

函数功能：在程序中判断被读文件是否已经读完，feof 函数既适用于文本文件，也适用于二进制文件对于文件结束的判断。feof 函数根据最后一次“读操作的内容”来确定文件是否结束。如果最后一次文件读取失败或读取到文件结束符则返回非 0，否则返回 0。

2. 重定向文件流函数：freopen

函数调用形式：FILE *freopen(char *filename,char * mode, FILE *fp);

函数功能：重定向文件指针。先关闭 fp 指针所指向的文件，并清除文件指针 fp 与该文件之间的关联，然后建立文件指针 fp 与文件 filename 之间的关联。此函数一般用于将一个预定义的指针变量 stdin、stdout 或 stderr 与指定的文件关联。如果成功则返回 fp，否则返回 NULL。

【例题 11-10】从文件 in.txt 中读入两个整数，将两个整数的和写入文件 out.txt 中。

```
#include <stdio.h>
int main()
{freopen("in.txt","r",stdin);
//重定向指针 stdin 与文件 in.txt 关联，而不再是键盘
freopen("out.txt","w",stdout);
//重定向指针 stdout 与文件 out.txt 关联，而不再是显示器
int a,b;
while(scanf("%d%d",&a,&b)!=EOF) //scanf 用于从 stdin 所关联的文件中读取数据
printf("%d\n",a+b); //printf 用于输出数据到 stdout 所关联的文件中
fclose(stdin);fclose(stdout);
return 0;
}
```

本章小结

C 编译系统把文件当作一个“流”，按字节进行处理。文件的分类方式很多，按数据的存储方式一般把文件分为两类：文本文件和二进制文件。在 C 语言中，用文件指针标识文件，当一个文件被打开时，可取得该文件指针，任何文件被打开时都要指明其读写方式。文件打开后可以使用相关读写函数和定位函数来完成文件的读写操作，文件可以以字节、字符串、数据块和指定的格式进行读写，也可使用定位函数来实现随机读写。文件读写操作完成后，必须关闭文件，撤销文件指针与文件的关联。

文件操作都是通过库函数来实现的，要熟练掌握文件打开、读写、定位、关闭等相关函数的用法。

习题 11

一、选择题

1. 文件被正常关闭时，fclose 函数的返回值是(　　)。

   A. true　　　　B. 0　　　　C. −1　　　　D. 1

2. 函数调用语句“fseek(fp, 10L, 1)”的含义是(　　)。

   A. 将文件位置指针移到距离文件头 10 个字节处

   B. 将文件位置指针从当前位置后移 10 个字节处

   C. 将文件位置指针从文件末尾处前移 10 个字节处

   D. 将文件位置指针移到距离文件尾 10 个字节处

3. 有下列程序：

```
int  main()
{ FILE *fp;int k,n,a[6]={1,2,3,4,5,6};
fp=fopen("d2.dat","w");
fprintf(fp,"%d%d%d\n",a[0],a[1],a[2]);
fprintf(fp,"%d%d%d\n",a[3],a[4],a[5]);
fclose(fp);
fp=fopen("d2.dat","r");
fscanf(fp,"%d%d",&k,&n); printf("%d%d\n",k,n);
fclose(fp);}
```

程序运行后的输出结果是(　　)。

A. 12　　B. 14　　C. 1234　　D. 123456

4. 有下列程序：

```
int  main()
{  FILE *fp;int i,a[6]={1,2,3,4,5,6};
fp=fopen("d3.dat","w+b");fwrite(a,sizeof(int),6,fp);
/*该语句使读文件的位置指针从文件头向后移动 3 个 int 型数据*/
fseek(fp,sizeof(int)*3,SEEK_SET);
fread(a,sizeof(int),3,fp);fclose(fp);
for(i=0;i<6;i++)   printf("%d,",a[i]);}
```

程序运行后的输出结果是(　　)。

A. 4,5,6,4,5,6　　B. 1,2,3,4,5,6,　　C. 4,5,6,1,2,3　　D. 6,5,4,3,2,1,

5. 有以下程序：

```
int  main()
{ FILE *pf;
char *s1="China",*s2="Beijing";
pf=fopen("abc.dat","wb+");
fwrite(s2,7,1,pf);
rewind(pf); /*文件位置指针回到文件开头*/
fwrite(s1,5,1,pf);
fclose(pf);
return 0;}
```

以上程序执行后 abc.dat 文件的内容是(　　)。

A. China　　B. Chinang　　C. ChinaBeijing　　D. BeijingChina

6. 以下可以实现“从 fp 所指的文件中读出 29 个字符送入字符数组 ch 中”的语句是(　　)。

A. fgets(ch,20,fp)　　B. fgets(ch,30,fp)　　C. fgets(fp,20,ch)　　D. fgets(fp,30,ch)

二、填空题

1. 从数据的存储形式来看，文件分为(　　)和(　　)两类。

2. 若执行 fopen 函数时发生错误，则函数的返回值是(　　)。若顺利执行了文件关闭操作，fclose 函数的返回值是(　　)。

3. feof(fp)函数用来判断文件是否结束。如果遇到文件结束，函数值为(　　)，否则为(　　)。

4. 以下的程序段用来从文件“d：tclfle1.c”中读取一个字符，则空缺处应该填(　　)。

```
FILE *fp;char c;
fp=fopen("d:\\write\\tc\\231001.c","rt");
c= _____(fp);
```

5. 以下程序中用户从键盘输入一个文件名，然后输入一串字符(用“#”结束输入)存放到此文件中，形成文本文件，并将字符的个数写到文件的尾部。请填空。

```
#include <stdio.h>
int main ()
{FILE *fp;
char ch, fname [32];
int count=0;
printf ("Input the filename:");
scanf ("%s", fname);
if((fp=fopen((    ),"w+"))==NULL)
printf("Can't open file:%s\n",fname);
printf("Enter data:\n");
while((ch=getchar())!='#')
{fputc(ch,fp);count++;}
fprintf((    ),"\n%d\n",count);
fclose(fp));
return 0;}
```

三、编程题

1. 从键盘输入一串字符，逐个把它们送到磁盘文件 test.txt 中，用#标识字符串结束。

2. 从键盘输入一行字符串，将其中的小写字母全部转换成大写字母，输出到磁盘文件 test.dat 中，读文件并输出到屏幕。

3. 将 4 个学生的数据，从磁盘文件 stu_dat 调入，然后输出到 stu_list 文件中，并在屏幕上显示磁盘文件的内容。

4. 有 5 个学生，每个学生有 3 门课程的成绩，从键盘输入学生数据(包括学号、姓名、3 门课程成绩)，计算出平均成绩，将原有数据和计算出的平均分数存放在磁盘文件 student.txt 中。

5. 将题 4 文件 student.txt 中的学生数据，按平均分进行排序处理，将已排序的学生数据存入一个新文件 sort.txt 中。

第12章 位运算

C 语言程序设计的一个主要特点是可以很接近计算机硬件，如前面介绍的指针和本章将要介绍的位运算，是编写系统软件所必需的。位运算的对象是数据的二进制位，分为逻辑位运算符和移位运算符。位运算符只能对整型或字符型的数据进行操作，不能对其他类型的数据进行操作。通过位运算的基本语法学习，引导学生做人做事需要遵守规则，教育学生遵守学校各项规章制度，遵守国家法律法规，做一个守法的好公民。本章将介绍 6 种位运算符和位段。

本章教学内容：

◎ 位运算的概念

◎ 逻辑位运算

◎ 移位运算

◎ 位段

本章教学目标：

◎ 掌握位运算的概念和方法

◎ 掌握 6 种位运算符的使用方法及相关运算

◎ 能够进行位运算的混合运算

◎ 掌握位段的概念和使用方法

12.1 位运算概述

C 语言提供位运算的功能，与其他高级语言相比，它显然具有很大的优越性。指针运算和位运算往往是编写系统软件所需要的。在系统软件中，常要处理二进制位的问题，位运算可以直接操控二进制位，也可以用于对内存要求苛刻的地方，能像低级语言一样有效地节约内存空间，使程序运行速度更快。在计算机用于检测和控制的领域中也要用到位运算的知识，因此要真正掌握和使用好 C 语言，应当学习位运算。

位运算是 C 语言的重要特色，是其他计算机高级语言所没有的。所谓位运算是指以二进制位为对象的运算。例如，将一个存储单元中的各二进制位左移或右移一位 、两个数按位相加等。程序中的所有数在计算机内存中都以二进制形式储存，位运算直接对整数在内存中的二进制位进行操作。设操作数为 9，在位运算中将数字 9 视为二进制位 1001，即位运算符将操作数视为位而不是数值。数值可以是任意进制的，如前面 2.1.2 节中提到的整型常量，可以是十进制 21、八进制 025、十六进制 0x15，位运算符将操作数的数值转为二进制，并相应地返回 0 或者 1，即二进制 10101(十进制 21)。C 语言提供了按位与、或、异或、取反、左移、右移 6 种常见的位运算符，其运算规则如表 12-1 所示。

表 12-1　6 种常见的位运算符

符　号	描　述	运算规则
&	按位与	两个位都为 1 时，结果才为 1
|	按位或	两个位都为 0 时，结果才为 0
^	按位异或	两个位相同为 0，相异为 1
~	按位取反	各二进位由 0 变 1，由 1 变 0
<<	左移	各二进位全部左移若干位，高位丢弃，低位补 0
>>	右移	各二进位全部右移若干位，对无符号数，高位补 0。对于有符号数，各编译器处理方法不一样，有的补符号位(算术右移)，有的补 0(逻辑右移)

注意以下几点。

(1) 在这 6 种运算符中，只有按位取反(~)是单目运算符，其他 5 种都是双目运算符。

(2) 位运算只能用于整型数据或字符型数据，其他类型数据进行位操作时编译器会报错。

(3) 参与位运算时，操作数都必须先转换成二进制形式，再执行相应的按位运算。如果参加运算的是负数(如−3&−4)，则要以补码形式表示为二进制数，然后按位进行位运算。

(4) 对于移位操作，有算术移位和逻辑移位之分。微软的 VC++ 6.0 和 VS 2008 编译器都采取算术移位操作。算术移位与逻辑移位在左移操作中都一样，即高位丢弃，低位补 0。但在右移操作中，逻辑移位的高位是补 0，而算术移位的高位是补符号位。

【融入思政元素】

通过位运算的基本语法学习，引导学生做人做事需要遵守规则，教育学生遵守学校各项规章制度，遵守国家法律法规，做一个守法的好公民。

12.2 逻辑位运算

12.2.1 按位取反运算

逻辑位运算.mp4

按位取反运算符(~)是6个位运算符中唯一的单目运算符，具有右结合性，其功能是将参与运算的操作数的各对应二进位按位求“反”。按位取反运算的主要用途是间接地构造一个数，以增强程序的可移植性。

按位取反运算格式：~操作数 a

按位取反运算规则：是对一个二进制数按位取反，即将0变为1，将1变为0。

例如，假设a的值为11101010，以一字节(8位二进制位)为例，~(11101010)的运算过程如图12-1所示。

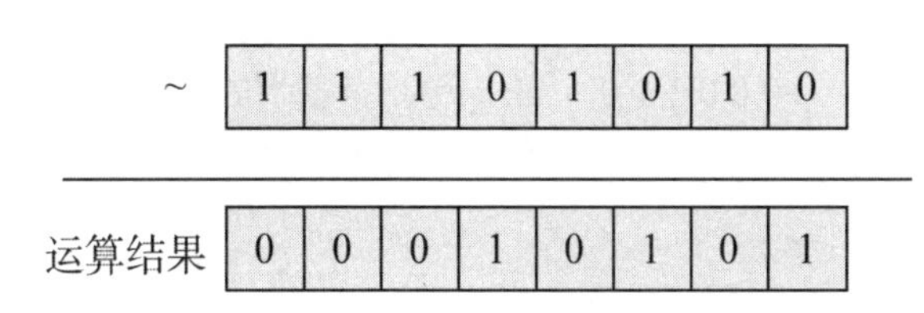

图12-1 ~(11101010)的运算过程

12.2.2 按位与、或和异或运算

1. 按位与运算符

按位与运算符(&)是双目运算符，其功能是将参与运算的两个操作数的各对应的二进位按位相“与”。按位与运算的主要用途是将一个数中的某些指定位清零、取一个数中某些指定位、保留指定位。

按位与运算格式： 操作数 a & 操作数 b

按位与运算规则：参加运算的两个操作数只要有一个为0，则该位的结果为0。

例如：0&0=0，0&1=0，1&0=0，1&1=1

例如：3&5=1　　3&4=0

3的二进制位：	0 0 0 0 0 0 1 1	3的二进制位：	0 0 0 0 0 0 1 1
5的二进制位：	0 0 0 0 0 1 0 1	4的二进制位：	0 0 0 0 0 1 0 0
3&5的二进制位	0 0 0 0 0 0 0 1	3&4的二进制位	0 0 0 0 0 0 0 0

2. 按位或运算符

按位或运算符(|)是双目运算符，其功能是将参与运算的两个操作数的各对应的二进位按位相“或”。

按位或运算格式：操作数 a | 操作数 b

按位或运算规则：参加运算的两个操作数只要有一个为1，则该位的结果为1。

例如： 0 | 0 = 0，0 | 1 = 1，1 | 0 = 1，1 | 1 = 1

例如：3|5=7　　3|4=7

3 的二进制位：	0 0 0 0 0 0 1 1	3 的二进制位：	0 0 0 0 0 0 1 1
5 的二进制位：	0 0 0 0 0 1 0 1	4 的二进制位：	0 0 0 0 0 1 0 0
3| 5 的二进制位：	0 0 0 0 0 1 1 1	3| 4 的二进制位	0 0 0 0 0 1 1 1

3. 按位异或运算符

按位异或运算符(∧)是双目运算符，其功能是将参与运算的两个操作数的各对应二进位按位相“异或”。按位异或运算的主要用途是使指定的位翻转，与 0 相“异或”保留原值。

按位异或运算格式：操作数 a ∧ 操作数 b

按位异或运算规则：参加运算的两个操作数的对应位相同，则该位的结果为 0，否则为 1。例如：0 ∧ 0 = 0，0 ∧1 = 1，1 ∧ 0 = 1，1 ∧ 1 = 0

例如：3∧5=6　　3∧4=7

3 的二进制位：	0 0 0 0 0 0 1 1	3 的二进制位：	0 0 0 0 0 0 1 1
5 的二进制位：	0 0 0 0 0 1 0 1	4 的二进制位：	0 0 0 0 0 1 0 0
3∧ 5 的二进制位	0 0 0 0 0 1 1 0	3∧ 4 的二进制位	0 0 0 0 0 1 1 1

【例题 12-1】按位与、或、异或运算的应用示例。

```
#include  <stdio.h>
int main()
{  int  x,y;
  x=3; y=5;
  printf("x&y:%d\n", x&y);
  printf("3&5=%d,3&4=%d\n",3&5,3&4);
  printf("3|5=%d,3|4=%d\n", 3|5,3|4);
  printf("3^5=%d,3^4=%d\n", 3^5,3^4);
  return 0;
}
```

程序运行结果如图 12-2 所示。

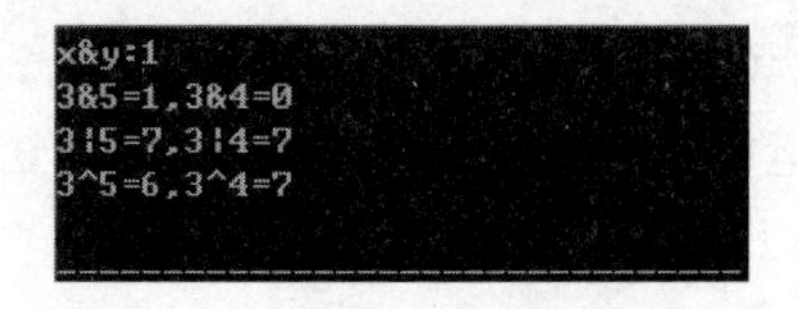

图 12-2　例题 12-1 的运行结果

12.3 移位运算

12.3.1 按位左移运算

移位运算.mp4

按位左移运算符(<<)是将其操作对象向左移动指定位数。其主要用途是对操作数做乘法运算，即将一个操作数乘以 2^n 的运算处理为左移 n 位的按位左移运算。如左移 1 位相当于乘以 $2^1=2$，左移 2 位相当于乘以 $2^2=4$，如 7<<2=28，即乘了 4。但此结论只适用于该数左移时被溢出舍弃的高位中不包含 1 的情况。

按位左移运算格式：操作数 a <<移位数 b

按位左移运算规则：将一个操作数先转换成二进制数，然后将二进制数各位左移若干位，并在低位补若干 0，高位左移后溢出，舍弃不起作用。

例如：以 2 字节(16 位二进制位)为例，7<<2 运算中，二进制(0000000000000111)按位左移 2 位后的二进制为 0000000000011100(十进制 28)，其运算过程如图 12-3 所示。

7的二进制位：| 00 | 00 | 00 | 00 | 00 | 00 | 01 | 11 |

整体左移2位　　　后补2位0

7<<2后的二进制位：| 00 | 00 00 00 00 00 01 11 00 |

图 12-3　7<<2 的运算过程

【例题 12-2】按位左移运算的应用示例。

```
#include  <stdio.h>
int main()
{  int a1=7, a2=-7;
   unsigned int b=7;
   printf("有符号正数 7<<2=%d\n", a1<<2);
   printf("有符号负数-7<<2=%d\n", a2<<2);
   printf("无符号正数 7<<2=%d\n", b<<2);
   return 0;
}
```

程序运行结果如图 12-4 所示。

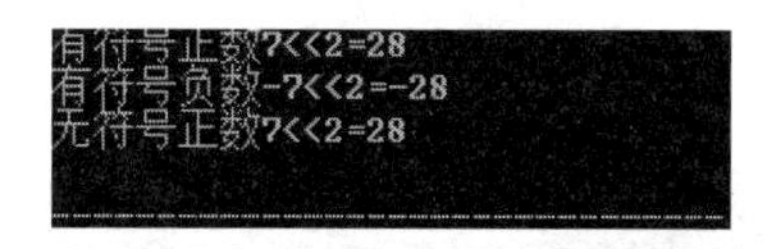

图 12-4　例题 12-2 的运行结果

程序说明：

左移 2 位相当于该数乘以 2^2。7<<2 相当于 7 乘以 4，等于 28。

12.3.2　按位右移运算

按位右移运算符(>>)是将其操作对象向右移动指定位数。其主要用途是对操作数做除法运算，即将一个操作数除以 2^n 的运算处理为右移 n 位的按位右移运算。如右移 1 位相当于除以 2^1=2，如右移 2 位相当于除以 2^2=4，如 28>>2 =7，即除以 4。

按位右移运算格式：操作数 a>>移位数值 b

按位右移运算规则：将一个操作数先转换成二进制数，然后将二进制数各位右移若干位，移出的低位舍弃；并在高位补位，补位分以下两种情况。

(1) 若为无符号数，右移时左边高位补 0。

例如：unsigned int　　b=28;　　0000000000011100

　　　　　　　　　　　b>>2=7;　　0000000000000111

(2) 若为有符号数，如果原来符号位为 0(正数)，则左边补若干 0；如果原来符号位为 1(表示为负数)，左边补若干 0 的称为“逻辑右移”，左边补若干 1 的称为“算术右移”。

例如：　　　　　　c:　　　　1001011111101101

　　　　逻辑右移　c>>1:　　0100101111110110

　　　　算术右移　c>>1:　　1100101111110110

例如：　　int　a1=28;　　0000000000011100

　　　　　　　　a1>>2=7;　0000000000000111

【例题 12-3】按位右移运算的应用示例。

```
#include  <stdio.h>
int main()
{   int a1=28, a2=-28;
    unsigned int b=28;
    printf("有符号正数 28>>2=%d\n", a1>>2);
    printf("有符号负数-28>>2=%d\n", a2>>2);
    printf("无符号正数 28>>2=%d\n", b>>2);
    return 0;
 }
```

程序运行结果如图 12-5 所示。

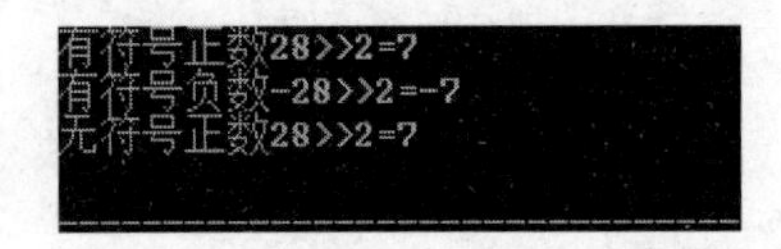

图 12-5　例题 12-3 的运行结果

程序说明：右移 2 位相当于该数除以 2^2，28>>2 相当于 28 除以 4，等于 7。

12.4 位运算的混合运算

从前面的 2.3.1 节运算符与表达式概述中，我们知道在 C 语言表达式中，优先级较高的运算符先于优先级较低的进行运算；在运算符优先级相同时，则按运算符结合性所规定的方向处理。C 语言表达式中若含位运算符，参照如表 12-2 所示的位运算符的优先级与结合性处理。

位运算的混合运算.mp4

表 12-2　位运算符的优先级与结合性

优先级	位运算符	类　型		结合顺序
2	~	按位取反	单目运算符	自右向左
5	<<、>>	按位左移/右移	双目运算符	自左向右
8	&	按位与		
9	^	按位异或		
10	|	按位或		

【例题 12-4】位运算的应用示例。

```
#include  <stdio.h>
int main()
{  int a=5,b=1,t;
```

```
  t=a<<2|b;
  printf("5<<2|1=%d\n",t);
  return 0;
}
```

程序运行结果如图 12-6 所示。

```
5<<2|1=21
```

图 12-6　例题 12-4 的运行结果

程序说明：

左移 2 位相当于该数乘以 2^2，5<<2 相当于 5 乘以 4，等于 20。而 20|1=21，相当于 00010100|00000001=00010101(十进制 21)。

【例题 12-5】位运算的应用示例。

```
#include  <stdio.h>
int main()
{ int a=4,b=2,c=2;
  printf("4/2&2 =%d\n",a/b&c);
  printf("(4>>1)/(4>>2)=%d\n", (a>>1)/(a>>2));
  return 0;
}
```

程序运行结果如图 12-7 所示。

```
4/2&2 =2
(4>>1)/(4>>2)=2
```

图 12-7　例题 12-5 的运行结果

程序说明：

参照第 2 章表 2-7，算术运算符“/”优先于位运算符“&”，表达式 4/2=2，2&2=2，故 4/2&2=2。右移 1 位相当于该数除以 2，4>>1 相当于 4 除以 2，等于 2；右移 2 位相当于该数除以 4，4>>2 相当于 4 除以 4，等于 1；故(4>>1)/(4>>2)=2/1=2。

12.5 位段

对内存中信息的存取一般以字节为单位，但实际应用中有些数据在存储时并不需要占用一个完整的字节，只需要占用一个或几个二进制位即可。例如，开关只有通电和断电两种状态，用 0 和 1 表示，也就是用 1 个二进位足够了；“真”或“假”用 0 或 1 表示，只需 1 个二进位即可。在计算机用于过程控制、参数检测或数据通信领域时，控制信息往往只占一个字节中的一个或几个二进制位，常常在一个字节中放几个信息。正是基于这种考虑，C 语言又提供了一种叫作“位段”或称“位域”(bit field)的数据结构。

C 语言允许在一个结构体中以位为单位来指定其成员所占内存长度,这种以位为单位的成员称为“位段”或称“位域”。位段可以将数据以位的形式紧凑地存储，并允许程序员对此结构的位进行操作，被叫作“深入逻辑元件的编程”。这种数据结构可以使数据单元节省存储空间，当程序需要成千上万个数据单元时，这种方法就显得尤为重要；还可以很方便地访问一个整数值的部分内容，从而可以简化程序源代码。

位段的定义格式为：type [var]: digits

说明：

(1) 类型名 type 只能为 int、unsigned int、signed int 三种类型，其中 int 型能不能表示负数视编译器而定，比如 VC 中 int 就默认是 signed int，能够表示负数。

(2) 位段名称 var 是可选参数，即可以省略，var 后边有一个冒号和一个数字。

(3) 宽度 digits 表示该位段所占的二进制位数，应是一个整型常量表达式，其值应是非负的，且必须小于或等于指令类型的位长。

用前面第 9 章的结构体处理数据，Data1 类型占用了 48 位空间，ch 是 unsigned char 型，占 8 位，font 是 unsigned char 型，占 8 位，size 是 unsigned int 型，占 32 位，如果考虑边界对齐并把要求最严格的 int 类型最先声明进行优化，那么 Data1 类型则要占据 64 位的空间。

```
struct Data1
{  unsigned char ch;          //8 位
     unsigned char font;      //8 位
     unsigned int  size;      //32 位
};
struct Data1 ch1;
```

在 C 语言中，位段是通过结构体实现的，所以位段的声明和结构体类似，但它的成员是一个或多个位的字段，这些不同长度的字段实际存储在一个或多个整型变量中。在声明时，位段成员必须是整型或枚举类型(通常是无符号类型)，且在成员名的后面是一个冒号和一个整数，整数规定了成员所占用的位数。

以下程序则展示了一个位段的声明：

```
struct Data2
{  unsigned int ch   : 8;    //8 位
     unsigned int font : 6; //6 位
     unsigned int size : 18;//18 位
};
struct Data2 ch2;
```

以上程序应用了位段声明，它可以处理 256 个不同的字符(8 位)、64 种不同字体(6 位)，以及最多 262144 个单位的长度(18 位)。这样，在 ch2 这个字段对象中，一共才占据了 32 位的空间，显然比用结构体更节约空间。因此，位段也是一种数据压缩存储方案，位段的特点是不考虑效率，只考虑空间使用率，节省了空间大小。

位段数据的引用，同结构体成员中的数据引用一样，但应注意位段的最大取值范围不要超出二进制位数定的范围，否则超出部分会丢弃。

以下程序则展示了一个位段数据的引用：

```
struct Data3
{  int a:2;
   int b:5;
   int :10; //无名位段
   int d:30;
};
```

```
struct Data3 data;
data.a=2;
data.a=10;//超出范围(a 占 2 位，最大只能到 3)
```

【例题 12-6】位段的应用示例。

```
#include  <stdio.h>
struct A
{   int a : 2;                  //sizeof(struct A)=4
    unsigned int b : 5;         //sizeof(struct A)=4
    signed int c : 10;          //sizeof(struct A)=4
    char d: 7 ;                 //sizeof(struct A)=8
};
int main()
{ printf("%d\n", sizeof(struct A));
  return 0;
}
```

程序运行结果如图 12-8 所示。

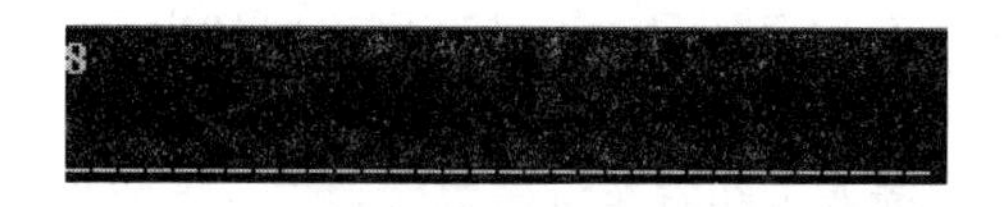

图 12-8　例题 12-6 的运行结果

程序说明：

结构体内部前三行的 a,b,c 占了一个 int，计 4 个字节；结构体内部的第四行 d 开辟了 1 个新的字节，位段也符合内存对齐，所以(5+3)%4==0，sizeof(struct A)==8。

使用位段需注意以下几点。

(1) 位段的类型只能是 int、unsigned int、signed int 三种类型，不能是 char 型或者浮点型。

(2) 位段占的二进制位数不能超过该基本类型所能表示的最大位数，比如在 VC 中 int 占 4 字节，那么最多只能是 32 位。

(3) 无名位段不能被访问，但是会占据空间。

(4) 不能对位段进行取地址操作。

(5) 若位段占的二进制位数为 0，则这个位段必须是无名位段，下一个位段从下一个位段存储单元(这里的位段存储单元经测试在 VC 环境下是 4 字节)开始存放。

(6) 若位段出现在表达式中，则会自动进行整型升级，自动转换为 int 型或者 unsigned int。

(7) 对位段赋值时，最好不要超过位段所能表示的最大范围，否则可能会造成意想不到的结果。

(8) 位段不能出现数组的形式。

本章小结

C 语言提供位运算功能，使 C 语言能像汇编语言一样编写系统程序。常见的位运算符有按位与、或、异或、取反、左移、右移 6 种。在这 6 种运算符中，只有按位取反(~)是单目运算符，其他 5 种都是双目运算符。位运算只能用于整型数据或字符型数据，其他类型的数据进行位操作时编译器会报错。参与位运算时，操作数都必须先转换成二进制形式，再执行相应的按位运算。如果参加运算的是负数(如-3&-4)，则要以补码形式表示为二进制数，然后按位进行位运算。

按位取反运算符(~)是 6 个位运算符中唯一的单目运算符，具有右结合性。按位取反运算规则是对一个二进制数按位取反，即将 0 变为 1，将 1 变为 0。按位与运算规则是参加运算的两个操作数只要有一个为 0，则该位的结果为 0。按位或运算规则是参加运算的两个操作数只要有一个为 1，则该位的结果为 1。按位异或运算规则是参加运算的两个操作数的对应位相同，则该位的结果为 0，否则为 1。

对于移位操作，有算术移位和逻辑移位之分。微软的 VC++ 6.0 和 VS 2008 编译器都采取算术移位操作。算术移位与逻辑移位在左移操作中都一样，即高位丢弃，低位补 0。但在右移操作中，逻辑移位的高位是补 0，而算术移位的高位是补符号位。

位段也是一种数据压缩存储方案，位段的特点是不考虑效率，只考虑空间使用率，节省了空间大小。在 C 语言中，位段是通过结构体来实现的，位段数据的引用与结构体成员中的数据引用一样，但应注意位段的最大取值范围不要超出二进制位数定的范围，否则超出部分会丢弃。

通过本章的学习，要求读者了解有关位运算的知识，理解为什么说 C 语言是贴近机器的语言，掌握 C 语言对二进制位操作的方法。

习题 12

一、选择题

1. 以下运算符中优先级最低的是(　　)，优先级最高的是(　　)。

   A. &&　　B. &　　C. ||　　D. |

2. 若有运算符 sizeof、<<、^、&=，则它们按优先级由高到低的正确排列次序是(　　)。

   A. sizeof,&=,<<,^　　B. sizeof,<<,^,&=

   C. ^,<<,sizeof,&=　　D. <<,^,&=,sizeof

3. 在 C 语言中，要求运算数必须是整型或字符型的运算符是(　　)。

   A. &&　　B. &　　C. !　　D. ||

4. 表达式 0x13&0x17 的值是(　　)。

   A. 0x17　　B. 0x13　　C. 0xf8　　D. 0xec

5. 若 x=2,y=3，则 x&y 的结果是(　　)。

   A. 0　　B. 2　　C. 3　　D. 5

6. 在位运算中，操作数每右移一位，其结果相当于(　　)。

   A. 操作数乘以 2　　B. 操作数除以 2

   C. 操作数除以 4　　D. 操作数乘以 4

7. 在位运算中，操作数每左移一位，其结果相当于(　　)。

   A. 操作数乘以 2　　B. 操作数除以 2

   C. 操作数除以 4　　D. 操作数乘以 4

8. 若 a=1,b=2;，则 a|b 的值是(　　)。

A. 0　　B. 1　　C. 2　　D. 3

9. 表达式 0x13^0x17 的值是(　　)。

A. 0x04　　B. 0x13　　C. 0xE8　　D. 0x17

10. 若有以下程序段，则执行以下语句后 x,y 的值分别是(　　)。

```
int x=1,y=2; x=x^y; y=y^x; x=x^y;
```

A. x=1,y=2　　B. x=2,y=2　　C. x=2,y=1　　D. x=1,y=1

二、填空题

1. 程序 char x=56; x=x&056; printf("%d,%o\n",x,x);的运行结果是(　　)。
2. 程序 int x=20; printf("%d\n", ~ x);的运行结果是(　　)。
3. 表达式 ~ 0x13 的值是(　　)。
4. 程序 unsigned a=16; printf("%d,%d,%d\n",a>>2,a=a>>2,a);的运行结果是(　　)。
5. 程序 int a=−1; a=a|0377; printf("%d,%o\n",a,a);的输出结果是(　　)。
6. 程序 char x=3,y=6,z; z=x^y<<2;，则 z 的二进制值是(　　)。

三、程序阅读题

1. 以下程序运行后的输出结果是(　　)。

```
#include <stdio.h>
int main()
{ int m=20,n=025;
 if(m^n) printf("mmm\n");
 else printf("nnn\n");
 return 0;
}
```

2. 以下程序运行后的输出结果是(　　)。

```
#include <stdio.h>
int main()
{ unsigned a,b;
  a=0x9a; b=~a;
  printf("a:%x\nb:%x\n",a,b);
  return 0;
}
```

3. 以下程序运行后的输出结果是(　　)。

```
#include <stdio.h>
int main()
{ unsigned a=0112,x,y,z;
  x=a>>3; printf("x=%o,",x);
  y=~(~0<<4); printf("y=%o,",y);
  z=x&y; printf("z=%o\n",z);
  return 0;
}
```

4. 以下程序运行后的输出结果是(   )。

```
#include <stdio.h>
int main()
{  unsigned a=0361,x,y; int n=5;
  x=a<<(16-n); printf("x=%o\n",x);
  y=a>>n; printf("y1=%o\n",y);
  y|=x; printf("y2=%o\n",y);
  return 0;
}
```

5. 以下程序运行后的输出结果是(   )。

```
#include <stdio.h>
int main()
{  char a=0x95,b,c;
   b=(a&0xf)<<4; c=(a&0xf0)>>4; a=b|c;
   printf("%x\n",a);
   return 0;
}
```

附录一　常用字符与 ASCII 代码对照表

ASCII 码	控制字符	ASCII 码	字符	ASCII 码	字符	ASCII 码	字符
0	NUL	32	(space)	64	@	96	、
1	SOH	33	!	65	A	97	a
2	STX	34	“	66	B	98	b
3	ETX	35	#	67	C	99	c
4	EOT	36	$	68	D	100	d
5	END	37	%	69	E	101	e
6	ACK	38	&	70	F	102	f
7	BEL	39	‘	71	G	103	g
8	BS	40	(	72	H	104	h
9	HT	41	)	73	I	105	i
10	LF	42	*	74	J	106	j
11	VT	43	+	75	K	107	k
12	FF	44	，	76	L	108	l
13	CR	45	－	77	M	109	m
14	SO	46	。	78	N	110	n
15	SI	47	/	79	O	111	o
16	DLE	48	0	80	P	112	p
17	DC1	49	1	81	Q	113	q
18	DC2	50	2	82	R	114	r
19	DC3	51	3	83	S	115	s
20	DC4	52	4	84	T	116	t
21	NAK	53	5	85	U	117	u
22	SYN	54	6	86	V	118	v
23	ETB	55	7	87	W	119	w
24	CAN	56	8	88	X	120	x
25	EM	57	9	89	Y	121	y
26	SUB	58	：	90	Z	122	z
27	ESC	59	；	91	[	123	{
28	FS	60	<	92	\	124	|
29	GS	61	=	93	]	125	}
30	RS	62	>	94	A	126	～
31	US	63	?	95	_	127	DEL

注：附录 A 给出了 0～127 的标准 ASCII 值及其对应的字符。

附录二　C 语言中的关键字及含义

由 ANSI 标准推荐的 C 语言关键字共有 32 个。根据关键字的作用，可分为数据类型关键字、控制语句关键字、存储类型关键字和其他关键字四类。

类　别	序号	关键字	说　明
数据类型关键字(12)	1	char	声明字符型变量或函数
	2	double	声明双精度变量或函数
	3	enum	声明枚举类型
	4	float	声明浮点型变量或函数
	5	int	声明整型变量或函数
	6	long	声明长整型变量或函数
	7	short	声明短整型变量或函数
	8	signed	声明有符号类型变量或函数
	9	struct	声明结构体变量或函数
	10	union	声明共用体(联合)数据类型
	11	unsigned	声明无符号类型变量或函数
	12	void	声明函数无返回值或无参数，声明无类型指针
控制语句关键字(12)	13	for	一种循环语句
	14	do	循环语句的循环体
	15	while	循环语句的循环条件
	16	break	跳出当前循环
	17	continue	结束当前循环，开始下一轮循环
	18	if	条件语句
	19	else	条件语句否定分支(与 if 连用)
	20	goto	无条件跳转语句
	21	switch	开关语句
	22	case	开关语句分支
	23	default	开关语句中的“其他”分支
	24	return	函数返回语句
存储类型关键字(4)	25	auto	声明自动变量(一般省略)
	26	extern	声明变量是在其他文件中声明(也可以看作是引用变量)
	27	register	声明寄存器变量
	28	static	声明静态变量
其他关键字(4)	29	const	声明只读变量
	30	sizeof	计算数据类型长度
	31	typedef	用以给数据类型取别名
	32	volatile	说明变量在程序执行中可被隐含地改变

附录三　C 语言运算符的优先级和结合性

<table>
<tr><th>优先级</th><th>运算符</th><th>含　义</th><th>运算对象个数</th><th>结合性</th></tr>
<tr><td rowspan="4">1</td><td>()</td><td>圆括号，最高优先级</td><td rowspan="4"></td><td rowspan="4">自左至右</td></tr>
<tr><td>[ ]</td><td>下标运算符</td></tr>
<tr><td>-></td><td>指向结构体或共用体成员运算符</td></tr>
<tr><td>.</td><td>引用结构体或共用体成员运算符</td></tr>
<tr><td rowspan="9">2</td><td>!</td><td>逻辑非</td><td rowspan="9">1(单目运算符)</td><td rowspan="9">自右至左</td></tr>
<tr><td>~</td><td>按位取反</td></tr>
<tr><td>++</td><td>自增运算符</td></tr>
<tr><td>--</td><td>自减运算符</td></tr>
<tr><td>-</td><td>负号运算符</td></tr>
<tr><td>(数据类型)</td><td>强制类型转换</td></tr>
<tr><td>*</td><td>指针运算符</td></tr>
<tr><td>&</td><td>取地址运算符</td></tr>
<tr><td>sizeof</td><td>长度运算符</td></tr>
<tr><td rowspan="3">3</td><td>*</td><td>乘法运算符</td><td rowspan="13">2 (双目运算符)</td><td rowspan="13">自左至右</td></tr>
<tr><td>/</td><td>除法运算符</td></tr>
<tr><td>%</td><td>求余运算符</td></tr>
<tr><td rowspan="2">4</td><td>+</td><td>加法</td></tr>
<tr><td>-</td><td>减法</td></tr>
<tr><td rowspan="2">5</td><td><<</td><td>左移位运算符</td></tr>
<tr><td>>></td><td>右移位运算符</td></tr>
<tr><td>6</td><td><、<=、>、>=</td><td>关系运算符</td></tr>
<tr><td>7</td><td>==</td><td>等于</td></tr>
<tr><td rowspan="2">8</td><td>!=</td><td>不等于</td></tr>
<tr><td>&</td><td>按位与</td></tr>
<tr><td>9</td><td>^</td><td>按位异或</td></tr>
<tr><td>10</td><td>|</td><td>按位或</td></tr>
<tr><td>11</td><td>&&</td><td>逻辑与</td><td></td><td></td></tr>
<tr><td>12</td><td>||</td><td>逻辑或</td><td></td><td></td></tr>
<tr><td>13</td><td>?:</td><td>条件运算符</td><td>3 (三目运算符)</td><td>自右至左</td></tr>
<tr><td>14</td><td>=、+=、-=、*=、/=、%=、
>>=、<<=、&=、|=、^=</td><td>赋值运算符</td><td>2 (双目运算符)</td><td>自右至左</td></tr>
<tr><td>15</td><td>,</td><td>逗号运算符</td><td></td><td>自左至右</td></tr>
</table>

附录四　C 语言常用的库函数

库函数并不是 C 语言的一部分，它是由人们根据需要编制并提供用户使用的。每一种 C 编译系统都提供了一批库函数，不同的编译系统所提供的库函数的数目和函数名以及函数功能是不完全相同的。ANSI C 标准提出了一批建议提供的标准库函数，它包括了目前多数 C 编译系统所提供的库函数，但也有一些是某些编译系统未曾实现的。考虑到通用性，本书列出 ANSI C 标准建议提供的、常用的部分库函数。对多数 C 编译系统，可以使用这些函数的绝大部分。由于 C 库函数的种类和数目很多(例如，还有屏幕和图形函数、时间日期函数、与系统有关的函数等，每一类函数又包括各种功能的函数)，限于篇幅，本附录不能全部介绍，只从教学需要的角度列出最基本的。读者在编制 C 程序时可能要用到更多的函数，请查阅所用系统的手册。

一、数学函数

调用数学函数时，要求在源文件中包含以下命令行：

```
#include <math.h>
```

函数原型说明	功　能	返回值	说　明
int abs(int x)	求整数 x 的绝对值	计算结果	
double fabs(double x)	求双精度实数 x 的绝对值	计算结果	
double acos(double x)	计算 cos-1(x)的值	计算结果	x 在-1～1 范围内
double asin(double x)	计算 sin-1(x)的值	计算结果	x 在-1～1 范围内
double atan(double x)	计算 tan-1(x)的值	计算结果	
double atan2(double x)	计算 tan-1(x/y)的值	计算结果	
double cos(double x)	计算 cos(x)的值	计算结果	x 的单位为弧度
double cosh(double x)	计算双曲余弦 cosh(x)的值	计算结果	
double exp(double x)	求 e^x 的值	计算结果	
double fabs(double x)	求双精度实数 x 的绝对值	计算结果	
double floor(double x)	求不大于双精度实数 x 的最大整数		
double fmod(double x,double y)	求 x/y 整除后的双精度余数		
double frexp(double val,int *exp)	把双精度 val 分解成尾数和以 2 为底的指数 n，即 val=x*2^n，n 存放在 exp 所指的变量中	返回位数 x 0.5≤x<1	
double log(double x)	求 lnx	计算结果	x>0
double log10(double x)	求 $\log_{10}x$	计算结果	x>0
double modf(double val,double *ip)	把双精度 val 分解成整数部分和小数部分，整数部分存放在 ip 所指的变量中	返回小数部分	
double pow(double x,double y)	计算 x^y 的值	计算结果	

续表

函数原型说明	功　能	返回值	说　明
double sin(double x)	计算 sin(x)的值	计算结果	x 的单位为弧度
double sinh(double x)	计算 x 的双曲正弦函数 sinh(x)的值	计算结果	
double sqrt(double x)	计算 x 的开方	计算结果	x≥0
double tan(double x)	计算 tan(x)的值	计算结果	
double tanh(double x)	计算 x 的双曲正切函数 tanh(x)的值	计算结果	

二、字符函数

调用字符函数时，要求在源文件中包含以下命令行：

```
#include <ctype.h>
```

函数原型说明	功　能	返回值
int isalnum(int ch)	检查 ch 是否为字母或数字	是，返回 1；否则返回 0
int isalpha(int ch)	检查 ch 是否为字母	是，返回 1；否则返回 0
int iscntrl(int ch)	检查 ch 是否为控制字符	是，返回 1；否则返回 0
int isdigit(int ch)	检查 ch 是否为数字	是，返回 1；否则返回 0
int isgraph(int ch)	检查 ch 是否为 ASCII 码值在 ox21 到 ox7e 的可打印字符(即不包含空格字符)	是，返回 1；否则返回 0
int islower(int ch)	检查 ch 是否为小写字母	是，返回 1；否则返回 0
int isprint(int ch)	检查 ch 是否为包含空格符在内的可打印字符	是，返回 1；否则返回 0
int ispunct(int ch)	检查 ch 是否为除了空格、字母、数字之外的可打印字符	是，返回 1；否则返回 0
int isspace(int ch)	检查 ch 是否为空格、制表或换行符	是，返回 1；否则返回 0
int isupper(int ch)	检查 ch 是否为大写字母	是，返回 1；否则返回 0
int isxdigit(int ch)	检查 ch 是否为 16 进制数	是，返回 1；否则返回 0
int tolower(int ch)	把 ch 中的字母转换成小写字母	返回对应的小写字母
int toupper(int ch)	把 ch 中的字母转换成大写字母	返回对应的大写字母

三、字符串函数

调用字符串函数时，要求在源文件中包含以下命令行：

```
#include <string.h>
```

函数原型说明	功　能	返回值
char *strcat(char *s1,char *s2)	把字符串 s2 接到 s1 后面	s1 所指地址
char *strchr(char *s,int ch)	在 s 所指字符串中，找出第一次出现字符 ch 的位置	返回找到的字符的地址，找不到则返回 NULL
int strcmp(char *s1,char *s2)	对 s1 和 s2 所指字符串进行比较	s1<s2，返回负数；s1==s2，返回 0；s1>s2，返回正数
char *strcpy(char *s1,char *s2)	把 s2 指向的串复制到 s1 指向的空间	s1 所指地址
unsigned strlen(char *s)	求字符串 s 的长度	返回串中字符(不计最后的'\0')个数
char *strstr(char *s1,char *s2)	在 s1 所指字符串中，找出字符串 s2 第一次出现的位置	返回找到的字符串的地址，找不到则返回 NULL

四、输入输出函数

调用输入输出函数时，要求在源文件中包含以下命令行：

```
#include <stdio.h>
```

函数原型说明	功　能	返回值
void clearer(FILE *fp)	清除与文件指针 fp 有关的所有出错信息	无
int fclose(FILE *fp)	关闭 fp 所指的文件，释放文件缓冲区	出错返回非 0，否则返回 0
int feof (FILE *fp)	检查文件是否结束	遇文件结束返回非 0，否则返回 0
int fgetc (FILE *fp)	从 fp 所指的文件中取得下一个字符	出错返回 EOF，否则返回所读字符
char *fgets(char *buf,int n, FILE *fp)	从 fp 所指的文件中读取一个长度为 n-1 的字符串，将其存入 buf 所指存储区	返回 buf 所指地址，若遇文件结束或出错返回 NULL
FILE *fopen(char *filename,char *mode)	以 mode 指定的方式打开名为 filename 的文件	成功，返回文件指针(文件信息区的起始地址)，否则返回 NULL
int fprintf(FILE *fp, char *format, args,…)	把 args,…的值以 format 指定的格式输出到 fp 指定的文件中	实际输出的字符数
int fputc(char ch, FILE *fp)	把 ch 中的字符输出到 fp 指定的文件中	成功返回该字符，否则返回 EOF
int fputs(char *str, FILE *fp)	把 str 所指字符串输出到 fp 所指文件	成功返回非负整数，否则返回-1(EOF)
int fread(char *pt,unsigned size,unsigned n, FILE *fp)	从 fp 所指文件中读取长度为 size 的 n 个数据项存到 pt 所指文件	读取的数据项个数
int fscanf(FILE *fp, char *format, args, …)	从 fp 所指的文件中按 format 指定的格式把输入数据存入到 args,…所指的内存中	已输入的数据个数，遇文件结束或出错返回 0
int fseek (FILE *fp,long offer,int base)	移动 fp 所指文件的位置指针	成功返回当前位置，否则返回非 0
long ftell (FILE *fp)	求出 fp 所指文件当前的读写位置	读写位置，出错返回 -1L
int fwrite(char *pt,unsigned size,unsigned n, FILE *fp)	把 pt 所指向的 n*size 个字节输入到 fp 所指文件	输出的数据项个数
int getc (FILE *fp)	从 fp 所指文件中读取一个字符	返回所读字符，若出错或文件结束返回 EOF

续表

函数原型说明	功　能	返回值
int getchar(void)	从标准输入设备读取下一个字符	返回所读字符，若出错或文件结束返回-1
char *gets(char *s)	从标准设备读取一行字符串放入 s 所指存储区，用'\0'替换读入的换行符	返回 s，出错返回 NULL
int printf(char *format,args,…)	把 args,…的值以 format 指定的格式输出到标准输出设备	输出字符的个数
int putc (int ch, FILE *fp)	同 fputc	同 fputc
int putchar(char ch)	把 ch 输出到标准输出设备	返回输出的字符，若出错则返回 EOF
int puts(char *str)	把 str 所指字符串输出到标准设备，将'\0'转成回车换行符	返回换行符，若出错，返回 EOF
int rename(char *oldname,char *newname)	把 oldname 所指文件名改为 newname 所指文件名	成功返回 0，出错返回-1
void rewind(FILE *fp)	将文件位置指针置于文件开头	无
int scanf(char *format,args,…)	从标准输入设备按 format 指定的格式把输入数据存入到 args,…所指的内存中	已输入的数据的个数

五、动态分配函数和随机函数

调用动态分配函数和随机函数时，要求在源文件中包含以下命令行：

```
#include <stdlib.h>
```

函数原型说明	功　能	返回值
void *calloc(unsigned n,unsigned size)	分配 n 个数据项的内存空间，每个数据项的大小为 size 个字节	分配内存单元的起始地址；如不成功，返回 0
void *free(void *p)	释放 p 所指的内存区	无
void *malloc(unsigned size)	分配 size 个字节的存储空间	分配内存空间的地址；如不成功，返回 0
void *realloc(void *p,unsigned size)	把p所指内存区的大小改为size个字节	新分配内存空间的地址；如不成功，返回 0
int rand(void)	产生 0～32767 的随机整数	返回一个随机整数
void exit(int state)	程序终止执行，返回调用过程，state 为 0 正常终止，非 0 非正常终止	无

参 考 文 献

[1] 王红梅. 程序设计基础——从问题到程序[M]. 3 版. 北京：清华大学出版社，2021.
[2] 金兰. 程序设计基础——C 语言[M]. 2 版. 北京：清华大学出版社，2020.
[3] 刘琨，段再超. C 语言程序设计(慕课版)[M]. 北京：人民邮电出版社，2020.
[4] 阳小兰，吴亮，钱程. 高级语言程序设计(C 语言)[M]. 北京：清华大学出版社，2018.
[5] 张玉生，刘炎，张亚红. C 语言程序设计[M]. 上海：上海交通大学出版社，2018.
[6] 谭浩强. C 程序设计[M]. 5 版. 北京：清华大学出版社，2017.
[7] 谭浩强. C 程序设计(第五版)学习辅导[M]. 北京：清华大学出版社，2017.
[8] 徐国华，王瑶，候小毛. C 语言程序设计(慕课版)[M]. 北京：人民邮电出版社，2017.
[9] 黑马程序员. C 语言程序设计案例式教程[M]. 北京：人民邮电出版社，2017.
[10] 阳小兰，吴亮，钱程. C 语言程序设计教程[M]. 武汉：华中科技大学出版社，2016.
[11] 刘艳，王先水，赵永霞. C 语言程序设计[M]. 天津：南开大学出版社，2014.
[12] 高维春，贺敬凯，吴亮. C 语言程序设计项目教程[M]. 北京：人民邮电出版社，2010.
[13] K. N. King. C 语言程序设计：现代方法[M]. 2 版. 北京：人民邮电出版社，2010.
[14] Peter Prinz, Tony Crawford. C 语言核心技术[M]. 北京：机械工业出版社，2008.
[15] Jeri R. Hanly, Elliot B. Koffman. C 语言详解[M]. 北京：人民邮电出版社，2007.
[16] 赫伯特・希尔特. C:The Complete Conferrence[M]. 北京：电子工业出版社，2003.